生命科学前沿及应用生物技术

家畜性别控制技术

（第三版）

李喜和　主编

科学出版社

北　京

内 容 简 介

本书共分七章，内容以家畜胚胎的性别鉴定和移植、精子分离-性控冻精的生产和人工授精为主线，同时涉及哺乳动物性别分化和性别决定机制、雌雄家畜生殖周期特点，以及相关的动物克隆技术、动物干细胞研究和转基因技术的研究与应用。本书以作者多年来进行研究和应用积累的一手资料为主，辅以国内外研究进展资料，注重实际操作细节和典型事例的介绍，是一部理论内容和应用技术兼顾的实用性生物技术书籍。

本书可供从事生殖生物学、发育生物学、繁殖学、兽医学和生殖生物工程技术的科研与教学人员参考。

图书在版编目（CIP）数据

家畜性别控制技术/李喜和主编. —3 版. —北京：科学出版社，2019.6
（生命科学前沿及应用生物技术）
ISBN 978-7-03-061535-0

Ⅰ. ①家… Ⅱ. ①李… Ⅲ. ①家畜–胚胎–性别控制 Ⅳ. ①S814.8

中国版本图书馆 CIP 数据核字（2019）第 108609 号

责任编辑：李 悦 付丽娜 / 责任校对：严 娜
责任印制：肖 兴 / 封面设计：刘新新

科 学 出 版 社 出版
北京东黄城根北街 16 号
邮政编码：100717
http://www.sciencep.com
中国科学院印刷厂 印刷
科学出版社发行 各地新华书店经销
*
2019 年 6 月第 一 版 开本：787×1092 1/16
2019 年 6 月第一次印刷 印张：13 1/2 插页：2
字数：314 000
定价：128.00 元
(如有印装质量问题，我社负责调换)

主 编 简 介

李喜和 日本东京农业大学畜产学博士，现任内蒙古大学生命科学学院蒙古高原动物遗传资源研究中心主任、研究员、博士生导师，同时为内蒙古赛科星研究院院长、内蒙古师范大学兼职教授、英国剑桥大学 Gurdon 发育生物学研究所访问研究员、中国奶业协会繁殖专业委员会副主任、内蒙古生物工程学会理事长。主要研发技术领域为家畜繁殖与育种应用技术、动物杂交生殖调控、干细胞生物学等。2007 年入选国家级"百千万人才工程"、享受国务院特殊津贴，2010 年获得"内蒙古自治区科学技术特别贡献奖"，2018 年获"中国侨界贡献奖"一等奖。主持或参加国家、地方及国际科技合作项目 31 项，发表科学论文 160 余篇，出版专著 3 部。

《家畜性别控制技术》（第三版）
编委会名单

主　编：李喜和

副主编：曹贵方　王建国　包斯琴　周文忠

　　　　李荣凤　田见晖　张胜利　朱士恩

编　委：（按姓氏笔画排序）

　　　王丽霞（内蒙古赛科星研究院　硕士、畜牧师）

　　　王建国（内蒙古大学生命科学学院　高级研究员）

　　　王春生（赛科星集团公司　兽医师）

　　　田见晖（中国农业大学动物科技学院　博士、教授）

　　　包斯琴（内蒙古大学生命科学学院、英国剑桥大学 Gurdon 发育
　　　　　　　生物学研究所　博士、教授）

　　　朱士恩（中国农业大学动物科技学院、内蒙古大学生命科学学院
　　　　　　　博士、教授）

　　　孙　伟（内蒙古赛科星研究院　在读博士、畜牧师）

　　　苏　杰（内蒙古赛科星研究院　硕士、畜牧师）

　　　李云霞（内蒙古赛科星研究院　在读博士、畜牧师）

　　　李荣凤（南京医科大学基础医学院　博士、教授）

　　　李喜和（内蒙古大学蒙古高原动物遗传资源研究中心、内蒙古
　　　　　　　赛科星研究院　博士、研究员）

吴宝江（内蒙古赛科星研究院、内蒙古大学蒙古高原动物遗传资源研究中心 博士、畜牧师）

张金吨（内蒙古赛科星研究院 博士、畜牧师）

张胜利（中国农业大学动物科技学院 博士、教授）

张晓霞（北京首都农业集团有限公司、北京奶牛中心 高级畜牧师）

周文忠（中国农业大学动物医学院 博士、教授）

赵丽霞（内蒙古赛科星研究院 博士、副高级畜牧师）

赵高平（内蒙古赛科星研究院 博士、畜牧师）

胡树香（内蒙古赛科星研究院 在读博士、工程师）

高　原（内蒙古赛科星研究院 硕士、畜牧师）

郭继彤（内蒙古赛科星研究院 博士、研发员）

曹贵方（内蒙古农业大学兽医学院、内蒙古赛科星研究院 博士、教授）

第三版前言

本书自 2009 年出版第一版、2013 年出版第二版以来，承蒙各高等院校、科研机构的行业内专家和同学的青睐，合计 4000 余册已经分散到各位读者手中，非常感谢一直以来大家的支持，尤其感谢那些发现问题、提出修改意见与建议的人们。我们收集了这几年的最新科技成果、产业应用情况等，通过本次再版对于相关内容进行了进一步修改与调整。此次出版《家畜性别控制技术》（第三版）一书，希望拙稿能够对于我国家畜育种、繁殖技术领域的科学研究、技术创新，以及科技成果转化应用发挥一定的推动作用。

借此机会，我也想表达对于恩师旭日干先生的感谢和悼念。1984 年先生在日本成功培育"世界首例试管山羊"，载誉归国，创办内蒙古大学实验动物研究中心，1986 年我有幸成为旭日干先生的首届研究生，从此踏入生命科学研究领域。旭日干先生勤勤恳恳、严谨治学、以身作则，带领团队在 1989 年又成功培育了"中国首例试管牛"和"中国首例试管山羊"，并随后于 1993 年出任内蒙古大学校长、1995 年当选中国工程院院士、2006 年任职中国工程院副院长。先生不论治学，还是做人皆为我辈楷模。

本书于 2009 年首版时旭日干先生亲自作序给予支持和鼓励，2015 年 12 月他因过度操劳不幸去世，但是他老人家的超然科学家精神永远值得我们学习与怀念。

李喜和

2018 年 7 月于英国剑桥

第一版旭日干序

性别控制技术（sexing technology）是通过人为干预，使动物按照人们所希望的性别繁衍后代的技术。1925 年 Lush 利用精子分离的方法进行性别控制研究，首次报道了用离心法分离兔 X、Y 精子。在此后的半个多世纪里，人们就开始寻找分离 X、Y 精子的有效方法，直至 Johnson 等将荧光原位杂交（fluorescent *in situ* hybridization，FISH）技术和流式细胞仪成功应用于精子分离，人们才找到了分离 X、Y 精子的有效方法。1989年，Johnson 等首先报道了用流式细胞仪成功分离兔 X、Y 精子，用分离的精子受精后产下预期性别比例的后代，这标志着流式细胞仪分离精子技术的研究取得了重大突破（Johnson et al.，2000）。此后，Johnson 等又不断改进流式细胞仪，并利用改进后的流式细胞仪分离有活性的 X 和 Y 精子。改进后的流式细胞仪被应用到猪、牛、羊及人的研究上，均获得较大成功，而且使用流式细胞仪分离的牛精子用于体外受精（Gran et al.，1993），也得到了与预测性别相符的产犊结果。目前，流式细胞仪分离法被证实为最有效的精子分离方法和性别控制技术。

2000 年，英国科肯特（Cogent）精子分离公司首次将流式细胞仪分离精子技术投入生产，正式宣布为其下属的牧场提供奶牛分离精子的服务，从而使流式细胞仪分离技术开始从实验室成功进入商业化生产应用。由于奶牛雌雄牛犊之间显著的价格差异，各国都将该技术的应用重点放在荷斯坦奶牛精子分离上。目前阿根廷、美国、巴西和墨西哥等国家均已成功商业化应用分离技术进行奶牛繁殖。

我国精子分离技术的研究工作起步较晚，但近年来发展迅速。2001 年 10 月，黑龙江省大庆市田丰生物工程公司注册成立并率先进行精液分离研究。2003 年 11 月，我国第一头精子分离性控奶牛在该公司顺利诞生，随后内蒙古蒙牛繁育生物技术股份有限公司和天津 XY 公司先后从美国引进精子专用分离设备和配套技术，获得商业许可，在国内进行了开创性的产业化推广应用，取得了可喜的成果。

李喜和博士等近年来搜集整理国内外大量的文献资料，并结合自己多年来的家畜性控技术的研究积累和最新成果，编写了《家畜性别控制技术》一书，以精子分离-性控冻精的生产和人工授精、家畜胚胎的性别鉴定和移植为主线，较为全面系统地介绍了哺乳动物性别分化和性别决定机制、雌雄家畜生殖周期规律和特点，同时还涉及了动物克隆技术、干细胞培养，以及转基因动物等相关技术的研究和应用情况，这是一部基础理论和应用技术兼顾，侧重应用的学术读物，对于从事畜牧兽医学、生殖生物学与生物技术的教学科研人员来讲无疑是一本很好的参考书，希望该书能为我国家畜性别控制技术的进一步产业化应用做出贡献。

旭日干

中国工程院副院长

中国工程院院士

2009 年 4 月 1 日

第一版 Hunter 序

　　哺乳动物生殖生物学这门学科在过去的 30～40 年快速发展，特别是在大型家畜方面的研究成果最为突出。随着基础知识的积累，促进了相关领域高新技术的发展，尤其是推动了家畜繁育技术的推广应用。这些技术可以广泛应用在动物育种、动物受胎和妊娠不同阶段，具体包括同期发情、妊娠诊断、胎儿检查到控制动物分娩和分娩后的生理反应。尽管人工授精是一项比较早期的生物工程技术，但令人振奋的是，这项技术在现代生殖生物工程技术的应用中仍然发挥着不可替代的作用。

　　人工授精技术已经在提高家畜遗传性能、优良家畜资源的扩散中发挥了巨大作用，尤其是对奶牛育种改良贡献最为明显。人工授精技术使许多西方国家和少数发展中国家的牛奶生产得到了长足发展，这要归功于作为遗传物质载体的精液在液氮中的冷冻保存技术的进步，从而使这些动物的遗传物质在不同区域之间自由移动成为可能。人工授精技术在未来最有应用前途的地区应该是非洲、南美洲和中国。毫不夸张地说，通过奶牛精子分离性控技术潜力的发挥，中国正在步入奶牛遗传改良的革命性时代。牛奶产量与乳制品销量增加的互动关系被看成中国未来经济增长的重要组成部分，这对于中国持续增长的城市人口的健康状况和粮食生产来说，都是一个巨大的贡献。

　　没有人能够比李喜和教授更能体会精子分离–性控技术对促进动物产品生产带来的深远意义。不论是在呼和浩特和北京作为大学教授，还是作为内蒙古蒙牛繁育生物技术股份有限公司的技术总监，他都在集中精力、持之以恒地推进精子分离–性控技术的深度开发和在中国的推广应用。他最近的研究结果显示，奶牛 X 精子或 Y 精子的性控准确率能够达到 95%。蒙牛乳业集团公司有完备的研究设备基础，目前拥有 6 台精子分离设备，计划总数增加到 20 台，这将会在比较短的时间内通过性控技术繁育大量的良种奶牛，使中国的奶牛遗传性能尽快赶上世界水平。

　　但是李喜和教授的视野比以上叙述的更富有挑战性，以师从内蒙古大学旭日干教授为学术背景，从后来在日本的博士学习和博士后研究经历，到作为资深研究员在英国剑桥大学兽医学院从事马的生殖生物学研究，他为了使自己未来有更大的进步在充分地扩充自己的视野。例如，射出的精液中，精子头部的 DNA 处于凝缩状态并且十分稳定，但在不久的将来通过显微操作技术等，对成熟精子细胞特定基因组功能的调控将成为可能。在李博士的努力下，他们的科学小组在这方面的研究已经走到了世界前列。该书编著适时，描述了精子分离–性控技术以及该技术在不同种类哺乳动物中的应用情况和前景具有极高的推荐价值。感谢该书作者的开创精神和努力的工作。在此，我把 30 年前为一本相关书籍出版时写的书序中的一段话送给作者："研究领域的选择和研究方向的把握是取得重要科技成果的基础，比如对家畜生殖机制调节的研究就是生命科学领域一项非常有价值的研究方向。"

——摘自《家畜生殖生理和生殖技术》，学术出版社，伦敦及纽约，1980

R.H.F. Hunter.

英国剑桥大学悉尼萨塞克斯学院

Hunter's Foreword for First Edition

The discipline of mammalian reproductive biology has grown exponentially in the last 30~40 years, and investigations in large domestic animals have been prominente consequence of the increased basic knowledge has been the development of a sophisticated technology applicable especially in farm animals. Such technology can be imposed at the time of breeding, during pregnancy, and at the end of gestation. The scope for potential intervention thus extends from the synchronization of oestrus through diagnosis of pregnancy and measurements on the foetus to control of parturition and postpartum physiology. However, the oldest reproductive technique remains artificial insemination and, excitingly, application of this technique is at the threshold of a new era.

Artificial insemination has been of immense benefit by virtue of its ability to increase the rate of genetic progress in the breeding of superior livestock, most notably in dairy cattle. Its impact has led to significant improvements in milk production in many Western countries and indeed in less developed economies, thanks to convenient storage and transport of semen samples in liquid nitrogen. The greatest geographical scope for further developing the application of artificial insemination is in Africa, South America and in the People's Republic of China. It is no exaggeration to say that China is poised to revolutionise the rate of genetic gain in dairy cattle by exploiting the potential of sperm sorting technology. Increased milk production coupled with increased domestic milk consumption are seen as critically important to the Chinese economy and as a contribution to both food production and the health status of an ever-increasing urban population.

No-one has more readily appreciated the strategic impact of spermsorting technology to the overall increase of valuable animal products than Professor Xihe Li. In his university teaching posts in Huhhot and Beijing and, equally importantly, as Research Director of the Inner Mongolia Mengniu Reproductive Biotechnology Company, he is exceptionally well-positioned to drive forward the further development and application of perm sorting technology. In its current form, it is applied to the separation of X-chromosome from Y-chromosome bearing spermatozoa with a 95% accuracy. Based on Mengniu's impressive research facilities, with a current total of 6 sorting machines and a proposed total of 20, a highly significant increase in the population of genetically superior dairy cows will soon be obtained.

But Professor Xihe Li's horizons are more challenging than even the development portrayed above. Based on his background as a research student of Professor Bou Shor-gan at the Inner Mongolia University, as a postdoctoral candidate in cell biology in Japan, and as a senior research fellow in equine reproductive physiology in the Cambridge Veterinary School, England, he fully appreciates the scope for further improvements based upon rapidly developing DNA technology. Although chromatin is tightly condensed and stabilized in the head of ejaculated spermatozoa, it will soon be possible to identify and manipulate particular groups of genes in maturing sperm cells, and Professor Xihe Li's research team will be at the forefront of this endeavour.

This book is a timely contribution, and describes sperm sorting technology and its application in a variety of mammalian species. It is highly recommended and its author to be congratulated on his initiative and hard work. Professor Xihe Li's important book will remain a key work in the foreseeable future. As written in the Preface to a related book some 30 years ago: "Progress tends to be stimulated by those who recognise opportunities: one of these is the ability to regulate reproductive processes in female farm animals."(*Physiology and Technology of Reproduction in Female Domestic Animals*. Academic Press, London and New York, 1980)

R.H.F. Hunter.

Sidney Sussex College Cambridge,
England

目　　录

第一章 绪 论

第一节 性别分化和有性生殖

　　动物有雌雄之分，包括我们人类在内也要区分男女，这就是本章所要介绍的性别的概念。由于常见，因此人们以为有性别区分是理所当然的，是动物繁衍子孙后代的需要，但殊不知性别的出现同样经历了漫长的进化过程。那么动物以外的微生物、植物有没有性别？它们又是怎样繁殖自己的后代呢？对于这些问题，人们可能还没有完全搞清楚。性别和生殖是生物学研究领域最奥妙和复杂多样的问题之一，本书也只能帮助读者对生物性别和生殖有一个大概认识，如果感兴趣，可以在此基础上阅读更加专业的书籍。虽然我们目前还不能人为制造一个生命体，但现代生殖生物工程技术已经可以操作如此奥妙和复杂的生命现象，如在体外使精子和卵子受精的试管动物繁育技术、复制一种动物个体的动物克隆技术、动物已分化细胞的重编程干细胞技术、个体功能改造的基因编辑技术等，包括本书我们要介绍的动物性别控制技术。

一、生物和生殖

　　生物个体（亲代）产生与自己相同的子孙后代的过程称为生殖（reproduction）。生殖一般产生比亲代更多的子孙，因此经过世代交替的生物数量在不断增加。繁殖（propagation）与生殖的意义几乎相同，但前者更加强调后代数量增加的含义。

　　1. 生殖多样性

　　生物的生殖方式可以分为有性生殖（sexual reproduction 或 gamogenesis）和无性生殖（asexual reproduction）两大类，每一类中又有多种多样的形式。生殖的基本机制是细胞分裂。有性生殖从雌雄配子结合后的受精卵开始，经过细胞分裂、分化，最后发育为个体，无性生殖的细胞分裂本身就是生殖过程。

　　受精是有性生殖的基本形式。多细胞动物在发育过程中发育形成专门的生殖器官（genital organ），由生殖腺（雌性：卵巢；雄性：精巢）产生专门的生殖细胞——卵子和精子。在进行生殖时，卵子和精子结合完成受精过程，这是新个体产生的开始。哺乳动物具有典型的有性生殖方式——雌雄异体。雄性产生的精子数量非常大（一次排精产生数亿甚至数十亿个精子），精子具有运动能力；雌性具有性周期，每个周期只排出一个（单胎动物：牛、马、人等）或数个卵子（多胎动物：猪、兔等）。受精在雌性个体的输卵管内进行，因此要有一个雌雄交配的过程。受精卵发育到一定阶段植入子宫内膜（endometrium），胎儿在子宫内发育生长直至出生。单性生殖是生物界中一种比较特殊的有性生殖形式，在这种情况下，虽然也有雌雄配子的分化，但雄配子并不直接参与子代个体的形成。通常是雌配子接受某种刺激产生与受精同样的效果，这种刺激包括从相邻细胞传来的信息或某种物质，有时也可能是遗传物质等。单性生物在动植物中均有发现，如鱼腥草（*Cordate houttuynia*）和一些浮游生物可以根据生存环境等交替采用有性生殖或无性生殖方式。高等哺乳动物的卵子在受到某些刺激（化学物质、脉冲电流等）时也可以分裂，但传统理论认为这种胚胎发育到一定阶段即死亡退化，这种单性胚胎由于缺乏父性基因补充表达而不能发育为正常个体。2004 年，《自然》杂志报道了一项生殖生物学领域的重大成果：日本东京农业大学 Kono 教授领导的研究小组通过调整卵子形成时期的基因表达，成功获得了世界首例单性生殖小鼠，这也是世界首例单性生殖发育成功的哺乳动物。该研究成果被认为是继 1997 年克隆绵羊 Dolly 诞生后的又一生殖生物学重大理论和实验突破（图 1-1）。另外，干细胞的个体发育全能性也得到了验证，2009年，中国科学院动物研究所周琪院士研究组在《自然》杂志上报道把小鼠干细胞注射到四倍体胚胎，移植数千枚组合胚胎到 100 只代孕母体，成功获得 9 只干细胞来源的单性生殖小鼠个体，在世界上首次验证了干细胞的个体发育全能性，并于 2012 年获得了世界首例雄性单倍体胚胎干细胞来源的转基因小鼠（图 1-2）。

图 1-1　世界首例单性生殖的小鼠（Kono et al.，2004）

图 1-2　世界首例雄性单倍体胚胎干细胞来源的转基因小鼠（Li et al.，2012）

2. 性别分化的生物学意义

哺乳动物是性别分化最完善的生物类群，它的历史可追溯到三叠纪早期（距今约2亿年），从大约6500万年前进入繁盛时期。从进化角度来看，有性生殖可以无限地繁殖同种个体的后代，以此在生物界占据有利地位。由于性的出现，生物具有了一种"永恒"的生殖欲望，因此有的学者认为生物个体的存在目的就是实现"生殖"使命、保证种的延续。从某种角度来看，人类也是如此，只不过人类生殖要受到理智、社会甚至法律等诸多条件的约束，这也是人类和动物繁衍的根本区别（图1-3）。性的分化产生了异性生物个体间的相互吸引，这种现象在动物中表现尤为明显。在繁殖季节，雄性动物展示自身的美丽、强健甚至一些技巧等，以此来吸引雌性动物，达到繁殖后代的目的。鲜花可以吸引昆虫来访，并通过昆虫传递不同个体间的配子（花粉）达到异株受精的目的。这种方式造成后代遗传信息的不断更新，更有利于适应环境变化，从而使种群在地球上延续下去。达尔文在他的 *The Origin of Species* 一书中把这种现象称为"性淘汰"，即自然选择了性别分化的生物，因为由性别分化产生的有性生殖方式更加适合种群在地球环境中的生存，尤其是在陆地环境中的生存繁衍。

图 1-3　东西方人类的性萌发和想象
A：性的诱惑——《圣经》中的亚当和夏娃（Potts and Short，1999）；B：性的想象——
东方古代的双性人雕塑（Hunter，1995）

但是从绝对数量来看，在自然界中无性生殖的生物种类占大多数，如原核生物除少数几种以外绝大部分以无性生殖方式繁衍后代。原核生物几乎分布于地球所有环境，到现在为止这种无性生殖方式持续了40亿年。因此有人认为，从进化角度来看，无性生殖比有性生殖更加有利于生物物种的保存和繁衍后代。曾经有人这样设想，由于某种灾难性的原因，地球上只存在两个人，一男一女，一个居住在非洲大陆，另一个在美洲大陆，由于远隔千山万水，两人无法走到一起生育后代，人类最终走向灭绝。但是如果人类可以进行无性生殖，那么在这种情况下人类是否可以重新在两地继续延续下去呢？虽然是假想，但给有性生殖提出了一个无法解释的科学难题，说明自然选择也有它的局限性和时代背景，或者说我们对自然界选择性别分化和有性生殖的本质的认识尚不深刻、不全面。

二、哺乳动物的个体诞生

家畜（牛、马、猪、羊等）、实验动物（小鼠、大鼠等）及野生的虎、豹、狐、狼是我们熟悉的动物，这类动物雌雄异体，胎儿在母体内度过早期的发育阶段，出生后还要依靠母体哺乳生长一段时间，因此称为哺乳动物（mammal）。哺乳动物为典型的有性生殖动物，在这里我们主要向读者介绍哺乳动物的生殖细胞——精子和卵子的形成及受精等基本概念，有关人类生殖和与生殖相关的一些社会热点问题我们将在其他章节进行介绍与讨论。

1. 生殖器官

生殖器官是动物繁殖后代所构造的器官总称，主要包括产生生殖配子[精子（sperm，spermatozoon）或卵子（ovum，oocyte）]的生殖腺、生殖配子的输送管道和进行交配的结构。对于雌性动物来说，还包括胚胎（embryo）在体内着床发育的子宫（uterus）。图 1-4 为哺乳动物生殖器官发育模式。

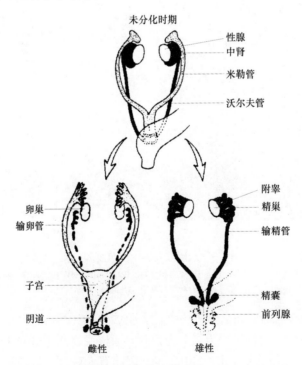

图 1-4　哺乳动物生殖器官发育模式图（Hunter，1995）

雄性的生殖器官主要包括精巢（testis）、附睾（epididymis）、输精管（ductus deferens）、副性腺及外生殖器。动物的繁殖模式各不相同，家畜中有的品种雄性也表现季节性特征，但大多数在性成熟后通年可以产生精子。在精巢中产生的精子进入附睾和输卵管中被赋予运动能力，射精时进一步从副性腺分泌物中获得受精能力。雌性动物的生殖器官由卵巢（ovary）、输卵管（oviduct）、子宫（uterus）、阴道（vagina）和外生殖器组成。与雄性动物相比，雌性动物的生殖模式相当复杂。性成熟后雌性动物的卵巢开始排卵，这种排卵为周期性的生殖生理过程，称为性周期（sexual cycle）。有相当一部分家畜的排卵具有季节性，如羊、马等。野生动物大部分为季节性繁殖模式。

生物生殖的目的是繁衍与自己相同的子孙后代，因此作为生物生存的一部分，生殖机能也会受到环境的影响，同时生物在这种适应过程中也发生了生殖方式的进化，以便更加适应生存环境。哺乳动物的生殖特点是胎生、哺乳，可以说是最完善也最复杂的生殖方式。一般来说，雄性动物在生殖上的功能主要是产生精子并通过交配的方式与母体内产生的卵子结合受精，而雌性动物则主要在产生卵子的同时，负责胚胎在体内的发育直至分娩和出生后的幼体哺乳。雌性个体这一系列的功能均受所谓的生殖调控系统（reproductive regulating system）控制。生殖调控系统由"下丘脑–脑下垂体–性腺"组成，主要功能物质是激素类蛋白质（hormone protein），这个系统在体内隔绝于其他机能系统的活动，但其作用受体内、体外环境的影响。

2. 雄性配子——精子

动物界的品种有 100 万种以上，大部分以有性方式繁殖后代，其精子形态也是各种各样的，还没有发现精子形态完全相同的两种动物。历史上首次确认精子的存在是 1665 年 Robert Hooke 用显微镜观察细胞之后，一般认为是在 1677 年由 Antony van Leeuwenhoek 及其弟子 Johan Ham 通过对自身的精液进行观察，发现了游走的"精子"（图 1-5）。

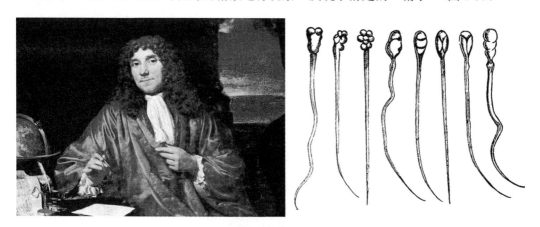

图 1-5 显微镜发明者 Antony van Leeuwenhoek 和游走的"精子"（Morisawa and Hoshi，1992）

古希腊时代，人们就开始从神学和科学两种角度来探索生命的诞生过程。这个时期在解释生命诞生时，人们分成两个派系，即"前成学说"和"自然发生学说"。"前成学说"认为在精子内部存在"动物缩影"模型（图 1-6），生命由这种精子内的小动物发育而来。"自然发生学说"则认为新的生命是从男子的分泌物（种子）和女子的月经血（种子）的会合开始的。在"自然发生学说"中，研究者认为男女的"种子"存在于身体的任何部位，精巢的存在只是起一种导管的作用。1677 年 Antony van Leeuwenhoek 通过对多种动物精子的观察，绘制了各种动物精子的模式图并送到英国皇家学会，引起了当时社会舆论和学术界的强烈反响，不仅是生物学者，包括哲学研究人员也加入对生命诞生的大讨论中，这种情形就像动物克隆一样，成为当时家喻户晓的话题，并由此在学术界产生了"卵子学说"（ovism theory，当时还尚未发现卵子的存在）和"精子学说"（sperm theory），Antony van Leeuwenhoek 属于"精子学说"的自然发生论者。由于当时哺乳动物的卵子尚未被发现，因此总体来说"前成学说"在学术界占主导地位。

图 1-6 "前成学说"提出精子内具有"动物缩影"模型（Morisawa and Hoshi，1992）

意大利的修道院院长 Lazzaro Spallanzani（1729—1799）（图 1-7）对包括人类在内的多种动物精子进行了详细观察，认为具有细长尾部的精子是一种不分裂的小动物，并且它的活动和温度有关。1784 年他用滤纸过滤了青蛙的精液，发现滤下的液体部分不能和卵子生成新生命，只有滞留在滤纸上面的部分（实际为精子）可以和卵子共同生成新生命。他的这个实验首次证明了精子在受精和生命诞生中的作用，并且经过追加实验在某种角度上澄清了对精子在生命诞生过程中的作用的某些模糊认识，可以说对之后的生殖生物学研究具有重要意义。但是由于当时对生物生殖的认识有限，Spallanzani 仍然认为引起受精的原因是从精子中释放的"精子气"刺激了卵子，而卵子内仍有小动物存在，其立场仍倾向于卵子–前成学说（图 1-8）。

图 1-7 意大利修道院院长 Lazzaro Spallanzani
资料来源：Nishikawa 1965 年整理

图 1-8　卵子–前成学说（Glasgaw University 图书馆惠赠）

进入 19 世纪，1827 年 Karl Ernst Von Baer（1792—1876）在对狗的生殖研究中发现了卵子，使卵子–前成学说兴盛一时。1840 年，Martin Barry 通过兔子实验发现了精子–卵子结合和分裂后的 2 细胞胚，1873 年 Newport 首次确认了青蛙受精过程中精子穿入卵腔的事实，使受精这一概念开始萌发。进入 19 世纪末期，由于光学显微镜的性能改进，对精子和卵子的细微结构有了进一步的认识，争论了几百年的生命诞生问题终于迎来了正确答案的曙光。真正科学的受精研究开始于 20 世纪 30 年代，1951 年美国尤斯特实验生物研究所（Institute of Uster Experimental Biology）的美籍华人 M. C. Chang 博士（图 1-9）和澳大利亚悉尼大学的 C. R. Austin 博士几乎同时发现了精子在受精过程中的获能（capacitation）现象，更是为哺乳动物体外受精的研究开辟了新纪元。1984 年，中国学者旭日干院士在日本农林水产省畜产试验场进修期间，系统研究了山羊体外受精存在的问题，找到了影响山羊精子获能的关键因子——钙离子载体 A23187，成功培育出世界首例试管山羊，开创了家畜及哺乳动物体外受精技术的先河。旭日干先生被日本畜产兽医大学（现更名为日本兽医生命科学大学）破格授予博士学位，并且被誉为"世界试管山羊之父"（图 1-10）。

图 1-9　美籍华人生物学者　　　　图 1-10　世界首例试管山羊诞生（1984 年）
M. C. Chang 博士（1908—1991）　　　及"世界试管山羊之父"旭日干先生

精子是在精巢内的曲细精管中产生和分化而成的雄性配子，精子最明显的特征是"有头有尾"，并且可以游动。曲细精管内的上皮由两类细胞组成，一类为支持细胞（Sertoli cell），为精子发生提供营养；另一类为各种发生阶段的雄性生殖细胞。根据雄性生殖细胞的形态特征和染色体组成可将其分为精原细胞（spermatogonia）、精母细胞

（spermatocyte）、精细胞（spermatid）和已经分化成形的精子（spermatozoon 或 sperm）
（图 1-11）。从精原细胞到成熟的精子，精母细胞进行两次分裂，但染色体只复制一次，
这种结果造成精子染色体组成只有正常染色体的一半，称为单倍体（haploid），这种分
裂方式称为减数分裂（meiosis）。在哺乳动物中，由于性染色体 XY 在减数分裂过程中
进入两个不同的成熟精子中，因此精子的性染色体只有一条——X 或 Y，X 和 Y 精子的
数量基本相同，这一点在出生动物性别比例和实验研究中均得到了证实。

减数分裂是生殖细胞形成过程中特有的细胞分裂方式，经过减数分裂，一个精母细
胞最终生成 4 个精子。典型的哺乳动物精子是一个具有"头部"和细长"尾部"的可游
动细胞，头部主要是浓缩的细胞核（遗传物质），尾部是由微管组成的"运动器官"，由
一个圆形的精细胞分化成一个具有头尾和运动能力的精子的过程称为精子形成（sper-
miogenesis）。精子形成主要包括以下三方面的含义。

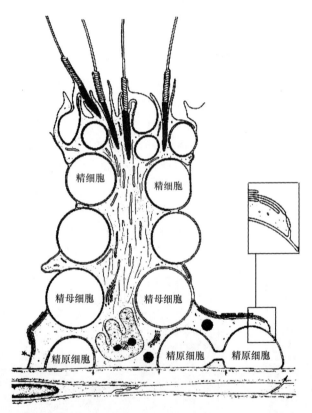

图 1-11　精子发生模式图（Dym and Fawcett，1970）

1）精子顶体形成：顶体（acrosome）是由精细胞内高尔基体中的小囊泡汇聚而成，
内含多种功能蛋白质和酶类，在受精过程中具有重要作用。

2）细胞核凝缩和形态变化：精细胞核为圆形，染色质密度中等。随着精子分化的进
行，核内染色体逐渐变得粗大，电子密度增高，发生 DNA 凝缩（DNA condensation）现
象，核小体也同时消失。在这个过程中核由圆变长，细胞质向曲细精管内侧移动，核和细
胞膜接近，同时细胞质形成微小管，平行排列于精细胞的长轴方向，这就是将来的尾鞘。

3）尾部形成：精子尾部是一个"9+2"的微管结构，可以划分为结合部、中部和主干部。精子尾部的长度为头部的数十倍（数十微米到上百微米），主要功能是驱使精子运动去寻找卵子完成受精使命。当精子受精后（穿入卵细胞内），尾部即在卵细胞质内被消化分解。典型的哺乳动物精子结构如图 1-12 所示。

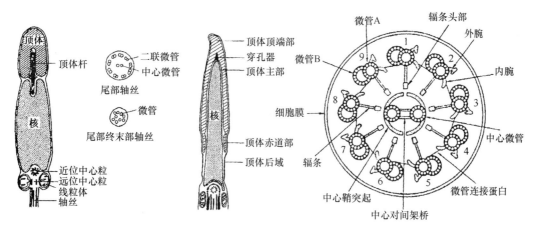

图 1-12　哺乳动物精子结构模式图（Morisawa and Hoshi，1992）

近年来，对精子发生和形成过程中分子水平的研究有了很大进展。例如，基因印记（gene imprinting）和特异蛋白质合成的确定，染色质凝缩过程中组蛋白、精蛋白的变化等，已经形成了一个专门的生殖研究领域，在这里不一一做介绍，有兴趣的读者可以直接阅读相关文献资料。

3. 雌性配子——卵子

卵巢是雌性动物的生殖腺，卵子在这里发育并排放到生殖管道中，卵巢同时也可以产生、分泌、调节卵子成熟发育和调控激素［雌激素（estrogen）、孕酮（progesterone）］。图 1-13 为几种家畜卵巢结构的比较，除马外大部分哺乳动物的卵巢表层为卵巢皮质（ovarian cortex），中心部为卵巢髓质（ovarian medulla），两者的界限并不十分明了。

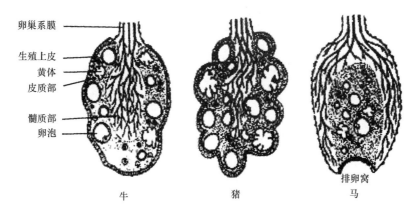

图 1-13　几种家畜卵巢结构比较（Austin and Short，1982）

胎生期雌性动物的原始生殖细胞（primordial germ cell）不断进行增殖分化，从而产生卵原细胞（oogonium）。从卵原细胞发育为成熟卵子的过程为卵子发生（oogenesis 或 ovogenesis）。卵原细胞在卵巢内首先以有丝分裂方式进行自身数量的增加，然后停止增殖进入生长时期，这时的生殖细胞称为卵母细胞（oocyte）。卵母细胞经过两次成熟分裂（减数分裂）分别产生初级卵母细胞（primary oocyte）和次级卵母细胞（secondary oocyte）。初级卵母细胞进入生长期后不久便开始进行减数分裂，但很多种类直到排卵前仍停止在第一次成熟分裂的染色体粗线期阶段，可见这个时期相当长。那么这个时期停止的意义在哪里？这个时期（初级卵母细胞）的卵细胞核体积增大，出现特有的灯刷染色体（lampbrush chromosome），mRNA 的合成旺盛，另外大而多的核小体形成，rRNA 前体的合成也变得活跃，从而合成了多种功能蛋白质、脂肪等能量物质，为将来受精后的早期胚胎发育做好准备。另外，卵细胞周围形成了卵子所特有的透明带（zona pellucida）结构（图 1-14）。可见这是一个基因表达活跃的卵子功能和形态成熟的重要阶段，在这里卵泡上皮对于卵子生长和成熟起着重要作用。

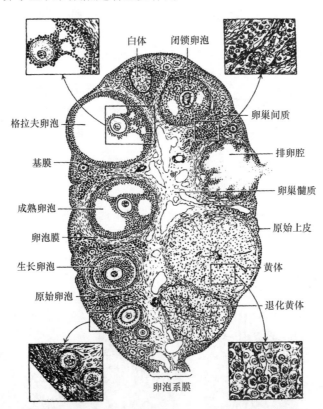

图 1-14　哺乳动物卵子发生模式图（Turner and Bagnara，1971）

随着卵子生长和体积增大，其外围组织出现了明显的卵泡腔，其中充满了卵泡液，卵子位于被称为卵丘（cumulus oophorus）的数层颗粒细胞（granulosa cell）的包围之中，最终由于性激素的刺激从卵巢中释放出来。与精子减数分裂不同的是，卵子为不均等分裂方式，初级卵母细胞的细胞质大部分只留在一个次级卵母细胞中，而另外一个只带有相同的细胞核和极少的细胞质，释放在卵膜和透明带之间的围卵腔内，称为极体（polar body）。第二次减数分裂也是不均等分裂方式，即排放另一个极体，但这个极体的排放往往要待精子穿入时发生，所以成熟的卵子应当是停止在第二次减数分裂中期，不受精的卵子在生殖道内停留一定时间（数十小时或数天）后退化死亡。一个精母细胞经过减数分裂可形成 4 个精子，而一个卵母细胞最终只形成 1 个正常卵子。哺乳动物成熟卵子的结构模式见图 1-15。

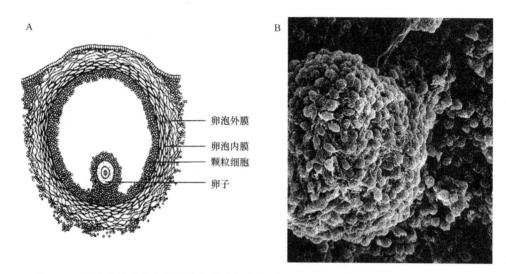

图 1-15 哺乳动物成熟卵子的结构模式与电镜图（Hunter，1980；Fléchon et al.，1986）
A：成熟卵泡模式图；B：成熟卵泡电镜图

传统观念认为，哺乳动物的卵原细胞在个体出生后即停止数量的增加，因此从数量上看只限于一定范围，即几万或十几万个。2009 年上海交通大学吴际教授的研究团队发现成年雌鼠卵巢中存在可以发育为卵母细胞的卵原干细胞。2012 年 2 月 28 日美国科学家 Jonathan Tilly 在权威杂志 Nature 子刊上撰文证实人类卵巢中也存在卵原干细胞。这一发现对传统观念形成挑战，因为这些卵原干细胞来自成体，说明卵原细胞的数量不是限定的。当个体成熟以后，雌性动物出现了由体内激素调控的卵子成熟、排放的周期性生殖生理过程，每个生理周期只排放一个或几个卵子，这与动物的品种有关，请参照表 1-1 有关资料。

4. 受精

精子和卵子相结合形成合子的过程称为受精（fertilization）。受精是雌雄遗传物质的组合和传代，也是新个体的开始，主要包括以下几个阶段，受精模式图参照图 1-16。受精具有种特异性（少数例外），也就是说大部分哺乳动物不同品种之间存在生殖隔离（reproductive isolation）现象，主要包括 4 个水平：不同品种生殖器官结构性交配阻碍、精子从子宫进入输卵管的同品种识别、精子-卵子的受精识别及受精后早期胚胎的基因水平品种识别，我们目前正在集中精力研究精子从子宫进入输卵管的同品种识别现象和机制，取得了一些非常有趣的结果。

表 1-1　几种哺乳动物的性成熟和生殖特点比较

品种	性成熟时间	性周期	妊娠时间	产仔数
人	11~16 年	28 天	280 天	单胎或多胎
马	15~18 月	23 天	336 天	单胎
牛	7~8 月	20 天	279 天	单胎
绵羊	6~7 月	17 天	149 天	1~4 个
山羊	6~7 月	21 天	152 天	1~5 个
猪	256 天	21 天	114 天	6~15 个
猴子	♂3~4 年 ♀2~2.5 年	28 天	150~180 天	单胎
狗	>6 月	单发情[①]	60 天	1~22 个
猫	6~15 月	15~21 天	63 天	4 个
兔	7.2 月	刺激排卵[②]	31 天	1~13 个
小鼠	40~50 天	不规则	19~20 天	5~9 个

注：①每个繁殖季节只发情、排卵一次，如果不受孕则进入非繁殖状态，等待下一个繁殖季节的到来。②雌兔只有在受到雄兔的交配刺激时才发生排卵

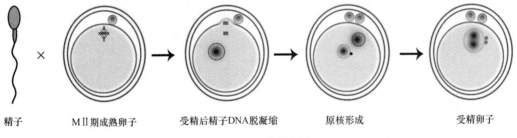

精子　　MⅡ期成熟卵子　　受精后精子DNA脱凝缩　　原核形成　　受精卵子

图 1-16　受精模式图

1）精子向卵子移动：以自然交配或人工授精（artificial insemination，AI）方式进入阴道的精子，经过子宫颈、子宫体、子宫角向输卵管移动，最终与卵子在输卵管膨大部相遇。刚射出的精子头部外覆阻碍受精的抗原物质（去能因子），这些物质在精子输送过程中被清除，使精子获得受精能力，此过程称为精子获能。只有获能的精子才能与卵子相结合完成受精过程。同时精子头部细胞膜和顶体外膜部分融合而形成裂孔，释放出顶体内容物（酶类），精子的这一变化称为顶体反应。从卵巢释放的卵子由数层颗粒细胞包围，经输卵管终端的喇叭口进入输卵管，通过输卵管上皮纤毛的摆动移至膨大部。卵子在生殖管道内的生存时间是有限的，因此排卵和交配必须在一定的时间范围之内同步，否则受精不能完成。

2）精子穿入卵透明带：精子首先通过自身运动和分泌透明质酸酶（hyaluronidase）使颗粒细胞结构松散而到达透明带表面。这时从精子顶体中释放顶体酶（acrosin）溶解透明带基质，形成一个细小通路，精子在尾部的推动下由此通路穿过透明带进入围卵腔。这个过程一般需要 1~3h。

3）精子–卵子细胞膜融合：进入围卵腔的精子运动减弱，最终停止在卵膜的某一位置。根据目前的研究结果，哺乳动物精子和卵子的结合是随机性的，没有固定位置。膜融合首先从精子头部的中、后段开始，并且类似"吞噬"方式，整个头部和尾部逐渐进

入细胞质。由英国剑桥大学 Wellcome Trust/Cancer Research UK Gurdon Institute（以下简称 Gurdon 发育生物学研究所）的 Magdalena Zernicka-Goetz 博士领导的研究小组对精–卵结合位点问题进行了许多有趣的研究，有兴趣的读者可查阅相关资料。

4）雌雄原核形成：哺乳动物的成熟卵子大多处于第二次减数分裂中期。当精子进入卵子后，启动了卵细胞的核分裂机制，释放出第二极体。随着受精的进行，卵子染色体周围出现了许多光面内质网小泡，汇聚成核膜，在此同时染色体松散形成了雌原核（female pronucleus）。在卵细胞核变化的同时，进入卵细胞质内部的精子头部 DNA 在蛋白质分解酶等的作用下脱凝缩，染色质也由凝缩状态变为脱凝缩，同样由光面内质网汇聚成核膜形成了雄原核（male pronucleus）。雌雄原核在时间上基本同步，如果相差时间太长，同样不能完成正常受精过程而发育为胚胎。

5）雌雄原核融合：形成的雌雄原核向卵细胞质中心移动并相互结合的过程为雌雄原核融合。动物种类不同，雌雄原核的融合方式也有所不同。例如，兔子的雌雄核膜不进行融合，而核小体、核膜直接消失，遗传物质合并为一，完成受精过程。而鼠类、家畜等多数哺乳类首先是核膜融合，然后是雌雄遗传物质组合完成受精，并开始第一次有丝分裂。从精子和卵子接触开始到受精完成一般需要 8～15h，第一次有丝分裂（2 细胞胚）为 12～24h。

第二节 哺乳动物的性别决定机制

动物分雌雄、人分男女，这是我们常见的性别之分。那么一个受精卵发育为雄性还是雌性，其决定因素是什么？这一节我们就性别决定机制及目前一些分子水平的研究结果做简略介绍。

一、性别决定机制

1. 哺乳动物

首先可以明确地告诉大家，哺乳动物的性别是由遗传因素决定的，雌雄个体的性特征（sexual character）是在不同的性激素刺激下的具体表现。性别在受精的一瞬间业已决定，或者具体地说是由受精时的精子来决定的。前面我们介绍的二倍体的动物染色体组成中，有一对专门决定个体性别的染色体称为性染色体（sex chromosome），雌性动物为 XX，雄性动物为 XY，其中 Y 染色体是决定动物性别的关键所在。生殖细胞为单倍体，只含一条性染色体，卵子均为 X，精子有 X 和 Y 两种，数量相同。如果卵子和一个 X 精子结合形成胚胎的性染色体组成为 XX，将来发育为雌性个体；如果和 Y 精子结合形成胚胎的性染色体组合为 XY，将来发育为雄性个体。例如，人的染色体数为 46 条，那么男性的染色体组成为 46（44 条常染色体+XY），女性的染色体组成为 46（44 条常染色体+XX）。性染色体组成异常往往导致个体生殖功能障碍或其他相关疾病的发生。图 1-17 为人类 X/Y 染色体的电镜照片。

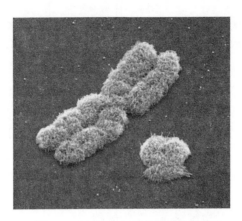

图 1-17　人类 X/Y 染色体的电镜照片

2. 鸟类

鸟类的性别决定与哺乳动物相反。例如，鸡的染色体总数为 78 条，其中也有两条性染色体（Z 和 W），但 ZZ 为雄性，而 ZW 为雌性。另外，某些爬行动物的性别受温度的影响，也就是说温度变化导致生物的性别转变，这是一种很有趣的性别决定现象。

二、性别决定的分子基础

从进化角度来看，X 和 Y 染色体来自同一对常染色体。但是对不同动物的染色体分析结果显示，X 染色体在种间具有很多的相同性，而 Y 染色体在即使像黑猩猩和大猩猩这样来源接近的种类之间也存在很大差别，从而显示了在物种进化中 Y 染色体的多变现象。

1. *SRY* 基因的发现

人类的 Y 染色体遗传组成虽然只占总体遗传组成的 2% 左右，但它决定了后代的性别分化及与性别相关的许多遗传特征。X 和 Y 染色体的相关性如图 1-18 所示。Y 染色体的结构可以分为 4 个主要部分，以染色体的着丝粒（centromere）为界，短臂的远端附近区域是假常染色体区（pseudoautosomal region，PAR）、短臂的 PAR 以外的部分、长臂着丝粒近位的 Q［（喹吖因，quinacrine）荧光染色］阴性区域和远位的 Q 阳性区域。短臂所有部分均显示 Q 阴性。

作为遗传学上又一个新的突破，1990 年，Sinclair 和 Gubbeg 等分别发表了 Y 染色体上睾丸决定因子（testis-determination factor，TDF）的碱基序列，揭开了哺乳动物性别分化研究的新的一页，从当时在染色体水平开始探讨这一问题时算起用了整整 30 年的光阴，许多科学工作者参与并做了大量的基础性和关键性工作，可见揭示一个生命现象的艰难程度，他们把人类的这个基因起名为 *SRY*（sex-determining region of Y-chromosome）。通过进一步分析，*SRY* 基因在我们熟悉的家畜和其他哺乳动物中基本上得到保存，并显示了该基因的 Y 染色体的特异性存在（图 1-19）。目前，以 *SRY* 基因为模板设计出各种 DNA 探针，广泛地应用于性别分化和性别异常发生的研究、疾病诊断，以及动物生产的性别鉴定和控制领域。Y 染色体上有许多基因，除 *SRY* 以外，精子形成时不可缺少的无精子因子（azoospermia factor，AZF）等与性别分化有关的几个重要基因也已基本上解析完毕。

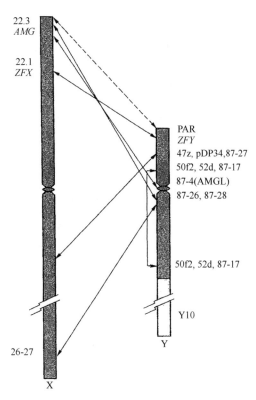

图 1-18　X 和 Y 染色体的相关性模式图（日本大学与科学系列公开讲座组委会，1993）

AMG：釉原蛋白基因，别名有 *AMELX*、*AI1E*、*AIH1*、*ALGN*、*AMGL*、*AMGX* 等；*ZFX*：X 染色体上的锌指蛋白基因；
PAR：假常染色体区；*ZFY*：Y 染色体上的锌指蛋白基因；图中数字表示基因位点

2. *SRY* 基因的结构

2009 年 5 月 2 日，澳大利亚基因研究专家珍妮弗·格雷夫斯在爱尔兰皇家外科医学院的讲座中指出：3 亿年前每个 Y 染色体上约有 1438 个基因，而现在只剩下 45 个。按照这种衰减速度，500 万年后 Y 染色体上的基因将全部消失。因此，男性可能最终会灭亡，这种"Y 染色体消亡说"轰动一时。2012 年 2 月 22 日，美国霍华德·休斯医学研究所研究人员珍妮弗·休斯等比较了人和恒河猴 Y 染色体上的基因后发现，人类 Y 染色体上基因衰减的速度正逐渐降低，几乎进入停滞状态。休斯说，与恒河猴 Y 染色体相比，人类 Y 染色体 2500 万年来只流失了一个基因，而在过去 600 万年中，人类 Y 染色体上的基因流失数为零，其基因衰减的速度越来越慢，"所以，我相信即使再过 5000 万年，人类 Y 染色体依然会存在，'Y 染色体消亡说'可以就此打住了。"这项研究结果发表在国际知名学术杂志 *Nature* 上。

对于 X 染色体来说，以古老的伴性遗传现象为认识问题的开端，考虑到与 X 染色体相关的遗传特征，目前主要是从遗传病的角度研究，已经明确的如 Duchenne 型肌肉营养不良症、慢性肉芽肿症等遗传性疾病的致病基因均与 X 染色体相关。

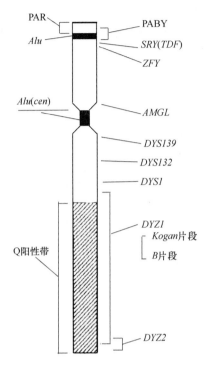

图 1-19 *SRY* 基因在 Y 染色体上的位置（Morisawa and Hoshi，1992）

PAR：假常染色体区；*Alu*：一段原本具有膝黄节杆菌限制性内切酶作用的 DNA 短锌，是拷贝丰富的转座子；PABY：Y 染色体上的假常染色体边界区；*SRY*（TDF）：Y 染色体上的性别决定区，又称睾丸决定因子（TDF）基因，负责性别决定的起始；ZFY：Y 染色体上的锌指蛋白基因；*AMGL*：釉原蛋白基因；DYS：是 Y 染色体长臂上的短串联重复序列（STR）的位点；DYZ：一种存在于 Y 染色体长臂上的串联重复序列

三、人类性别分化和发育特点

1. 正常性分化

1）性别的决定：在正常情况下，染色体核型为 46，含有 XY 染色体的个体发育为男性，含有 XX 染色体的个体发育为女性。Y 染色体中起关键作用的是位于短臂上编码睾丸决定因子（TDF）的基因。许多实验均已证明，Y 染色体上的性别决定区（SRY）是睾丸决定因子的最佳候选基因，其缺失、突变、易位均可导致性别发育异常。但另有实验揭示，*SRY* 基因可能不是睾丸决定因子的唯一候选基因，*SRY* 应当有受其调控的下游基因，同时也不排除存在调节 *SRY* 表达的上游基因。至少有 14 条常染色体上的基因和性分化有关，这些基因突变同样可致性别发育异常。故性别的决定与分化很可能是多个基因有序参与的过程。

2）性腺的分化：妊娠 3～6 周，胚胎经过一个无性别的阶段，此时的性腺有两性分化的潜能。妊娠 6～7 周，Y 染色体上的 TDF 促使原始性腺向睾丸分化，如果 SRY 缺失或异常，原始性腺会自动向女性分化。除 *SRY* 外，性腺发育还需要其他基因参与。

3）生殖道的分化：胚胎形成 6 周时，无论男性女性均具有两套生殖管道，一套为中肾管（Wolffian duct）又称沃尔夫管；另一套为副中肾管，又称米勒管（Müllerian duct），将分别发育成男性和女性生殖管道。决定管道系统保持稳定或退化的关键因素是睾丸分泌的激素：睾酮和抗米勒激素（AMH）。睾酮刺激中肾管发育，而抗米勒激素则是一种抑制副中肾管发育的物质。

4）外生殖器的分化：外生殖器的分化于胚胎 7～8 周开始。外生殖器由生殖结节、尿生殖窦和两侧的阴唇、阴囊隆起形成。在正常情况下，在睾丸间质细胞分泌的雄激素的影响下，生殖结节形成阴茎，阴唇、阴囊皱襞融合成阴囊，尿生殖窦皱襞形成阴茎的尿道。缺乏雄激素生物效应时，尿生殖窦皱襞保持开放状态形成小阴唇，阴唇、阴囊皱襞形成大阴唇，生殖结节形成阴蒂，尿生殖窦分化成阴道和尿道，这样就形成了阴道后部，并构成外生殖器的一部分。

2. 性分化的调控

1）染色体基因的调控：正常情况下，人类性别的确定取决于受精卵有无 Y 染色体。有 Y 染色体的为男性，无 Y 染色体的为女性。所以染色体核型为 46-XX、45-XO 和 47-XXX、48-XXXX 等的个体均属于女性或发育不全的女性，而染色体核型为 46-XY、47-XXY、47-XYY、48-XXYY、49-XXXXY 等的个体均属于男性或发育不全的男性。20 世纪 70 年代，人们曾经认为 H-Y 抗原就是 TDF，之后 H-Y 抗原、基因的位点和小鼠实验结果否定了这一理论。随后在 XX 男性的碱基序列检测中又很快否定了 Y 短臂上的 ZFY 基因就是 TDF 这一假设。90 年代初，Sinclair 等在上述研究的基础上发现了 TDF，当时命名为 SRY，并认为是 TDF 的最佳候选基因。SRY 基因是一个高度保守的单拷贝基因，编码 80 个氨基酸序列的核蛋白，在胚胎发育早期的性腺中有短暂的表达。这个 SRY 蛋白通过与特异的 DNA 序列结合，对其他受控基因的转录和表达进行调控。在这个过程中 SRY 蛋白起着"开关"的作用，使胚胎的原始组织向睾丸组织分化，最终使胚胎发育成雄性个体；如果 SRY 基因结构改变，特别是核心区中氨基酸序列的改变，将影响 SRY 基因的功能。

2）激素的调控：生殖管道和外生殖器的自然发育方向是女性，因为激素的作用，XY 的胚胎才得以向男性方向分化。睾丸分化后不久，即尚未分泌睾酮和沃尔夫管开始分化之前，在 SRY 蛋白的作用下，胚胎睾丸支持细胞首先合成抗米勒激素（AMH），并于第 8 周前促使同侧米勒管退化。去除 AMH 基因的小鼠仍能发育出正常的睾丸和卵巢。在无 AMH 影响时，胚胎副中肾管会发育出输卵管、子宫及阴道上段。性分化需要先有中肾管的分化，因此，如中肾管系统发育异常，则多会有输卵管、子宫及阴道上段发育异常。AMH 除抑制米勒管功能外，还具有其他作用，如抑制卵母细胞减数分裂、促使睾丸下降、阻止表面活性物质在肺中聚积等。男性体内睾酮（T）和双氢睾酮（DHT）两种雄激素的活性最高，但只有一种睾酮 5α 还原酶双氢睾酮雄激素受体（AR），二者均是该受体的特异配基，这就是"两配基一受体"学说。DHT 和 AR 的亲和力是 T 的 4～20 倍，所以 DHT 被认为是人体内最强的天然雄激素。T 和 DHT 虽然与相同的受体结合，但发挥不同的生物效应。T 在男性胎儿性分化过程中刺激中肾管发育成男性内生殖器官；在青春发育期启动并维持精子发生，反馈调节垂体促进性腺激素的合成分泌。DHT 刺激 XY 胎儿尿生殖窦原基分化形成男性外生殖器，刺激前列腺分化形成，促进青春期第二性征的发育。并且 DHT 具有两方面作用：一方面是放大信号、强化或扩大 T 的生物效应；另一方面是调节某些特殊靶基因的特异功能。

3）酶的调控：目前研究最多的是 5α 还原酶（5αR），它与男性外生殖器发育、前列腺疾病的发生及生精功能密切相关，并在中枢神经系统参与中枢性分化过程。男性体内至少有两种类型的 5αR 存在。Anderson 等 1991 年从前列腺组织中分离出一种新型 5α 还原酶 II 型，并且有 2 例 5αR 缺陷所致的男假两性畸形患者正是由于缺乏 5αR II 型，而其 I 型是正常的。AR 系统作为一个整体，在男性生殖中占有关键地位。5αR 对雄激素生成、代谢和转化尤其重要。因为 5αR 将 T 不可逆地还原为活性更强的 DHT。另外，脑内 5αR 不仅参与调节激素分泌和刺激动物的交配过程，还对胚胎脑组织分化具有重要作用。近来的研究证实，5αR 对精子成熟过程具有调控作用，而且其活性正常对精子生成也具有重要意义。研究表明，5αR 及其代谢产物 DHT 在男性精子的发生中可能起着一定的调控作用。DHT 可以抑制正常雄性大鼠血清的促黄体素（LH）和 T 水平，去势雄性大鼠及时补充 DHT，可以抑制 LH 和促卵泡激素（FSH）的升高。在雄性节育的研究中，1990 年 O'Donnell 等发现，联合应用 T 和雌激素可以抑制雄性大鼠的生精功能，在停用 T 与雌激素合剂后的生精功能恢复期，如果给予 5αR 抑制剂，将严重影响生精功能的恢复。但是，2003 年澳大利亚 Mclachlan 等和英国 Kinniburgh 等分别将 5αR 抑制剂与 T 孕激素类似物合剂合并使用，结果发现，加用 5αR 后并没有增强对受试者生精功能的抑制。这表面上似乎与以往的研究结果矛盾，但 5αR 活性及 DHT 水平对雄性精子的生成和成熟具有一定影响，这两项实验结果也没有推翻以往的结论，只是揭示 T-5αR-DHT-AR 系统中还有许多未知的内容。另外，21-羟化酶、11β-羟化酶、3β-羟类固醇脱氢酶、17-羟化酶、17β-羟类固醇脱氢酶等在正常性分化与发育过程中发挥着不可替代的作用。

3. 性分化与发育异常

1）性染色体异常：性染色体异常是性分化与发育异常的一个重要原因。该类患者占性别分化异常的 24.4%～57.8%。例如，特纳（Turner）综合征，即先天性卵巢发育不全；核型 45-XO；该病例核型缺失一个 X 染色体或部分 X 染色体，或缺失与不同 X 染色体的各种嵌合，除性腺发育不全外，也有身体发育异常的特征，如身矮、蹼颈等。超雌，即多 X 女性。X 染色体数目多于 2 个，没有明显异常，多数患者有正常月经和生育能力，但有轻度智力迟钝，并随着 X 染色体数目的增加而加重。常见核型 47-XXX；48-XXXX。克兰费尔特（Klinefelter）综合征，即先天性睾丸发育不全。男性表型：身体瘦长，生殖器发育不良，睾丸小而硬，无精子，睾酮水平低。常见核型 47-XXY，其余为 48-XXYY；46-XY/47-XXY 等。且 X 染色体越多，症状越严重。XYY 综合征，多数是表型正常的男性，有生育能力，少数可见外生殖器发育不良。智力正常，但性格暴躁，行为过火。除 47-XYY 核型外，尚有 48-XYYY；49-XYYYY 类型，但较少见。45-XO/46-XY、46-XX/46-YY 性腺发育不全，包括一侧性腺为发育不全的睾丸，一侧为发育不全的卵巢，以及双侧为发育不全的睾丸或卵巢。

2）性腺发育不全：XX 单纯性腺发育不全，性染色体为 46-XX。表现为女性乳房及第二性征不发育，性腺呈条索状。XY 单纯性腺发育不全，即双侧睾丸发育不全（Swyer 综合征）。该病在胚胎早期因某种因素引起基因突变，睾丸停止发育，不分泌睾酮和中肾管抑制因子所致，也有研究认为由 Y 染色体上 TDF 的基因异常所致，或由 X 连锁基因异常所致。婴儿期表现为正常的女性内外生殖器，性腺呈条索状，原发性闭经，青春期无第二性征发育。真两性畸形是指体内有男、女两种性腺。外生殖器形态很不一致，有时不易辨别男女。绝大多数有阴蒂增大或小阴茎。该类患者性染色体可以正常或异常。例如，1998 年朱选文报道 4 例成人真两性畸形，其中 2 例为 46-XX；2 例为 47-XXY。社会性别：女性 3 例，男性 1 例。性腺分型：双侧型 2 例（双侧卵睾），分侧型 2 例（一侧卵巢对侧睾丸 1 例，一侧卵巢对侧卵睾 1 例，2 例均伴有小子宫和输卵管）。

3）雄激素与功能异常：女性先天性肾上腺皮质增生症表现为外生殖器男性化，是由于肾上腺肿瘤或组织增生，肾上腺皮质产生了过量的雄激素。男性化肾上腺皮质增生症是遗传性类固醇生物合成异常。最常发生缺陷的酶是类固醇 21-羟化酶（P450c21）、类固醇 11-羟化酶（P450c11）及 3β-羟类固醇脱氢酶。雄激素不敏感综合征原称睾丸女性化（TFM），这是一种雄激素受体缺陷的性腺发育异常。根据受体缺陷程度可分为完全型和不完全型。核型 46-XY。该病是 X 连锁隐性遗传病，位于 X 染色体上决定雄激素受体的睾丸女性化（TFM）基因位点（Xp11-q13）发生突变，引起靶细胞膜上的雄激素受体缺陷，造成对雄激素不敏感，虽然睾丸能分泌睾酮，但不能显示睾酮的生理作用。睾酮和双氢睾酮合成缺陷，前者的生物合成至少需 5 种酶系统参与：17,20β 碳链裂解酶、17α-羟化酶、17β-羟基类固醇脱氢酶、3β-羟类固醇脱氢酶和 20,22 碳链裂解酶，任何一种酶缺陷都可使睾酮合成障碍。后者是 5αR 缺乏所致。

4）性反转综合征：46-XX 男性是一种染色体核型为女性而表型及性腺为男性的性反转综合征，发病率低，约为 1/20 000。其发病机制不明，患者有 SRY 基因存在，提示可能是其父精子在第一次减数分裂时，通过异常的 XpYp 末端交换产生含有易位 Yp DNA 的 X 配子。另外还有基因突变、未发现的嵌合体等假说。最近报道了一例 46-XX 伴 SRY 基因的性反转，社会性别男，PCR 扩增显示患者基因组 DNA 具有 SRY 基因。46-XY 女性发病率明显低于 46-XX 男性。该病发病机制也不明确，可能是 SRY 基因缺乏或突变。当 SRY 基因发生突变时，使其编码蛋白质的 HMG 框结构域（SRY 编码的一种蛋白质，包含一个由 70 多个氨基酸残基组成的 DNA 结合区域，称为 HMG 框结构域）与特异性 DNA 的结合能力下降或丧失。1992 年 Vinlint R. Harley 等发现，5 例 46-XY 女性患者的 SRY 基因中编码 HMG 框结构域的基因发生点突变，使 SRY 编码的蛋白质中 HMG 框结构域也发生相应的突变，导致 4 例 SRY 蛋白结合 DNA 的能力丧失，1 例与 DNA 结合能力下降。也有人认为性反转综合征与常染色体、X 染色体等有关。

第三节 动物性别控制技术

生物工程技术（biotechnology）这个名词的出现是从 20 世纪 70 年代开始的。半个世纪以来，生物工程技术的内容发生了很大的变化，其范围涉及医学、农业、畜牧、药物生产、人类生活和生产的各个领域，并在继续扩大。下面简单介绍生物工程技术在畜牧产业中的研究和应用情况，我们称为生殖生物工程技术（reproductive biotechnology），也可称为辅助生殖技术（assisted reproductive technology，ART），以期读者对本书内容有一个总体的认识。

20 世纪 50 年代，由于生殖生理学和生化技术的研究进步，英国剑桥的 Polge 博士建立了牛精液的冷冻保存方法，从而使家畜的育种改良得到了飞速发展，并且扩展到世界范围。牛冷冻精液保存的成功和人工授精的普及可以说是生殖生物工程技术首次在畜牧业生产中的应用，从此拉开了现代生殖生物工程技术的研究开发和生产实用化的序幕。胚胎移植（embryo transfer，ET）技术是从 20 世纪 70 年代兴起的另一项生殖生物工程实用化技术，目前胚胎移植技术已经广泛地应用于人类不育症的治疗、家畜的育种改良和珍稀野生动物的繁殖等领域，并发挥了巨大的作用。经过将近 50 年的历程，随着相关领域的研究发展，生殖生物工程技术以崭新的面貌出现在当今社会，包括人工授精、胚胎移植、体外受精（*in vitro* fertilization，IVF）、动物性别控制（animal sex control）、动物克隆（animal cloning）、转基因动物（transgenic animal）、干细胞（stem cell）研究等，下面就性别控制技术的概况做简单介绍。

一、早期胚胎性别鉴定和性别控制技术

如果能够人为控制动物产子的性别，就可以根据家畜雌雄动物的生产性能进行选择性繁育，从而大大提高生产效率和有效利用珍贵遗传资源。早期胚胎性别鉴定技术是控制动物产子性别的有效途径，它的研究开展和胚胎移植技术密切相关。胚胎性别鉴定方法主要包括：染色体检查法（XX、XY 染色体区分）、H-Y 抗原检查法（雄性胚含 H-Y 抗原）、原位分子杂交法（Y 染色体特异性探针，简称 FISH 法）、聚合酶链反应法（Y 染色体特异性 DNA 片段检测法，简称 PCR 法）和 X 或 Y 分离精子的体外受精或显微受精法，其中 PCR 法为目前常用的胚胎性别鉴定方法。

1. 染色体检查法

用显微手术法把早期胚胎一分为二或取其一小部分细胞作为标本，并通过染色体组成来确定胚胎的性别，另外部分可根据生产目的用于移植，达到产子的性别选择性生产。这项技术于 20 世纪 70 年代在牛的繁育中取得成功，但是由于操作较繁杂，且所需时间长等，一直未能推广应用到产业中。但是染色体检查法的准确率几乎是 100%，所以作为检查其他新开发性别鉴定法的对照，被广泛地应用到研究领域。

2. 聚合酶链反应法

利用 Y 染色体特异性 DNA 序列进行早期胚胎的性别鉴定方法称为聚合酶链反应法（polymerase chain reaction，PCR）。PCR 法的原理是根据已知 Y 染色体上的特异性 DNA 序列合成引物，然后将从胚胎上采取的少量细胞（细胞破裂处理）和反应底物（dNTP）及 DNA 聚合酶加入，进行特异性 DNA 片段的复制反应。利用这种方法，可以使 Y 染色体上的特异性 DNA 片段在 2~3h 内复制数十万到数百万倍，最后以电泳方式检查结果并判断出胚胎的性别。PCR 的性别鉴定方式灵敏度高、准确率几乎为 100%，但是也

存在显微切割细胞的程序，另外鉴定成本偏高，目前也未大面积推广应用。

3. X 或 Y 分离精子的显微受精法

20 世纪 90 年代开始，显微受精技术作为男性不育症治疗（少精或精子活力低下）的有效手段之一，得到人们的极大重视。显微受精技术的特点是把单个精子用显微操作方法注入卵细胞内（围卵腔或卵细胞质），使之受精、发育为胚胎。该技术与体外受精相比，精卵数目为 1∶1，并且不拘于精子的运动能力，对男性不育症治疗、珍贵遗传资源的有效利用及受精的生殖生理学研究具有重要意义。现在所说的显微受精技术一般指卵质内单精子注入（intracytoplasmic sperm injection，ICSI），特别是近几年来随着显微操作仪器设备的改进和配套，ICSI 技术在治疗男性不育症方面取得了卓著的效果，促进了 ICSI 技术的进一步完善，并使这项技术推广到动物繁殖等其他领域。牛的显微受精由 Goto 等 1989 年首次取得产仔成功，但是由于牛显微受精卵的发育率低下，一直没有取得突破性进展，未能向人类那样推广到实用化阶段。最近，随着精子分离技术的发展，把分离精子和显微受精技术结合起来控制胚胎、产仔的性别得到了许多研究者及生产机关的重视，并在一些国家、地区开始向商业生产推广。本书主编李喜和在 1998 年使用分离精子成功培养出世界首例分离精子-显微受精的性控试管牛，2002 年培育出欧洲首例显微受精试管马（图 1-20）。

A　　　　　　　　　　　　　　　　B

图 1-20　世界首例分离精子-显微受精的性控试管牛和欧洲首例显微受精试管马
A：世界首例分离精子-显微受精的性控试管牛；B：欧洲首例显微受精试管马

二、精子分离-人工授精的性别控制技术

精子分离技术可分为电泳法（X、Y 精子所带电荷的差异）、层析法（X、Y 精子 DNA 含量的差异）、Percoll 密度梯度离心法和流式细胞术（X、Y 精子 DNA 含量的差异）。

1. 精子分离技术

（1）Percoll 密度梯度离心法

1987 年，Iizuka 等利用 Percoll 密度梯度离心法分离人类精子，并通过人工授精控制胎儿性别取得了成功。但是这种分离方法用于家畜精子的分离时并未得到理想的效果。此外，研究者对电泳法等其他精子分离技术进行了大量的探索，尚未得到一种成功有效的方法。

（2）流式细胞术

美国农业部贝尔茨维尔农业研究中心生殖实验室的Johnson博士经过10多年的研究试验，1989年利用流式细胞分离系统（flow cytometer/cell sorter，FCM/CS）成功分离了家兔精子和猪精子。这种方法的原理是根据 X 和 Y 精子 DNA 含量的不同（Y 精子的 DNA 含量比 X 精子少 3%～5%），荧光染色后的荧光强度差异利用激光信息回流判定，最后在电极偏向系统中使 X 和 Y 精子分流，达到分离的目的（图 1-21）。利用流式细胞分离系统来分离牛精子和羊精子也取得了 80%以上的正确率，目前这种方法被认为是最有效的性控产业化技术之一，并且已在多个国家的家畜性控繁育中推广应用。我国也于 2004 年由李喜和博士主持引进这项技术，结合自主研发和技术改进，研究开发了以"受精推流"原理为基础的高效奶牛等家畜性控生产新技术（一种低剂量家畜精液生产方法和应用）（Hunter and Li，2013），显著提升了生产效率、产品质量，在中国实现了 360 万例奶牛、肉牛性控冷冻精液产业化的推广应用，已经通过人工授精繁育良种奶牛、肉牛超过 150 万例，积极推动了我国奶牛和肉牛良种化进程、养殖经济效益增效及现代畜牧业

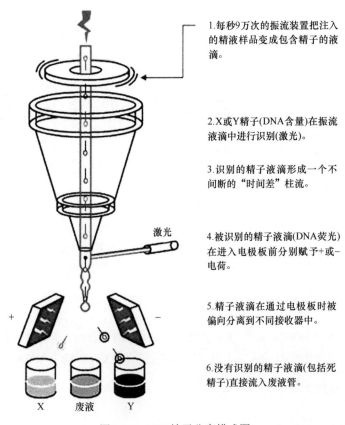

1.每秒9万次的振流装置把注入的精液样品变成包含精子的液滴。

2.X或Y精子(DNA含量)在振流液滴中进行识别(激光)。

3.识别的精子液滴形成一个不间断的"时间差"柱流。

4.被识别的精子液滴(DNA荧光)在进入电极板前分别赋予+或-电荷。

5.精子液滴在通过电极板时被偏向分离到不同接收器中。

6.没有识别的精子液滴(包括死精子)直接流入废液管。

激光

+   -

X   废液   Y

图 1-21 X/Y 精子分离模式图

图片来源：1996 年美国 XY 公司（2007 年被美国 STgenetics 公司并购）制作

转型升级。与此同时，不断拓展家畜性控技术在奶山羊、鹿、驴、猪及宠物犬等动物产业领域中的应用，这是本书向读者介绍的主要内容之一。

2. 性控胶囊-人工授精的性别控制技术

近几年，国内几家研究机构和生物技术公司相继推出了提高奶牛母犊出生率的"奶牛性控胶囊"（北京三牛光业科技公司，现已不存在）、"多母液"（北京市谭河科技开发中心、内蒙古自治区农牧业科学院）、"生母神液"（新疆农业大学）。这类产品的原理是使用中草药提取物来改变配种母牛子宫的内环境，提高 X 精子活力来增加母犊出生率。根据这几家公司提供的试验数据，使用这类产品可以把母犊出生率从正常范围的 50% 提高到 70% 左右。这类产品的优点是价格较性控冻精低，但是性能不稳定，操作比常规人工授精方法烦琐且缺乏明确的科学依据，将来能否大范围推广使用尚是未知数。此外，2007 年有新闻报道，加拿大某大学成功研究了以 X/Y 精子特异性抗原为基础的性别控制技术，并与我国河北省相关部门合作进行产业化应用探索。我们相信 X/Y 精子分离并不是唯一的有效方法，随着科学研究的进步，必将有更有效的性控技术产生，或许 3～5 年后，或许 8～10 年后，这是科技发展、社会进步的必然趋势。

目前，家畜性别控制技术主要依据动物 X、Y 精子 DNA 含量的差异，通过流式细胞仪的 UV 荧光识别，然后以+、−赋电的磁性电极偏离（美国 XY 公司模型）分离精子，或者识别 X、Y 精子后用激光选择性灭杀精子受精能力（ABS 模型），来达到控制出生家畜性别的目的。这些技术均存在生产成本偏高、受胎率偏低的产业化应用问题。因此，开发生产成本更低、受胎率更高的全新的家畜性别控制技术，是下一步家畜繁殖性别控制技术的必然趋势。

参 考 文 献

家畜繁殖学会. 1992. 新繁殖学辞典. 东京: 文永堂出版株式会社.

贾婵维, 赵强, 王树玉. 1999. 性反转综合征的遗传病因研究进展. 中国优生遗传杂志, 7(2): 147.

贾锐, 王晓东, 崔毓桂, 等. 2003. 5α-还原酶在男性生殖中的作用. 生殖医学杂志, 12(2): 115.

李继俊. 1999. 临床妇科内分泌学与不孕. 济南: 山东科学技术出版社.

李喜和. 2003. 哺乳动物的性别决定. 动物科学与动物医学, 20(6): 47.

李亚丽, 朱俊真, 高健, 等. 2001. 性分化发育异常患者 FISH 和 *SRY* 基因检测对发病机制的探讨. 中国优生与遗传杂志, 9(4): 15.

毛利秀雄监修·森泽正昭, 星元纪. 1994. 精子学. 2 版. 东京: 东京大学出版社.

妹尾左知丸, 加藤淑裕, 入谷明, 等. 1981. 哺乳动物的初期发生(基础理论と实验法). 东京: 理工学社.

日本大学与科学系列公开讲座组委会. 1993. 生殖系列. 东京: 株式会社技报堂.

旭日干. 2004. 旭日干院士研究文集. 呼和浩特: 内蒙古大学出版社.

朱爱萍, 余裕炉, 赵庆国, 等. 1999. 一例 46, XX 伴 *SRY* 基因的性反转. 中华医学遗传学杂志, 7(2): 147.

朱选文, 沈月洪, 吕伯东. 1998. 成人真两性畸形的诊断与治疗(附四例报告). 中华泌尿外科杂志, 19(6): 300.

Alexander A M, Markus A N, Hooton J K, et al. 1976. Nou-surgical bovine embryo recovery. Vet Rec, 99: 221.

Anderson S, Berman D M, Jenkins E P, et al. 1991. Deletion of steroid 5α-reductase 2 gene in male pseudohermaphrodism. Nature, 354: 159-161.

Austin C R, Short R V. 1982. Reproduction in Mammals. Cambridge: Cambridge University Press.

Betteridge K J, Mitchell D. 1974. Embryo transfer in cattle: experience of twenty-four completed cases. Theriogenology, 1: 69-82.

Bilton R J, Moore N W. 1977. Successful transport of frozen cattle embryo from New Zealand to Australia. Reprod Fertil, 50: 363-364.

Boland M P, Crosby T F, Gordon I, et al. 1976. Birth of twin calves following a single transcervical non-surgical egg transfer technique. Vet Rec, 99: 274-275.

Boland M P, Crosby T F, Gordon I, et al. 1978. Morphological normality of cattle embryos following superovulation using PMSG. Theriogenology, 10: 175-180.

Brand A, Trounson A O, Aarts M H, et al. 1978. Superovulation and mon-surgical embryo recovery in the lactating cow. Anim Prod, 26: 55-66.

Chang M C. 1948. Transplantation of fertilized rabbit ova: the effect on viability of age, *in vitro* storage period and storage temperature. Nature, 161: 978.

Chang M C. 1959. Fertilization of rabbit ova *in vitro*. Nature, 184: 466-467.

Dym M, Fawcett D W. 1970. The blood-testis barrier in the rat and the physiological compartmentation of the seminiferous epithelium. Biology of Reproduction, 3(3): 308.

Elsden R P, Lewis S, Cumming I A, et al. 1974. Superovulation in the cow following treatment with PMSG and prostaglandin $F_2\alpha$. Reprod Fertil, 36: 455-456.

Fléchon J E, Guillomot M, Charlier M, et al. 1986. Experimental studies on the elongation of the ewe blastocyst. Reprod Nutr Dev, 26(4): 1017-1024.

Gerald Karp. 1996. Cell and Molecular Biology. New York: Von Hoffmann Press.

Gorden I, Lu K H. 1990. Production of embryos *in vitro* and its impact on livestock production. Theriogenology, 33: 77-87.

Hanada A, Chang M C. 1978. Penetration of the zona-free on intact egg by foreign spermatozoa and fertilization of deer mouse eggs *in vitro*. Exp Zool, 203: 277-286.

Hunter R H F. 1980. Transport and storage of spermatozoa in the female tract. Madrid: 9th International Congress on Animal Reproduction and Artificial Insemination.

Hunter R H F. 1995. Sex Determination, Differentiation and Intersexuality in Placental Mammals. Cambridge: Cambridge University Press.

Hunter R H F, Li X H. 2013. Egg-embryo transfer: an analytical tool for vintage experiments in domestic farm animals. Journal of Agricultural Science and Technology, 15(1): 65-70.

Iizuka R, Kaneko S, Aoki R, et al. 1987. Sexing of human sperm by discontinuous Percoll density gradient and its clinical application. Hum Reprod, 2(7): 573-575.

Johnson L A, Flook J P, Hawk H W. 1989. Sex preselection in rabbits: live births from X and Y sperm separated by DNA and cell sorting. Biol Reprod, 41(2): 199-203.

Kinniburgh D, Anderson R A, Baird D T. 2001. Suppression of spermatogenesis with desogestrel and testosterone pellets is not enhanced by addition of finasteride. J Andrology, 22(1): 88.

Kono T, Obata Y, Wu Q, et al. 2004. Birth of parthenogenetic mice that can develop to adulthood. Nature, 428(6985): 860-864.

Leibo S P. 1984. A one-step method for direct nonsurgical transfer of frozenthawed bovine embryo. Theriogenology, 21(5): 767-790.

Li W, Shuai L, Wan H, et al. 2012. Androgenetic haploid embryonic stem cells produce live transgenic mice. Nature, 490(7420): 407-411.

Li X. 1994. Studies on sex determination and cryopreservation of bovine embryo. Ph. D degree thesis of Tokyo University of Agriculture.

Madan K X Y. 1998. Females with enzymic deficiencies of steroid metabolism. 中华泌尿外科杂志, 19(6): 300.

Mclachlan R I, Mcdonald J, Rushford D, et al. 2000. Efficacy and acceptability of testosterone implants, alone or in combination with a 5α-reductase inhibitor, for male hormonal contraception. Contraception, 62(2): 73-78.

Morisawa M, Hoshi M. 1992. Spermatology. Tokyo: University of Tokyo Press.

O'Donnell L, Pratis K, Stanton P G, et al. 1999. Testosterone-dependent restoration of spermatogenesis in adult rats impaired by 5α reductase inhibitor. J Andrology, 20(1): 109.

Poletti A, Marini L. 1999. Androgen-activating enzymes in the central nervous system. J Steroid Biochem Mol Biol, 69(1-6): 117.

Polge C, Willadsen S M. 1978. Freezing eggs and embryo transfer of farm animals. Cryobiology, 15: 370-373.

Potts M, Short R. 1999. Ever since Adam and Eve-The Evolution of Human Sexuality. Cambridge: Cambridge University Press.

Stringfellow D A, Riddell K P, Zurovac O. 1991. The potential of embryo transfer for infectious disease control in livestock. New Zealand Veterinary Journal, 39: 8-17.

Sugie T. 1965. Successful transfer of a fertilized bovine egg by non-surgical techniques. Reprod Fertil, 10: 197-201.

Turner C D, Bagnara J T. 1971. General Endocrinology. Philadelphia: W. B. Saunders.

Wiener J, Marcelli M, Lamb D J, et al. 1996. Molecular determinants of sexual differentiation. World Journal of Urol, 14: 278.

Zhang J, Su J, Hu S X, et al. 2018. Correlation between ubiquitination and defects of bull spermatozoa and removal of defective spermatozoa using anti-ubiquitin antibody-coated magnetized beads. Animal Reproduction Science, 192: 44.

第二章 家畜生殖生理

第一节 雄性家畜生殖生理

一、雄性家畜的性成熟

幼龄家畜发育到一定时期,无论雄性还是雌性,都开始表现性行为(sexual behavior),具有第二性征。当青年雄性家畜的生殖器官发育成熟,具备正常生育能力,与雌性家畜交配,可以使雌性家畜受胎,这个时期常称为性成熟(sexual maturity)。顾名思义,性成熟应表示家畜已具有正常的繁殖能力。雄性动物性成熟一般稍晚于雌性动物。

达到性成熟期,家畜开始具备繁殖能力,但是否适于配种,这是一个与繁殖育种有关联的实际问题。一般来说,初配年龄应在性成熟后期或更迟些。对雄性家畜来说,如任其在牧群中自然滥交野合,不但乱群,而且由于交配频繁必有碍其个体的发育和以后的繁殖力。一般可选择在性成熟期与体成熟期之间的阶段开始配种(表 2-1)。对种用家畜的优良雄性个体,根据生产性能后裔测定,在性成熟前期采取少量精液制作冻精,并用于人工授精,但此期间严格限制其与雌性动物交配。

表 2-1 各种雄性家畜达到性成熟和体成熟时间(张忠诚,2004;李喜和 2018 年补充)

畜种	性成熟/月	体成熟
牛	10~18	2~3 年
水牛	18~30	3~4 年
牦牛	12~18	2~3 年
马	18~24	3~4 年
驴	18~30	3~4 年
骆驼	24~36	5~6 年
猪	3~6	9~12 月
绵羊	5~8	12~15 月
山羊	4~5	8~18 月
梅花鹿	20	40 月
马鹿	28	40 月
家兔	3~4	6~8 月
水貂	5~6	10~12 月

二、雄性家畜的性行为

性行为是动物的一种特殊行为表现,它关系到家畜配种受胎的成败。公畜、母畜都有表现形式不同的类似行为,双方协调配合才能完成交配过程。这种行为是由家畜体内和外部的特殊刺激因素相结合而引起的特殊反应。

1. 性行为的特征

家畜虽然久经驯化，性行为的表现不同于野生动物，但在进化中尚保留野生时代的某些特点，这是一种遗传的天性。公畜性行为的表现形式一般是定型的，而且按一定的顺序表现出来，大体经过是性激动、求偶、勃起、爬跨、交配、射精，最后与母畜交配结束。这种公畜在交配过程中定型的步骤称为性行为链（sexual behavior chain）。牛、绵羊及山羊的求偶和实际交配时间一般都比马和猪短促。各种家畜表现其特有的求偶形式，作为交配的准备。野生动物如鹿类到配种季节时，公鹿找到隐蔽的地方将其践踏成平坦圆形的小区域，引诱母鹿到此。家畜因久经舍饲或群牧生活，环境不同，两性接近机会较多，公畜在发情母畜前有各种不同的表现，诱使母畜接受交配。常见的是嗅闻雌性的尿和外阴部，向母畜做出嬉弄姿态和发出特异的呼声，多次翘起上唇（公猪无此表现）。显然这是由于在发情期雌性分泌物成分的改变，尿中含有类固醇物质较多的异常气味，由化学刺激引起公畜的性激动。在公猪和山羊中还因此往往多次射尿。

在发情母畜前，经过较短的求偶阶段，公畜在阴茎勃起以前前肢迅速爬跨到母畜体上，试图交配，而母畜则做出不动或安静的姿势。而未发情的母畜往往抗拒或逃避公畜的爬跨，以致在大家畜中有使公畜受伤的情况发生。性机能弱的公畜对异性刺激的反应迟缓，勃起和爬跨的时间较长。初次交配的青年公畜在牧群中被强悍的公畜发现而受到干扰被逐，或因急欲爬跨而遭到母畜反抗，结果都容易造成以后交配的胆怯。紧接爬跨后，公畜的腹部肌肉特别是腹直肌突然收缩，阴茎试图插入阴道。阴茎在阴道内的时间，以牛、羊最短，马次之，猪需时较长。公牛、公羊在交配时，以臀部用力前冲，紧接着就射精。公猪需经 5～10min，有的久达 20min。公马经过几次抽动在 30s 左右即射精。牛、羊的精液射到子宫颈附近，或射入子宫颈口内，再由子宫收缩引至子宫深部。马和猪一般都直接射入子宫颈内，而且是分段射精。如果母畜一时受到惊动，由于子宫或阴道挛缩，一部分精液容易排出体外。射精完毕后，公畜随即爬下，如家兔从母兔身上滚下，发出尖叫声，阴茎很快收缩到包皮内；但马的阴茎因组织学构成的不同，阴茎海绵体内充盈的血液一时不能迅速回流，龟头膨胀如蕈状，在较短时间内尚垂在包皮外。公畜爬下后，即刻对母畜趋于冷淡，也有性欲强烈的某些公畜很快再勃起进行反复的性行为。

2. 引起性行为的机制

引起性刺激的生理信号主要是性激素，它们进入血流中，作用于中枢神经系统，于是由体液信号转变成性的冲动。前述的性行为动力形式，原是不同畜种固有的天性，是在进化过程中逐渐形成的。通过五官的感觉更有利于寻找性的对象，识别发生性行为的适当时间。

1）神经、激素的作用：性行为的神经-激素机制是天赋的本能，而且受来自中枢神经系统的复杂途径调节。当血液中的性激素与中枢神经的感受器结合时，从而使性腺以外的生殖器官发生性反应。动物实验证明，下丘脑视前区前视叶的某位点（或称它为性中枢）独立于下丘脑-垂体-性腺轴调节机制之外（中心）。在下丘脑埋植类固醇激素，仍能诱使两性表现性行为。损伤间脑和中脑的连接部，甚至可提高雄性的交配能力，也有学者对不同动物的嗅脑或脊髓采取电击试验，得出有关性行为的不同反应，但这些只是探索性的试验，不是生理现象。自主神经系统对勃起和射精只有在猪上起作用。例如，勃起是受到来自脊髓节副交感神经的影响，射精受交感神经调节。用电流刺激，就能引起勃起和射精，说明性行为的神经机制是复杂的。此外，阴茎特殊的解剖构造及其神经-肌肉兴奋过程更支配着不同畜种的交配形式。去势足以证明性激素引发性行为的机制，由于去势公畜丧失一般性行为。

2）感官刺激：通过感官引起的性刺激，实际也是通过神经、激素调节实现的。其中，主要是利用嗅觉，其次是视觉、触觉和听觉，只是不同种家畜利用感觉的能力差异很大，对异性的吸引力、识别配偶和促使交配有不同的敏感性。如果丧失这些感觉能力，必然影响性行为或推迟性的活动。无交配经验的家畜感官所受伤害的程度和结果一般大于有经验的公畜。倘若某种感觉被伤害或失其效能，势必加强在平时较少利用的另一种感觉而起着代偿作用。例如，视力丧失的公畜，嗅觉或其他感官的敏感性则增强。嗅觉刺激在两性中都较敏感，某种公畜身上特有的气味是由分泌某种挥发性异臭的腺体产生的，如公猪颌下腺分泌的唾液和包皮憩室的分泌物具有强烈的气味，含有非饱和的类固醇，与雄性激素有关。公猪肉脂的臊气即因有这种成分存在，以这种成分作为喷雾剂喷在母猪身上可作为试情用，对母猪的背压反应有效。麝香是麝鹿包皮腺分泌物，主要成分是麝香酮（muscone），对异性更能起到诱情的作用。

视觉和听觉刺激也来自异性，特别是发情母畜的外观和姿态。这类刺激在两性中也是相互作用的，从而诱发性行为。训练有素的公畜一见到假母畜也会去爬跨，有利于采精。失明的家畜一般失去繁殖价值，也有将公马蒙蔽头部使它与母驴和不愿交配的一些母马交配，虽一时失去视觉，但因能利用嗅觉和听觉，有时公马仍能发觉而拒绝交配。公猪见到母猪表现不动或站立反应时，不待求偶就会爬跨交配。触觉刺激阴茎的末梢神经可引起射精，所以在用假阴道采精时，必须模拟发情母畜的阴道状况（如温度、润滑性和压力）。

3）外激素的媒介：外激素（pheromone）是由动物分泌并向外界环境释放的有异常气味的化学物质，其化学成分因外激素的种类很多而各有不同。这类物质一旦被同一种动物另一个体接受，生理机能将会产生特殊的反应。性外激素更能在双方邻近或远离的情况下起到引诱异性的作用，而在繁殖季节分泌更明显，一般通过嗅觉诱使互相接近并发生性行为。性外激素对家畜的性行为起着重要的作用。上述公猪和麝鹿所产生的特殊气味就是性外激素，两者都具有类固醇化合物的性质。各种家畜都有性外激素的分泌，只是未被人们感觉到。公山羊皮质腺的分泌活动在配种季节更为旺盛；公骆驼颈部的枕腺在配种季节特别发达，分泌异臭的分泌物，并喷出唾液，更是发情期的明显特征。这种分泌物同样起着外激素的作用。雌性动物甚至比雄性动物产生更为强烈的性外激素，借以诱致雄性的集聚。例如，公畜的嗅觉对发情母畜及犬、猫、狐狸等野生动物的尿和外阴部的气味很敏感。

三、精液的组成和理化特性

精液主要由睾丸产生的精子和精清（精浆）两部分组成，即活的精子悬浮在液态半胶样的精清中，两者的关系如同血液由血细胞和血浆组成。从睾丸网取出的精子，虽然混有睾丸网液，但其量很小。用这种精子授精，受精能力极低。副性腺分泌物为精清的主要组成成分，所有副性腺分泌物总量占一次射精精液总量的60%～90%。它使精液具有一定的容量，是精子在雌性生殖道内的运载工具，有利于精子受精。

1. 精液的成分及其功用

射出的精液中主要是精清，含有一定数目的精子，两者的比例在各种家畜中各不相同。通常牛和羊的射精量小，而精子密度很大，猪和马则反之（表2-2）。精液的组成成分是精子和精清的化学成分的总和。近年来，由于分析技术更趋精确，其化学成分继续有新的发现，对同种或不同品种家畜的精液进行测定，其测定结果也有差别。各种家畜、家禽精液的主要化学成分如表2-3所示。

表 2-2　各种家畜、家禽射精量和精子密度（哈弗士，1982；李喜和2018年补充）

畜种	一次射精量（以 ml 计的一般值和范围）	精子密度（每毫升精子数目）平均值和范围（以×10^{7}个为单位）
牛	4（2～10）	100（25～200）
水牛	3（0.5～12）	98（21～200）
牦牛	5.25（3.05～7.45）	113（82～143）
绵（山）羊	1（0.7～2）	300（200～500）
马	70（30～300）	12（3～80）
驴	50（10～80）	40（20～60）
猪	250（150～500）	25（10～30）
梅花鹿	1（0.6～2）	200（100～400）
马鹿	2（1～5）	235（100～370）
骆驼	5（4～6）	50（40～60）
狗	1.5（1～3）	20（10～30）
家兔	1（0.4～6）	70（10～200）
鸡	0.8（0.2～1.5）	350（5～600）

表 2-3　各种家畜精液的主要化学成分（哈弗士，1982）

成分[*]	牛	绵羊	猪	马
水分	90（87～95）	85	95（94～96）	98
钠	230（140～280）	190（120～250）	650（290～850）	70
钾	140（80～210）	90（50～140）	240（80～380）	60
钙	44（35～60）	11（6～15）	5（2～6）	20
镁	9（7～12）	8（2～13）	11（5～14）	3
氯	371（309～433）	86	330（260～430）	270（90～450）
总磷	82	328.5	357	17.3（12～27.8）
总氮	877（441～1169）	875	613（334～765）	160

成分*	牛	绵羊	猪	马
果糖	530（150～900）	250	13（3～50）	2（0～6）
山梨醇	（10～140）	72（26～120）	12（6～18）	40（20～60）
肌醇	35（25～46）	12（7～14）	530（380～630）	31.2（19～47.3）
柠檬酸	720（340～1150）	140（110～260）	130（30～330）	26（8～53）
乳酸	35（20～50）	36	27	12.1（9.2～15.3）
甘油磷酰胆碱	350（10～496）	1650（1100～2100）	（110～240）	（40～100）
麦硫因	0	0	（6～23）	7.6（3.5～13.7）
蛋白质	6.8	5.0	3.7	1.0
缩醛磷脂	（30～90）	380	—	—

*除水分和蛋白质以 g/100ml 计外，其余成分平均值都以 mg/100ml 计。括号内数据为对应成分的范围，肌醇和甘油磷酰胆碱是牛精清分析所得

1）无机成分：从表 2-3 可见，阳离子以钾离子和钠离子为主。精子内钾的浓度比精清内的要高，钙和钠的浓度反之，而且在睾丸网液附睾各段分泌物及射出精液中，其浓度也有差异。用含钾和不含钾的溶液反复冲洗牛或其他家畜的精子，结果证明，在含钾的溶液中，精子的活力高，但钾浓度过高会大大减低其活力；在不含钾的溶液中，精子很快不能活动。钠常和柠檬酸结合，这对精液渗透压的维持有作用。在阴离子中以氯离子和磷酸根离子较多，尚有少量的碳酸氢根，这些都有助于维持对精子的缓冲作用。磷在精液中的含量很不稳定，对精子的代谢具有重要作用。用光谱测定精子，钾和无机磷仅存在于头部和中段，磷大部分在头部构成核苷酸中的磷酸分子。重金属元素只有微迹可呈，如铁、锌和铜在精子中段以下的尾部，铁以游离态存在或与蛋白质结合，主要结合细胞色素（cytochrome），这三种元素在精子中的含量远比在精清中的含量高。

2）糖类：精液中含有的糖主要是果糖，而且大多来源于精囊腺。果糖的分解产物丙酮酸是射精瞬间给予精子的能源，射精后很快从精清中消失。精子尚含有少量的甘露糖和岩藻糖，以及与蛋白质相结合的糖蛋白，而且几乎只限于精子头部。果糖和葡萄糖能很快通过细胞膜进入精子内部，但多糖类极难通过。从牛和绵羊射出的精液中发现，果糖含量有时高达 200mg/100ml 以上，这是射精时副性腺分泌物的成分，是暂时由精清供给精子的能量物质。与反刍家畜相反，马和猪的精液只含有少量果糖，所以这两种家畜在精液保存时更需要糖类。精液还含有几种糖醇，其中以山梨醇（sorbitol）和肌醇（inositol）为代表，来源于精囊腺。山梨醇可由果糖还原而成，而且能氧化成果糖。肌醇在猪精清中特别多，它和柠檬酸的功能有相似的方面，都不能被精子所利用。

3）蛋白质成分：家畜精子中的蛋白质主要是组蛋白（histone），约占精子干重的一半，主要在头部和 DNA 结合构成碱性的核蛋白，并在尾部形成脂蛋白和角质蛋白。分析发现，绵羊的精子中含有 18 种氨基酸，其中以谷氨酸最多，其次是缬氨酸和天冬氨酸等，在顶体中含谷氨酸 720～980μg/g。曾有人认为精氨酸含量最多，但实际分析证明其只有微迹存在。脂蛋白的含量仅次于核蛋白，在牛和猪的精子中可超过蛋白质总量的 40%。脂蛋白的分解与顶体机能的损坏有关，从而使精子很快丧失受精能力。精清中

的蛋白质成分在射精后因某些蛋白酶的作用很快发生变化，一般是降低非透析性氮的浓度，同时积累非蛋白性的氮和氨基酸。其中游离的氨基酸是精子需氧代谢中可氧化的基质，有利于合成核酸。经证明，在牛的睾丸网、输精管和副性腺分泌物中有 17 种游离氨基酸，主要是谷氨酸，在精液中占氨基酸的 38%。精清内含有一种属于黏蛋白的唾液酸（sialic acid），在精子中也有少量存在。还有一种含氨碱的麦硫因（ergothioneine），特别在猪的精囊腺分泌中含量很多，马的输精管壶腹分泌中也有，它能还原硫氢基，对射精量大的精液中的精子有保护作用。

4）酶：精液含有许多种酶，在此只列举其中较重要的几种，它们对蛋白质、脂质与糖类的分解和代谢起着催化作用。在精子顶体中的酶都与受精有重要关系，除透明质酸酶外，还有顶体素（acrosin）、放射冠穿透酶（CPE）等。前者来源于顶体内无活性的顶体素原（proacrosin），其分子量达 44 000Da，称为 β-顶体素，另一种顶体素原是在体外激活后的 φ-顶体素，分子量较小。各种磷酸酶和糖苷酶等在精清中也大量存在，如腺苷三磷酸酶（adenosine triphosphatase）对精子的呼吸和糖酵解的代谢活动是必需的。乙酰胆碱酯酶（acetylcholine esterase）在尾部的活性约为头部的 5 倍，与精子纤丝的运动有关。几种脱氢酶如乳酸脱氢酶（LDH）分别存在于精子头尾各部，使精子具有受精力。谷草转氨酶（GOT）是分解氨基酸的一种酶，它在精子内的含量是精子活力的良好指标，因其含量减少，必然影响精子活力。

5）核酸：核酸是构成精子头部的主要成分，而且几乎完全在核内，由于分析技术的不同，核酸的含量有差异。例如，根据牛精子的化学测定，每 10^9 个精子平均含有 DNA（2.95±0.17）mg，按此类数字计算，应是同种家畜体细胞 DNA 含量的 1/2，这样才符合遗传学的染色体理论。核糖核酸（RNA）的含量远比 DNA 少，而且在精子中含量很不稳定。精液中的核酸（如 DNA）经过处理（特别是冷冻长期保存）后是否会造成一些损失，这个问题多年来已引起注意。理论上，DNA 的含量应是稳定的，然而经过显微光谱分析和化学分析证明，其含量比未经冷冻的精液明显减少，但也有人不认为有此减少现象；或是在衰老的精子中才有此变化，成为胚胎的死因之一。在不育的公牛精子中已证明 DNA 含量偏低。

6）脂质：精液中的脂类物质主要是磷脂，在精子中大量存在。磷脂主要存在于精子表膜和线粒体内，而且尾部多于头部，大多以脂蛋白和磷脂的结合态存在。精液中的磷脂约有 10%在精清中。牛精子中的磷脂可达脂质总量的 61%，其中主要是卵磷脂和缩醛磷脂。牛精子含有的缩醛磷脂超过其他组织细胞的含量，由于配种季节不同，其含量有所变化，而且容易被消耗或损失。卵磷脂在猪中可达磷脂的 37.4%。前列腺是精清中磷脂的主要来源，其中卵磷脂更有助于延长精子的存活时间，对精子的抗冻保护作用比缩醛磷脂更重要。此外，如胆碱及其衍生物甘油磷酰胆碱（GPC），主要来源于附睾分泌物，但不能直接被精液利用，而是当精液与雌性生殖道的分泌物接触时，因酶的作用才变为精子新的重要能源物质。

7）维生素：精液中含有的维生素和动物本身的营养有很大关系。当用某些维生素含量丰富的饲料饲养时，精子中便出现这些维生素。在牛的精液中已分析出的维生素有硫胺素（维生素 B_1）、核黄素（维生素 B_2）、抗坏血酸（维生素 C）、泛酸和烟酸等。出现黄色的精液即与维生素 B_2 有关，牛每毫升精清中维生素 B_2 的含量可达 18.9μg。抗坏血酸的浓度较大，其含量在各种家畜中为其他维生素的 10 倍以上。这些维生素的存在有利于提高精子的活力或密度。

2. 射精各阶段精液的成分差异

同一头公畜不仅在短期内多次采精可改变精液的质量，而且同一次射精的组成部分也有差异，这在射精量大的猪和马中更为显著。这两种家畜的精液分几部分排出，其成分颇有差异。例如，马射精的第一部分一般不含精子；第二部分精子含量最多，麦硫因的含量也很高；第三部分有较多胶样物，精子很少，而柠檬酸的浓度较大；第四部分是交配后滴出的水样液，只有极少精子，麦硫因和柠檬酸也都很少。若用不装集精杯的假阴道采精，可见到射精时分 5～10 次喷射，前三次喷射的精液呈乳白色，占射出精液的80%，相当于上述的第二部分精液。随之精子数目和麦硫因的含量逐次减少，射精总时间的 76%是后 4～10 次喷射，呈黏液样，相当于上述的第三部分精液。猪的射精过程类似于公马，但含量不同，时间也较长。其第一部分占全部射精量的 5%～20%，为缺乏精子的水样液；第二部分是富有精子的部分，占 30%～50%；第三部分是以似胶状凝块为主的部分，占 40%～60%。对猪的分段采精就是取其第二部分，但也可以把第二部分按精子数目的多少分离成 2 或 3 部分，每一部分的精清成分也有很大变化。牛和绵羊的射精量少又快，一般不容易区别以上阶段，但通过电刺激采精，仍可见到在精子密度大的精液排出前，必有无精子的副性腺分泌物排出，这种情况则与马和猪的一部分精液相同。

3. 精液的生理学特性

评定精液的质量，除应特别重视射精量、精子密度及其活力外，还需了解其生理学特性。这些特性并不是孤立的，可以彼此影响，而且和精液的化学成分有关，在不同家畜和个体之间也有差异（表 2-4）。

表 2-4 几种家畜精液的理化特性（张忠诚，2004）

畜种	牛	马	猪	绵（山）羊
冰点下降度/℃	0.61（0.54～0.73）	0.60（0.58～0.62）	0.62（0.59～0.63）	0.64（0.55～0.70）
pH	6.9（6.4～7.8）	7.4（7.3～7.8）	7.5（7.3～7.9）	6.9（5.9～7.3）
相对密度	1.034（1.015～1.053）	1.012～1.015	1.023	1.03
导电性	105（90～115）	123（110～130）	129（129～135）	63（60～80）
黏度/（mPa/s）	1.92	1.51	1.18	4.72

注：括号外数据为正常值，括号内为范围值

1）渗透压：精液在一定条件下保持其一定的渗透压（以冰点下降值 Δ℃表示）。由精清便可测知精子或全精液的渗透压，因为它们之间应是等渗的。由于 1.86Δ℃相当于 22.4 个大气压，一般精液的适当 Δ℃大约为–0.6℃，即相当于 7～8 个大气压（在37℃时）。由此可见，精液并不是在 0℃时结冰的。精液及其稀释液的渗透压常用渗压克分子浓度（osmolarity，Osm）表示。例如，精液的 Osm 是 0.324，或换算成渗透压毫克分子浓度（mOsm），则是 324。按 1L 水中含有 Osm 溶质的溶液能使水的冰点下降 1.86℃，如果精液的 Δ℃ 为–0.61，它所含有活性（能影响渗透压）的化学成分（溶质）总浓度将是 0.61/1.86=0.328Osm，或 328mOsm。

2）pH：新采出的牛、羊精液偏酸性，猪、马的偏碱性。在精子密度大和果糖含量高的精液中，因糖酵解使乳酸积累，会使 pH 下降，变成酸性状态。在附睾内，精子的环境为弱酸性，因此精子呈休眠状态，在射精后因受到副性腺分泌物碱性盐类的中和，因而刚射出的精液 pH 一般都接近于 7.0，此后由于受所处的外界温度、精子代谢程度等因素的影响，常使 pH 趋于下降。当精液有微生物污染或有大量的死精子时，氨的增加使 pH 上升，在连续采精大大减少时，也出现同样的情况。

3）密度：精液的密度决定精子密度。精子密度通常略高于精清，若将精液静置一段时间，绝大部分精子必下沉，精清则附着在上面，可由离心证明。例如，马的精液密度为 1.012，而精子密度可达 1.096，猪的精液也相似；反之，牛和绵羊因精子密度很大，比重较高。如果精液比重比一般样品的低，往往表示密度很小。

4）透光性：因精子密度的关系，精液的混浊度也发生变化，从而使精液透光性相应改变。为使精子密度的测定简捷方便，可利用光电吸收计，由此求知精液透过光线的值来估算精子密度，因精子的光线扩散和吸收的性能超过精清，而且又有较强的反光力，在显微镜的暗视野中可见，精子表面的闪光也较强，这一特征和精子的成熟程度有关，对牛和绵羊精液的检查很有意义。利用光电比色仪测定精子浓度的方法，近年来又有了新的进展，以代替传统的血细胞计数法。

5）导电性：由于精液中溶有各种盐类或无机离子，如果其含量较大，精液的导电性也较强，因此可利用导电性的高低测定精液所含电解质的多少及其性质。精液的导电性以 25℃ 时精液的电阻值（$\Omega \times 10^{-4}$）表示。一般绵羊精液的导电性最低，牛次之，马和猪较高。利用精液的导电性，现具有以实用价值评定精液品质的方法，也有电阻抗变化频率的测定。因交流电通过精子密度和活力都高的精液时，利用电阻抗桥的仪器就可以测出阻抗的变化。如果精子的活力非常强，在显微镜下能见到波状运动，则频率最大。这比在显微镜下评定活力等级要精确，而且其测定结果还与受胎率有关，但只能用于密度大的精液。

6）黏度：精液的黏度以蒸馏水在 20℃ 作为一个单位标准，常用厘泊（centipoise，cP）表示。精液的黏度与精清中含有黏蛋白唾液酸的多少和精子密度有关。精清的黏度大于精子，特别在胶质含量多的精液中更是如此。

第二节　雌性家畜生殖生理

一、雌性家畜的生殖机能发育

1. 雌性生殖器官

母畜的生殖器官分为内生殖器官和外生殖器官。内生殖器官包括卵巢（性腺）和生殖道，生殖道由输卵管、子宫和阴道组成。外生殖器官包括尿生殖前庭、阴唇和阴蒂。

生殖道位于直肠下面。母牛、母马可以利用直肠检查法触摸子宫颈、子宫和卵巢，在兽医临床诊断和人工授精时经常使用此法。子宫、输卵管和卵巢由宽韧带悬挂在腹腔内。

1）卵巢：牛未怀孕时卵巢呈扁椭圆形，长为 2～3cm，宽为 1.5～2.5cm，厚为 1～1.5cm；羊的卵巢较圆、较小，长为 1～1.5cm，宽与厚均为 0.8～1cm；马的卵巢较大，有点像蚕豆。马卵巢的大小与体型有关，中型、轻型马的卵巢长约 4cm、宽 3cm、厚 2cm。母畜的卵巢悬挂在卵巢系膜上，由附着缘连接，附着缘上的卵巢门是血管、神经的通道。马的附着缘有别于牛、羊，其附着缘宽大，上有排卵窝，是排出卵子所在。卵巢在腹腔内可以随意转动，位置可移动。牛、羊卵巢一般位于子宫角尖端外侧、耻骨前缘之后。产胎次较多的母牛，卵巢移至耻骨前缘的前下方。马的卵巢位于腰区后部下面的两旁。左卵巢在左侧髋结节的下内侧（第 4、第 5 腰椎左侧横突末端下方），右卵巢靠近腹腔顶（第 3、第 4 腰椎横突之下）。

卵巢由皮质（外层）和髓质（中心）组成。卵巢皮质包含成千上万个卵细胞，但是只有少数可以发育成卵子，卵子在格拉夫卵泡（Graafian follicle）中产生。正常的卵巢有 4 种不同的卵泡，即初级卵泡、次级卵泡、三级卵泡和成熟卵泡，成熟卵泡最后破裂排出卵子。排卵后，在原位置的细胞迅速增殖形成黄体。黄体能分泌孕酮，它是维持怀孕所必需的激素之一。卵泡的发育和闭锁是由卵巢、垂体分泌的激素相互作用而产生的。卵巢可分泌一系列雌激素，直接影响母畜的发情、妊娠、分娩和泌乳。

2）输卵管：母畜的输卵管左右各一条，将两侧子宫角与卵巢相连。母牛的输卵管长为 20cm，直径为 0.6cm。输卵管可分为伞部、壶腹部、峡部三部分。伞部与卵巢相对，可以接受卵巢排出的卵子；伞部的面积，牛为 20～30cm²，羊为 6～10cm²；壶腹部为输卵管前 1/3 段，较粗，是卵子受精的地方；峡部较细，后端（子宫端）与子宫角相通。牛、羊的子宫角尖端细，输卵管与子宫角之间界线不明显，括约肌也不发达。马的宫管接合处明显，输卵管子宫口开口于子宫角尖端黏膜的乳头上。子宫和输卵管之间平时是完全封闭的，只有在母畜交配、公畜射精时才暂时打开，让精子游入输卵管壶腹部与卵子结合，或将受精卵移入子宫中。从卵巢排出的卵子先落到伞部，通过输卵管纤毛的活动，输卵管蠕动，输卵管分泌物（黏蛋白及黏多糖）因纤毛活动引起的液流活动的共同作用而下移，而精子则沿输卵管上行，与卵子结合后形成受精卵，受精卵分裂增殖，在输卵管运行 3～4 天进入子宫。

3）子宫：子宫是胎儿生长发育的器官。子宫可根据有无两角之间的纵隔分为对分子宫（牛、羊）和双角子宫（马、猪）。未妊娠的母牛子宫体长 2～4cm，左右各有一个呈弓形弯曲的子宫角，连接子宫体端的子宫角较粗（1.5～3cm）。连接输卵管端的子宫角较细。子宫的组织构造使子宫富有弹性，十分适于胎儿的生长发育。

4）子宫颈：子宫颈是阴道与子宫的通道，平时管腔基本封闭，外来物质很难进入；发情时稍微开放，有利于精子进入。交配时子宫颈分泌大量黏液，起到润滑的作用。同时子宫颈分泌的微胶粒方向线（orientation line）可将部分精子引入黏膜隐窝内贮存，是精子"选择性贮库"（selective reservoir）之一。子宫颈还可筛剔畸形精子、死精子及过多的精子进入子宫。妊娠期，子宫颈分泌胶状黏液封住子宫颈，防止异物进入。临产时子宫颈扩大，可使胎儿产出。牛的子宫颈长为 5～10cm，直径为 2～5cm；马的子宫颈长为 5～7cm，直径为 2.5～3cm。牛的子宫颈比马的长且粗，进入阴道 2～3cm；马的进入阴道 2～4cm；羊很短，仅为上下两片或三片突出，上片较大。子宫颈中心是狭窄的通道，由子宫颈环状肌构成许多褶皱形成背脊结构。人工授精时，马的子宫颈收缩不紧，输精枪很容易通过；牛次之，输精枪可通过子宫颈；羊很紧，输精枪仅可以进入 1 或 2 个新月形皱襞。子宫颈肌的环状层与纵形层之间血管很丰富，人工授精操作不当时极易出血。

5) 阴道：阴道位于耻骨上方、直肠下方，是一个扁平的管道。阴道的长度，牛约 30cm，马约 35cm，羊约 15cm。阴道腺体分泌物可润滑、冲洗阴道，保护生殖道不遭受外来物质（如细菌等）的侵入。阴道是母畜交配器管，也是分娩时的产道。

6) 阴户：阴户由阴唇、尿生殖前庭和阴蒂组成。阴门是阴道的门户，也是从外表能够看到的唯一生殖器官。母畜发情时，阴户肿胀，红肿。

2. 初情期与性成熟

母畜出生后，生殖器官随着体躯的生长发育而发育，达到一定年龄与体重，母畜出现第一次发情与排卵，这个时期称为初情期。母牛一般为 8～12 月龄，体重达到其成年体重的 45%～50% 时进入初情期。初情期后，母畜在雌激素的作用下，生殖器官与机能发育加快，当母畜生殖器官发育基本完成时，发情周期基本正常呈规律性，发情表现明显，能排出成熟的卵子，具备了生育能力，如果配种有可能受孕，此时母畜就进入了性成熟期。母牛性成熟期一般为 10～14 月龄。母畜初情期和性成熟的出现受品种、温度、环境、出生季节、营养状况及饲养管理水平等因素的影响。营养状况不良，会推迟母畜的性成熟。表 2-5 列举了部分雌性动物的生理发育期。

表 2-5　部分雌性动物的生理发育期（张忠诚，2004；李喜和 2018 年补充）

动物种类	初情期	性成熟期	适配年龄	体成熟期	繁殖年限
黄牛	8～12 月	10～14 月	1.5～2.0 年	2～3 年	13～15 年
奶牛	6～12 月	12～14 月	1.3～1.5 年	1.5～2.5 年	13～15 年
水牛	10～15 月	15～20 月	2.5～3.0 年	3～4 年	13～15 年
牦牛	16～18 月	18～30 月	3.0～4.0 年	2～3 年	8～10 年
鹿	7 月	16～18 月	2.5～3 年	2.5～3 年	7～9 年
狗	8～12 月	12～18 月	4.5～5.5 年	1～1.5 年	7～8 年
骆驼	24～36 月	48～60 月	2.5～3.0 年	5～6 年	18～20 年
马	12 月	15～18 月	24～30 月	3～4 年	18～20 年
驴	8～12 月	18～30 月	8～12 月	3～4 年	12～16 年
猪	3～6 月	5～8 月	12～18 月	9～12 月	6～8 年
绵羊	4～5 月	6～10 月	12～18 月	12～15 月	8～11 年
山羊	4～6 月	6～10 月	6～7 月	12～15 月	7～8 年
家兔	4 月	5～6 月	65～80 天	6～8 月	3～4 年
小鼠	30～40 天	36～42 天	80 天		1～2 年
大鼠	50～60 天	60～70 天			1～2 年
鸡		5～6 月			

3. 初配年龄

母畜性成熟后，虽然具备了繁殖能力，但不适合配种，过早配种会影响母畜及胎儿的正常发育，过迟配种会缩短母畜的使用年限，增加生产成本。因此，母畜的初配年龄应根据母畜的生长发育而定，一般应在其体重发育到成年体重的70%左右配种为宜。母牛的初配年龄一般为16～24月龄。

4. 体成熟

母畜的躯体基本发育成熟，具备了成年畜固有的体形和结构，体重达到成年体重时称为体成熟。牛的体成熟期一般为5年。各种动物性成熟及适配年龄等信息见表2-5。

二、雌性家畜的发情周期和性行为

1. 发情周期

发情是指母畜发育到一定年龄，在生殖内分泌的作用下，母畜卵巢上的卵泡周期性地发育成熟，并分泌雌激素，母畜生殖道发生一系列变化，外部表现为兴奋不安，并愿意接受交配的时期（性接受期）。母畜自第一次发情后，空怀母畜正常情况下每间隔一段时间便表现下一次发情，这样周而复始地直到失去性机能为止。母畜从一次发情开始到下一次发情开始间隔的时间，称为发情周期（sex cycle），各种家畜及不同品种与个体之间发情周期有所不同。绵羊的发情周期平均为17天，山羊、黄牛、奶牛、水牛、马、驴和猪的发情周期平均为21天。家畜的发情周期可受营养状况、外界环境条件的影响。发情周期类型基本上有以下两种。

1）季节性发情周期：家畜全年内只在某个季节才能发情排卵，称为季节性发情。马、驴、绵羊及山羊在发情季节可有多个发情周期，称为季节性多发情。家畜季节性发情主要是长期受自然环境的影响，出于生存繁殖的需要而形成的。例如，北方草原放牧的黄牛只有在春季体况恢复后才能发情，而随着饲养条件的改变，黄牛现已可常年配种。

2）非季节性发情周期：家畜常年都可发情，无发情季节之分，称为非季节性发情，如猪、牛、湖羊和小尾寒羊等。

2. 发情周期各阶段的生理特征

母畜在一个发情周期的不同时期，受卵巢分泌激素所调节，其精神状态、行为、生殖器等表现的特点不同，称为发情周期的性特征。根据这些性特征可将发情周期分为发情前期、发情期、发情后期和间情期4个阶段。

1）发情前期：未怀孕母畜在子宫释放的前列腺素的作用下，卵巢上的黄体进一步退化或萎缩、卵泡生长发育加快；雌激素分泌逐渐增加，孕激素的水平则逐渐降低；子宫及阴道上皮增生，阴道壁开始充血，子宫颈和阴道的分泌物稀薄而增多，外阴开始轻度肿胀，但母畜无性欲表现，不接受公畜和其他母畜的爬跨。

2）发情期：卵巢上主要卵泡发育迅速、体积增大，雌激素浓度达到高峰，孕激素浓度逐渐降至最低，母畜阴道壁、阴户充血肿胀，子宫颈口松弛开张，子宫肌层收缩加强、腺体分泌黏液，黏液透明并流出阴门外。母畜性欲增强、兴奋，有哞叫和爬跨其他母畜等行为，发情表现明显。

3）发情后期：母畜由发情期的高度兴奋逐渐转为安静，母畜拒绝爬跨；卵泡破裂并排卵，并在排卵的凹陷处逐渐形成黄体，雌激素浓度逐渐下降，孕激素浓度逐渐增加；子宫颈口逐渐收缩；腺体分泌逐渐减少，黏液呈混浊，变黏稠；阴道上皮细胞脱落，阴户肿胀逐渐消失，出现皱褶。

4）间情期：间情期是母畜发情周期中最长的时期，是从排卵发情结束到下一次发情开始的时期。母畜发情表现消失，恢复正常。卵巢上的黄体逐渐形成并成熟，随后孕激素分泌增加；子宫颈收缩，子宫松弛，子宫内膜增厚。如果母畜排卵后受孕，黄体就会维持下来，转为妊娠黄体。如果母畜未怀孕，子宫分泌前列腺素，在前列腺素的作用下，黄体逐渐萎缩。黄体的萎缩使母畜又进入下一次发情周期。

三、雌性家畜发情鉴定

母畜只有在发情期（性接受期）才愿意接受交配。发情期持续时间较短，牛一般为6～13h。生产中，为了提高繁殖率，必须正确判断母畜的发情阶段，圈养家畜更为重要，适时让母畜与公畜交配或人工授精，才能提高受胎率。常用的发情鉴定方法有外部观察法、阴道检查法、直肠检查法和试情法。

1. 外部观察法

母畜发情时，精神状态、行为和外生殖器都会发生变化。通过观察，可判断母畜的发情期。

1）发情早期：母畜表现紧张、兴奋不安，比较活泼，频频走动并追随爬跨其他母畜，但不接受其他母畜的爬跨；哞叫、嗅舔其他母畜的外生殖器；食欲减退，牛、羊反刍时间减少或停止；阴户开始发红、肿胀、湿润。母牛阴道流出稀薄白色透明黏液。母羊发情时，阴户无明显红肿，黏液较少。

2）发情期：除继续具有发情早期的表现特征外，母畜愿意接受其他母畜或公畜的爬跨，弓腰举尾、频频排尿、性欲旺盛。母牛、母猪阴门肿胀明显；母牛阴道黏液流出量多、透明，呈索缕状，并附着阴户、尾根，俗称"吊线"。

3）发情后期：过了发情旺期的母畜逐渐转入平静、性欲减退，不再愿意接受爬跨。阴门红肿逐渐消退，母牛阴道流出黏液量减少，黏稠度增大呈混浊，并附着尾根、阴门附近结痂。

2. 阴道检查法

20世纪五六十年代，母马、母牛的发情鉴定常用阴道检查法，后被直肠检查法代替。阴道检查法使用阴道扩张器扩张阴道，根据阴道、子宫颈黏膜充血、肿胀程度，黏液分泌量、色泽、黏稠度，以及子宫颈口开张等情况判定发情阶段。

3. 直肠检查法

直肠检查法是用手通过母畜直肠壁触摸卵巢及卵泡的大小、形态、变化状态等，以判断母畜的发情阶段、排卵时间和配种时间，直肠检查法一般用于母牛、母马人工输精技术，以及母牛、母马生殖疾病临床诊断和妊娠检查。直肠检查法具体操作参考第三章和第五章的内容。

母牛刚发情时（卵泡出现期），可在卵巢摸到一个软化的卵泡、无波动，大小 0.5～0.75cm，约可保持 10h。母牛进入发情期时（卵泡发育期），卵泡大小发育至 1.0～1.45cm，有波动感，可持续 10～12h。母牛至发情晚期（卵泡成熟期），卵泡壁变薄，波动感强烈，有一触即破的感觉，这种状态持续不足 7h 即可排卵。刚排卵的卵巢在原卵泡位置可摸到一个凹陷，但卵泡液还未流尽，可触到柔软的卵泡壁，随后开始在排卵凹陷处形成红体（又称血体），触摸有软面团感，无波动感，直径小于 1cm，10 天内增大至 2～2.5cm。至发情周期第 5 天左右变为浅黄色，第 10 天左右黄体体积最大，达 2.0～2.5cm³。

母马卵泡出现期的卵泡硬小、光滑，呈球状，突出于卵巢表面。卵泡发育期，卵泡体积增加，表面光滑，有弹性，波动不明显，大小为 3～8cm，呈半个球体，突出于卵巢，可持续 1～3h。卵泡成熟期，卵泡壁变薄，波动感较强，临排卵时触摸可有两种感觉，一种是卵泡壁薄且紧，弹性强，触摸时母马有疼痛反应；另一种是卵泡壁薄但变软，弹性减弱，指压时可按下并感到卵泡液的流动，持续时间为 24h 或两三天。排卵期卵泡呈不规则状，非常柔软，手指可塞进卵泡腔内，卵泡液逐渐排出，2～3h 才能排空。触摸排空后的卵泡腔时可感到凹陷内有空起的颗粒，用手指捏时有捏到两层皮的感觉，此期维持 6～12h 后可形成红体，逐渐发育成扁圆形的黄体。

4. 试情法

将结扎输精管的公畜放入母畜群，母畜如果后肢叉开、举尾，接受公畜的爬跨，表明母畜已发情。

5. 动物杂交概述

早在 17 世纪，《植物史》的作者 John Ray（1627—1705）把种定义为"形态相似的个体的集合"，并认为种是一个繁殖单位。18 世纪中期，瑞典植物学家 Carl Linnaeus 继承了 John Ray 的观点，并指出同种个体可自由交配，能产生可育的后代，而不同种之间的杂交则存在不育性。随着基因的解码，人们对物种有了更深一步的认识，著名遗传学家 Dobzhansky 认为，同一物种的个体享有一个共同的基因库，而生殖隔离使得不同物种进化出相互独立、互不依赖的基因库。因此，物种是一群个体在自然界各成员之间彼此能进行基因交换的类群。总体来说，物种是生物分类的基本单位。不同物种间具有明显的形态差异，生态条件及地理分布上也具有明显差异。种与种之间最根本的差异是不可交配性与杂种不育性。

动物繁殖的主要形式是有性生殖，表现为个体交配。根据个体间的亲缘关系，杂交（hybrid）可分为亲缘关系较近的种内杂交和远缘杂交。远缘杂交又可以分为种间杂交（如狮子与老虎）、属间杂交（如山羊与绵羊）及比较少见的科间杂交（如家鸡与珍珠鸡）。目前，自然界中存在的远缘杂交种如表 2-6 所示。

表 2-6　自然界存在的部分远缘杂交物种及其后代

杂交物种名称	父亲	母亲	备注
混血骆驼	骆驼	美洲羊驼	像父亲：短耳、长尾 像母亲：偶蹄，无驼峰
驮騠	马	驴	像父亲：身高，颈部，被毛均一 像母亲：矮小，短鬃毛，长耳，四肢，蹄小
骡子	驴	马	像父亲：短耳、长尾 像母亲：身高，颈部，被毛均一
狮虎	狮子	老虎	体型比父母大，雄性不育，雌性可育
虎狮	老虎	狮子	体型比父母小，雄性不育，雌性可育
豹狮	豹	狮子	头部与狮子类似，身体其他部分与豹相似
斑驴	斑马	驴	
斑马骡	马	斑马	
绵山羊	绵羊	山羊	特征介于父母之间，长有粗糙的外皮毛和多毛的内皮毛，以及类似山羊的长腿和类似绵羊的笨重身体，如绵山羊"博茨瓦纳土司"
山绵羊	山羊	绵羊	如德国的雌性山绵羊"丽莎"
鲸豚	鲸鱼	海豚	
灰北极熊	灰熊	北极熊	

参 考 文 献

哈弗士 E S E. 1982. 农畜繁殖学. 许怀让, 等, 译. 重庆: 科学技术文献出版社重庆分社.

李喜和. 2004. 骡子不育机制的遗传调控. 呼和浩特: 中国工程院第一届生殖生物工程技术国际青年科学家论坛.

刘太宇. 2003. 奶牛精养. 北京: 中国农业出版社.

米歇尔·瓦提欧. 2004. 繁殖与遗传选择. 施福顺, 石燕, 译. 北京: 中国农业大学出版社.

张忠诚. 2004. 家畜繁殖学. 4 版. 北京: 中国农业出版社.

赵春江, 秦应和, 李喜和, 等. 2005. 母骡产驹的系谱鉴定. 中国马业论文集, 1: 158-165.

Leibo S P. 1984. A one-stop method for direct nonsurgical transfer of frozen-thawed bovine embryo. Theriogenology, 21(5): 767-790.

第三章　胚胎性别鉴定和胚胎移植技术

第一节　胚胎性别鉴定技术

一、研究概况

性别鉴定（sex determination）和性别控制（sex control 或性别控制技术 sexing technology）是两个不同的概念，前者是对已经发育到一定阶段的胚胎性别进行确认（着床前或着床后），而后者多数是指在胚胎受精前控制其性别的形成。从基础理论研究的角度来看，这两种技术均是探讨生命发生过程中性别发生、分化的手段，但从产业实用角度看则可通过这两种技术人为地控制家畜的性别，提高生产效益。

性别鉴定技术在家畜生产中的尝试性应用几乎同步于 20 世纪 70 年代兴起的胚胎移植技术。当时，有研究者考虑到充分利用某些高品质胚胎，试着把一个胚胎在显微操作条件下一分为二，然后移入母体制作"单卵双生"的后代。随着显微切割技术的完善，单卵双生几乎达到了整体胚胎的生产水平，于是人们又想到利用显微切割技术把得到的一部分胚胎细胞用于性别鉴定，这样就可以有选择性地利用另一部分胚胎，尤其在性别上的选择有利于商业效益时，这种性别鉴定显得更有必要。最初的胚胎性别鉴定采用细胞形态学的染色体检查法。我们知道，决定哺乳动物性别的是一对性染色体（表 3-1 列出部分动物品种的染色体数组成），尽管哺乳动物染色体数目在品种间不同，但均有以 XX 为雌性、XY 为雄性的性决定特征。染色体检查法检查胚胎性别的优点是准确率高，

表 3-1　部分动物品种的染色体数组成

动物	染色体数	动物	染色体数
人	46（2n: 44，X，Y）	家兔	44（2n: 42，X，Y）
牛	60（2n: 58，X，Y）	野兔	48（2n: 46，X，Y）
马	64（2n: 62，X，Y）	小鼠	40（2n: 38，X，Y）
驴	62（2n: 60，X，Y）	大鼠	42（2n: 40，X，Y）
骡	63（2n: 61，X，Y）	地鼠	22（2n: 20，X，Y）
奶山羊、山羊	60（2n: 58，X，Y）	鸡	78（2n: 76，Z，W）
绵羊	54（2n: 52，X，Y）	鸽子	80（2n: 78，Z，W）
猪	38（2n: 36，X，Y）	鹌鹑	78（2n: 76，Z，W）
狗	78（2n: 76，X，Y）	火鸡	80（2n: 78，Z，W）
猫	38（2n: 36，X，Y）	鸭	80（2n: 78，Z，W）
野驴	62（2n: 60，X，Y）	骆驼	74（2n: 72，X，Y）
野马	64（2n: 62，X，Y）	梅花鹿	66（2n: 64，X，Y）
牦牛	60（2n: 58，X，Y）	马鹿	68（2n: 66，X，Y）

注：内蒙古赛科星家畜种业与繁育生物技术研究院（以下简称赛科星研究院）2018 年整理

但是从胚胎的切割到标本制作的过程比较复杂,特别是在操作技术上要求较高,并且花费的时间也长(一般在 24h 以上),所以一直未能真正应用到生产实践中。不过作为一种比较参考方法,染色体检查法的胚胎性别鉴定对其他性别鉴定方法的确立验证起到了辅助作用。此外,研究人员也从多角度对胚胎性别鉴定的可能性进行了探讨,如 H-Y 抗原法(H-Y antigen)、胚胎发育速度等,但是这些方法在不同动物品种上的研究结果差别较大,很难对哪一种方法进行定论。因此,在较长一段时间内,人们对胚胎性别鉴定技术的研究趋于冷淡状态,对这项技术的实用化更是不抱很大希望。真正的转机出现在 20 世纪 90 年代前后的两个突破,一个是 DNA 聚合酶链反应法的问世,另一个是哺乳动物 Y 染色体性别决定基因 *SRY* 序列的阐明。

聚合酶链反应(PCR)法是 1985 年美国的 Millis 博士在检查人类遗传病时使用的方法,这是最早的报道。随后几年开发出了耐热性 DNA 聚合酶,使这项技术更加成熟、简单,并被广泛地用于遗传病的诊断、亲子血缘关系的鉴定、刑事犯罪案件的侦破,以及这里我们介绍的胚胎性别鉴定领域。PCR 法的原理是利用一对 DNA 复制引物(DNA replication primer),在体外条件下加入 DNA 复制原料 dNTP 和 DNA 聚合酶,使目的 DNA 序列在短时间内复制几十万倍,其反应原理参照图 3-1。1990 年,Sinclair 和 Gubby 博士等分别发表了哺乳动物 Y 染色体上的精巢发育决定基因 *TDF* 的 DNA 碱基序列,揭开了性别分化研究的新篇章,他们把人的这个基因命名为 *SRY*。通过以后的进一步分析发现,*SRY* 基因在我们所熟悉的家畜和其他哺乳动物中基本得到了保存,并充分显示了该基因在 Y 染色体上的特异性。以此为契机,有关人类、家畜及实验动物 Y 染色体上的特异性 DNA 序列被报道,如目前牛的 Y 染色体特异性 DNA 序列 BC1.2、BRY、ES6.0 和 BOV97M 等,当然也包括 *SRY* 基因。在进行胚胎性别鉴定时,以 Y 染色体上特异性存在的基因的一部分

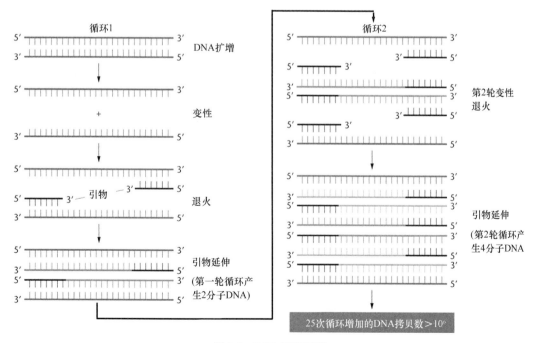

图 3-1　PCR 反应原理

（DNA 碱基序列在 200～500 个）作为目的反应模板，设计出 DNA 引物，然后把从胚胎切割的数个细胞（10 个左右即可）破裂后混合进行 DNA 的复制反应。将得到的 DNA 复制产物进行琼脂糖凝胶电泳，根据特异性 DNA 碱基的复制产物的有无来判定胚胎的性别。

二、胚胎性别鉴定技术简介

如前所述，早期胚胎的性别鉴定技术很多，从初期的细胞学方法（X 染色体、Y 染色体检查）、免疫学方法（H-Y 抗原法），到最近几年随着分子生物学进步而出现的 Y 染色体特异性 DNA 探针法，特别是 PCR 法的开发应用，为早期胚胎的性别鉴定打开了新的局面。另外，随着其他生殖生物技术和精密仪器设备的研制开发，不单纯是鉴定早期胚胎的性别，而发展到控制胚胎的性别生成，其中利用分离后的 X 精子或 Y 精子进行显微受精来控制胚胎的性别已进入实用阶段。本节简要介绍具有代表性的染色体检查法、高效快速的 PCR 法，以及利用这两种方法鉴定胚胎性别的技术流程。

1. 染色体检查法的早期胚胎性别鉴定

（1）主要药品试剂和器材设备

乙酸，柠檬酸钠，长春花碱（vinblastine），链霉蛋白酶（pronase），吉姆萨（Giemsa）染色剂，磷酸盐缓冲溶液（PBS）；相差显微镜，立体显微镜，倒置显微镜，显微操作系统，胚胎分割工具，细胞标本制作用工具。

（2）胚胎的分割

细胞分裂中期的染色质凝缩后呈染色体状态，只有在这个时期才能分辨其形态，即区分 X 染色体和 Y 染色体，所以要求尽量多地采取供试胚细胞（用于检查），才能得到染色体形态鲜明的标本。一般来说，细胞数在 10 个以上的样品，基本上可得到 2 或 3 个中期染色体组成像。受精后发育到 2 细胞期的胚胎即可进行染色体检查，此时要用链霉蛋白酶（0.25%）除去透明带后做标本检查。发育到 16 细胞以上，如在囊胚阶段，可用显微手术法采取一部分细胞（10～20 个）用于染色体检查，胚胎的另一部分用于移植。图 3-2 显示了囊胚细胞的两种分割模式。胚胎分割使用倾角为 15°特制的显微手术刀，

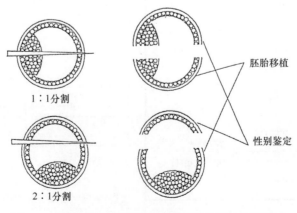

图 3-2　用于胚胎性别鉴定的囊胚细胞的两种分割模式

手术操作液为添加低浓度蔗糖（0.1～0.2mol/L）的 PBS 液。每个胚胎分割后编号移入不同的微小滴内用于下一步检查。值得注意的是，在这里绝不可弄混分割后胚胎部分的编号，以免把胚胎鉴定结果张冠李戴。2～16 细胞的染色体检查不进行分割处理，可除去透明带后直接使用。由于这个阶段的胚胎细胞之间结合比较松散，在操作时要轻而慢。

（3）胚胎细胞分裂中期调整

多细胞胚的每个细胞分裂周期并不一致。为了得到更多的中期染色体组成像，有必要用化学药品来调整其细胞周期到中期阶段。常用的中期调整药品有秋水仙酰胺鬼臼毒素（colcemid podophyllotoxin）。2013 年 Iwasaki 等研究人员在检查牛染色体时多用长春花碱（vinblastine），并取得了较好的结果。

（4）胚胎细胞染色体标本的制作

胚胎细胞染色体标本的制作包括低渗处理、固定和载玻片分散三个操作。

1）将细胞分裂中期调整后的材料移入 0.9%柠檬酸钠的低渗处理液内，室温下静置10min。

2）两次固定处理在低温下（0℃冰袋）进行。处理条件分别如下：第一次固定，固定液：低渗液=5：2，静置 5min；第二次固定，乙醇：乙酸：蒸馏水=3：3：1，静置 5min。

3）固定处理后的细胞材料变为半透明状态，然后用毛细管轻轻地移到载玻片上使细胞分散，此时由于细胞的破裂，染色体分散到载玻片上。如果发现细胞分散不充分，可吸取少量第二次固定液滴于细胞上，促使其均匀分散。此时特别注意的是，操作要缓慢，以免细胞过度分散或丢失。

（5）染色和染色体检查

染色体标本干燥一天之后，进行染色处理，与一般的染色方法相同，在标本上滴加4%的吉姆萨染色剂，在室温下静置 10～15min。最后在相差显微镜下检查染色体的形态，并通过 X 染色体和 Y 染色体的数目来判定胚胎的性别（图 3-3 为牛胚胎细胞中期染色体图像和 X/Y 染色体的检查）。在染色体标本中 X 和 Y 染色体确认困难的情况下，可辅以前文描述的荧光原位杂交（FISH）来进一步判定。

2. PCR 法的早期胚胎性别鉴定

如前所述，随着人类和其他哺乳动物性别控制基因 *SRY* 的发现，利用 PCR 法鉴定早期胚胎性别得到了突破性进展。目前，有关人类、实验动物及家畜 Y 染色体特异性基因或 DNA 特异性片段的不断解析，为性别鉴定技术提供了更多、更有效的判定途径。原则上，只要是 Y 染色体上的特异性 DNA 片段都可用于区别与 X 染色体（雌性胚胎）的鉴定研究。另外，为了减少操作失误的出现，在使用 Y 染色体特异性 DNA 片段的同时，再附加一个能够同时检出 X（雌性）和 Y（雄性）的共同 DNA 片段来判定被检样品的存在。笔者对牛早期胚胎的性别鉴定和控制做了大量的研究工作，并结合体外受精和胚胎的冷冻保存技术，建立了牛早期胚胎的生产-性别鉴定冷冻保存-移植一整套技术系统，本节以牛早期胚胎的 PCR 法性别鉴定为主介绍该项技术。

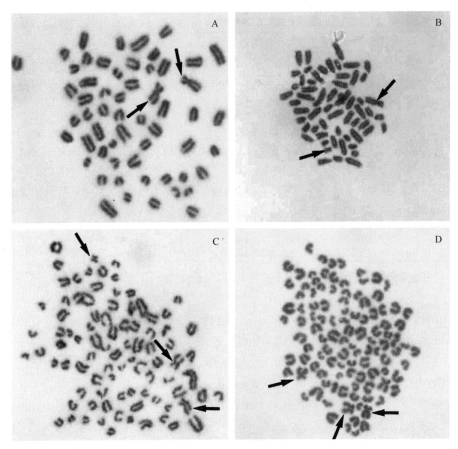

图 3-3　牛胚胎细胞中期染色体图像和 X/Y 染色体的检查
A：XX 细胞；B：XY 细胞；C：XXY 细胞；D：XXX 细胞

（1）主要药品试剂和器材设备

DNA 合成酶，dNTP（dATP、dTTP、dGTP、dCTP），琼脂（FMC Bioproduct），DNA 引物（根据需要设计、合成或购入），DNA 片段长度对照 DNA（PUC19DNA/Sau3A1），雄牛肝细胞 DNA（*Eco*R I 切断），DNA 研究用的其他常规药品试剂；倒置显微镜，显微操作系统，可变式显微移液器（0.1～1μl、1～10μl、10～100μl），PCR 仪，小型离心机，DNA 样品调整微管（0.5ml、1ml），电泳装置，凝胶成像系统装置。

（2）DNA 引物的设计和合成

牛早期胚胎的性别鉴定使用两套 DNA 引物，即 Y 染色体特异性 DNA 片段 BOV97M 引物。该片段是由 Miller 和 Koopman 于 1990 年报道的牛 Y 染色体上存在的特异性片段，其结构如图 3-4 所示，分别以 A 端的 30 个碱基（1~30bp）和 B 端的 30 个碱基（157~128bp）为模板合成 BOV97M1 和 BOV97M2 两个 DNA 引物，用于复制和检出 Y 染色体（雄性胚）的存在，合成的 DNA 片段长度为 157 个碱基。对于碱基序列比较长的特异性 DNA 片段（超过 500 个碱基以上），可选择其中的 200～300 个碱基部分作为目的复制片段。DNA 引物的设计，原则上从目的 DNA 片段的两端考虑，一般长度在 20～30 个碱基。引物过短（20 个碱基以下）影响 DNA 的复制效率和检查准确率，引物过长（30 个碱基以上）容易发生非特异性 DNA 的复制。另外，在设计引物时还要注意 A、T 碱基比例不可过多，尽量避免引物之间的对应结合，这些原因均会影响 DNA 的复制效率。一般的做法是根据目的 DNA 的碱基序列同时设计数套引物，在正式使用前利用已知性别（如雄性动物肝细胞 DNA）的 DNA 进行 PCR 反应，通过比较结果选择出效率高的引物，应用于以后的性别鉴定研究。

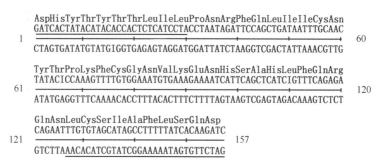

图 3-4　牛 Y 染色体上特异 DNA 片段 BOV97M 的构造（Miller and Koopman，1990）

复制 DNA 长度：157bp。DNA 引物 1：1～30bp（A. 5'端开始的 30bp）；

DNA 引物 2：157～128bp（B. 5'端开始的 30bp）。下画线为 DNA 引物位置

（3）雌雄共同 DNA 碱基序列检查

雌雄共同 DNA 碱基序列检查用牛编码 α-乳清蛋白的序列（α-Lactalbumin）作为引物。雌雄共同引物的设计和使用，目的是鉴定 PCR 反应液中是否存在胚胎细胞样品。因为在进行胚胎的性别鉴定时，从胚胎上分割的细胞只有数个或数十个（10～30 个细胞），在操作中很容易丢失，造成检查样品不存在 PCR 空转反应。当只使用 Y 染色体特异性 DNA 引物时，由于样品的丢失，不会检出目的 DNA 片段，这样就把这个样品误判为雌性，造成鉴定结果不真实。为了避免此类失误的发生，同时设计雌雄胚胎均可反应的 DNA 引物，用以确认样品的存在。我们在研究中选用了牛的 *α-Lactalbumin* 基因（Vilotte et al.，1987），并以其中 790bp 至 898bp 之间的 109bp 的 DNA 片段作为目的复制部分，设计和合成了 α-Lactalbumin 引物，用于实验。牛 PCR 法胚胎性别鉴定的电泳照片如图 3-5 所示。

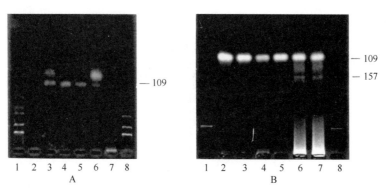

图 3-5　牛胚胎性别鉴定的电泳照片

A：109bp 的 *α-Lactalbumin* 基因设计的样品检测；B：157bp 的雄性胚胎特异性 DNA 片段

（4）胚胎细胞的分割和 PCR 样品的调制

性别鉴定多用囊胚阶段的早期胚胎，其原因一方面是囊胚阶段的细胞数较多（100个左右），并且相对来说胚胎的耐性强，便于取得足够的细胞用于 PCR 反应。另一方面是囊胚已经分化为滋养外胚层（trophectoderm）和将来发育为胎儿的内细胞团（inner cell mass，ICM），可以只采集滋养外胚层细胞的一部分用于性别鉴定，而 ICM 细胞并不受损伤，在性别鉴定后可用于冷冻保存或胚胎移植。胚胎的切割方法参照图 3-2，切割采集的胚细胞用不含牛血清白蛋白（BSA）的 PBS 至少洗涤 3 次，最后移入装有 10μl 灭菌处理的蒸馏水中，并放入低温冰箱保存，以备 PCR 使用。PCR 反应的灵敏度很高，在只有一个细胞的 DNA 水平也可发生反应，在整个操作过程中要戴上手套，并使用专用的器具。

（5）PCR 反应

牛胚胎细胞 DNA 的 PCR 反应液组成如下（笔者方法）：

雄特异性 DNA 引物（BOV97M）1、2	各 40～50μmol/L
dNTP（dATP、dTTP、dGTP、dCTP）	各 200μmol/L
胚胎细胞 DNA	10～30 个细胞
DNA 复制酶	0.5～1IU
雌雄共有 DNA 引物 3、4（Bα-Lactalbumin）	各 40～50μmol/L

PCR 1×缓冲液

PCR 反应液的合适量一般为 40～50μl，其中胚胎细胞 DNA 占 10μl，其他反应材料根据其浓度计算后添加，最终的量用 PCR 缓冲液来进行调整。根据前面 PCR 的反应原理，在添加 DNA 聚合酶之前要把其余反应液置于 94℃处理 5min，使胚细胞的 DNA 由双螺旋变为单线式 DNA，便于与 DNA 引物结合。PCR 的反应周期温度控制如图 3-6 所示，反应周期数为 30～50 个，可根据情况进行调整（反应时间为 2～4h）。目前市场上

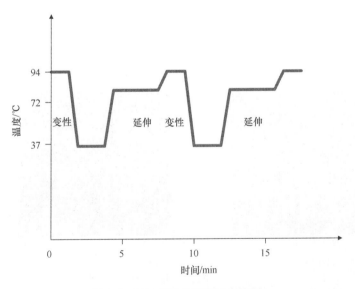

图 3-6　PCR 的反应周期温度控制

售有各种目的 PCR 自动反应装置，其结构大同小异，可根据自己需求购入。另外，用于牛性别鉴定的成套 PCR 反应药品也开始出售使用，但是由于价格太高，大部分研究者还是自己配制。

（6）Y 染色体特异性 DNA 扩增带检查

PCR 反应结束后，把反应后的产物（反应液）取出用于结果检查。取部分反应产物（1～5μl）进行琼脂电泳（0.3%琼脂），其方法和一般 DNA 电泳相同。在电泳琼脂的两端装入已知 DNA 长度的参照 DNA 片段同时电泳，用于判定目的 DNA 的位置。这里介绍的牛胚胎性别鉴定的目的 DNA 片段有两个，一个为 157bp 的 Y 染色体特异性片段，另一个为雌雄胚胎细胞都应复制的 109bp 的共同片段，只有 157bp DNA 片段的胚胎被判定为雄性胚胎。如果用于 PCR 的胚胎细胞数太少（2～8 个细胞），可以把第一次 PCR 反应得到的复制产物，取出一部分进行第二次 PCR 反应，这样可以提高鉴定效率。

笔者在进行牛囊胚性别鉴定初期，把从 2～8 个细胞得到的 DNA 用于 PCR 法的性别鉴定，实验结果指出，以 15～20 个细胞进行 PCR 检查效果较好。另外，用染色体检查法对 PCR 法的鉴别可信程度进行了确认，证明在适量的供试细胞的情况下，PCR 法的性别鉴定结果可达到 97%以上的准确性（表 3-2）。目前，PCR 法的早期胚胎性别鉴定技术已经开始应用于家畜生产领域，并在哺乳动物性别鉴定和控制、遗传疾病治疗方面发挥了重大作用。

表 3-2　染色体检查和 PCR 法牛胚胎性别鉴定结果比较

供试胚分割比率	性别鉴定法	供试胚数	供试胚细胞平均数	性别鉴定结果	
				雄性个数	雌性个数
1/2 胚胎	染色体检查	18	30.7	9（50.0%）	9（50.0%）
1/2 胚胎	PCR	18	—	9（50.0%）	9（50.0%）
2/3 胚胎	染色体检查	28	50.1	15（53.6%）	13（46.4%）
1/3 胚胎	PCR	28	—	14（50.0%）	14（50.0%）

注：后 2 列括号内数据表示该类胚胎占供试胚胎数的比例

第二节　牛性控胚胎体内生产和移植技术

一、研究概况

自饲养家畜以来，人类一直在选用优良品质的雌雄个体进行家畜的改良。自 20 世纪六七十年代以来，随着科技的发展和技术的开发，不断将新技术应用到家畜繁殖、育种领域，从而加快了家畜品种改良的进程，产生了极大的经济效益和社会效益，从根本上改变了人们对畜牧产业的认识。人工授精技术的推广应用可以说是一个典型的例子，作为常识普遍被人们所接受，但 20 世纪 50 年代前人工授精技术尚处于研究试验阶段，该技术的实际应用只是一种梦想。人工授精技术的推广，使优良雄畜的繁殖效率提高千万倍，到目前为止是现代家畜育种改良技术的主要手段之一。但是，子代的遗传性能取决于父母双方，单纯有好的父性而没有相当好的母性，得不到理想遗传性能的子代。因此继人工授精技术推广应用后，研究者又着眼于优良母性遗传性能的研究开发，促使胚胎移植技术的产生和应用开发。用于移植的早期胚胎自身具有发育为生命个体的能力，这一点与用于人工授精的精液不同，后者必须与雌性生殖道内的卵子结合，即受精后才能向生命个体发育。从这一点来看，虽然胚胎移植和人工授精技术在操作方法上基本相同，但注入母体内的胚胎和精液在生殖生理意义上具有本质的区别。

胚胎移植技术的研究可追溯到 19 世纪末期。1890 年英国的生物学者 Heape 首次把安哥拉兔的受精卵移入另一种兔的输卵管，得到了 2 只小兔，因此揭开了哺乳动物胚胎移植的新篇章。Heape 接着进行了多次类似的移植实验，但几乎没有成功，直到 1897 年才得到了另一次产仔结果，可见其起步的艰难程度。继 Heape 之后相隔 25 年，1922 年 Biedl 等同样用家兔重复了胚胎移植实验，得到了产仔结果。但 Biedl 之后近 10 年有关这方面的研究报道几乎空白，给人们留下了许多疑惑。1934 年 Pincua 和 Enzann 使用家兔继续对胚胎移植进行研究，此后包括家兔在内的实验动物（小鼠、大鼠、地鼠等）胚胎移植研究开始活跃起来。同时期 Warwick 等于 1934 年进行了绵羊的胚胎移植实验，并首次在家畜上取得成功（哺乳动物胚胎移植年代如表 3-3 所示）。进入 20 世纪 40 年代，研究者大量开展以中型家畜为对象的胚胎移植技术研究，1949 年 Warwick 等进一步

表 3-3　哺乳动物胚胎移植年代表

年份	事项	研究者
1890	世界首例胚胎移植兔出生	Heape
1934	胚胎移植羊羔出生	Warwick 等
1949	山羊和绵羊胚胎移植羊羔出生	Warwick 等
1951	猪胚胎移植成功，小猪出生	Kvansnikii
1951	牛胚胎移植成功，小牛出生	Willett 等
1952	兔卵–10℃保存，国际运输成功	Marden 和 Chang
1964	牛胚胎非手术移植小牛出生	Sugie 等
1970～1980	牛、羊胚胎移植技术商业化	
1971	世界最早的胚胎移植公司成立	Albert
1971	小鼠胚胎冷冻保存，移植成功	Whittingham 等
1972	马（世界首例马胚胎移植成功）	Allen 等
1973	牛胚胎冷冻保存，移植成功	Milmut 和 Rowson
1979	羊胚胎分离-移植，单卵双生子出生	Willadson
1981	羊胚胎分离-移植，单卵双生子、单卵三生子出生	Willadson 等
1982	基因操作，胚胎移植超级小鼠（Super Mouse）出生	Palmiter 等
1982	牛体外受精，胚胎移植小牛出生	Brackett
1983	小鼠核移植，胚胎移植成功	McGrath 和 Solter
1984	绵羊和山羊的嵌合体（chimera）移植成功	Fchilly 等
1984	猪体外受精，胚胎移植成功	Cheng 等
1984	山羊体外受精，胚胎移植小羊出生	Shorgan 等
1985	牛卵胞卵子的体外受精，胚胎移植成功	Handa 等
1985	美洲驼胚胎移植成功	Wilson 等
1991	驴胚胎移入受体马子宫受孕	Allen 等
2000	骆驼胚胎移植受孕	Skidmore 等

注：赛科星研究院 2018 年整理

做了绵羊和山羊的胚胎移植实验，1951 年 Kvansnikii 等对猪进行了胚胎移植实验；Willett 等于 1951 年和 1953 年取得了牛胚胎移植的产仔结果。1950 年前后，大部分家畜胚胎移植取得成功，这些结果消除了某些研究人员的疑惑，极大地推进了胚胎移植技术的实用化进程。在此期间，以实验动物作为实验材料，笔者在胚胎采集技术的改良、培养液的开发、胚胎的保存技术，以及胚胎发育、代谢等基础理论方面做了大量工作，为以后该项技术的确立奠定了基础。

在以家畜为对象的胚胎移植实验中，1945～1950 年前后多数报道的受胎率在 35% 以下，其作为一项实用化技术尚不成熟。20 世纪 50 年代后期，Hunter 博士、Averil 博士等利用绵羊对采卵和移植技术进行了多方面的探讨及改进，明显地提高了胚胎移植后的受胎率。与中小型家畜相比，牛等大型家畜胚胎移植技术的研究开发相对缓慢，截至 1960 年前后，有关报道很少，其中对开腹手术移植法的替代方法进行了不少尝试，但在很长时间内并没有得到解决。1964 年夏季，日本的杉江浩博士等和 Mutter 博士等几乎同时分别报道了非手术法牛胚胎移植成功的实例，此后非手术法胚胎移植技术成为主流，不但推广到牛、羊、马等家畜，也为后来的人类胚胎移植成功提供了可鉴之据。马、驴的胚胎移植早期研究工作首先由英国剑桥大学的 Allen 教授领导的研究组推出。20 世纪 80 年代，Allen 研究组分别成功对马、驴及斑马、骡子之间的胚胎进行了互换移植，2002 年又成功完成了欧洲首例显微受精胚胎移植科研成果。在家畜胚胎移植技术商业化推广应用方面，1972 年加拿大设立了首家牛胚胎移植服务公司，拉开了牛胚胎移植商业化生产应用的序幕。目前，以加拿大和美国地域为主的胚胎公司达千个以上，基本上形成了基础研究、技术开发和生产应用的系统网络。在牛胚胎移植实施的最初过程中，移植人员按照独自的方法进行操作，加上器具粗糙、没有统一的技术标准等，导致受胎率很低。为了相互交流技术、探讨共同的问题，提高胚胎移植的技术水平和应用范围，1974 年在美国召开由研究人员、技术人员组成的胚胎移植协议会，并正式成立了国际胚胎移植学会（International Embryo Transfer Society，IETS），每年 1 月定期举行总会，相互交流研究成果，介绍应用情况，并发行专门的杂志 *Theriogenology*。国际胚胎移植学会的设立提高了与胚胎生产和移植相关的基础研究的水平，促进了胚胎移植技术的推广应用，对哺乳动物生殖生物学的总体发展具有重要意义。

胚胎移植可分为手术移植和非手术移植两种方法。非手术移植操作简单、费用低，因此目前在家畜繁育领域基本上采用这种方法。胚胎移植的关键问题是选择好的受体牛，否则再好的胚胎移植后也得不到理想的结果。受体牛选择主要从以下几方面考虑：正常发情周期、无传染病或遗传病，并且从体格和健康状况总体进行评价。移植时间是影响受胎率的另一个主要因素，因此要尽可能地使移入的胚胎和接受胚胎的子宫环境"同步"。囊胚的正常发育时间为受精后 5～6 天，这要求受体牛也应以发情后相同时间为最好。实际操作中，以自然发情牛为受体时，通过发情检查和外阴部变化来确认排卵时间，胚胎移植时间可在同步排卵当日或前后 1 天之内。目前，超声波广泛地应用于各种家畜的胚胎发育和受胎检查，这种方法最为准确。当商业胚胎移植的数量较大时，自然发情牛不能满足需要，这就需要采取人为方法来调节受体牛的发情周期，以便集中处理。习惯上将受体牛发情周期进行调节的过程称为发情同期化（estrous synchronization）。

牛的发情同期化处理一般使用前列腺素 $F_{2\alpha}$（prostaglandin $F_{2\alpha}$，$PGF_{2\alpha}$）和卵泡刺激素（FSH）或 LH、PMSG 注射，用量根据处理牛的年龄、体重和药物敏感程度增减，一般可得到较好结果。十几年前，新西兰的一家公司开发了一种阴道内发情诱导器具（CIDR），这种发情诱导（调节）器具使用方便，价格较低，被广泛地应用于牛、羊等家畜胚胎移植的发情期调节中。

二、药品试剂和器材设备

1. 药品试剂

PBS 缓冲液，FSH，促黄体素（LH），$PGF_{2\alpha}$，孕马血清促性腺激素（PMSG），人类绝经期促性腺激素（HMG），牛血清白蛋白（BSA）。

2. 器材设备

立体显微镜，CO_2 培养箱，卵子操作常规器具，胚胎冷冻仪，胚胎灌流回收装置，胚胎移植器材，超声波诊断仪，人工授精器材。

三、技术流程

牛性控胚胎移植与非性控胚胎移植操作完全相同，但是以超排方式生产性控胚胎时，其输精量（每次 2 或 3 支，每支 200 万～220 万个分离精子）、输精时间和输精部位严格按照性控冻精的要求。牛性控胚胎移植主要包括以下 4 项技术内容。

1. 超数排卵处理

自然发情的牛在每个性周期只排出一个成熟卵子。通过人为注射性激素使雌性动物一次排出高于自然排卵数的技术称为超数排卵（superovulation）。牛的超数排卵处理技术基本上得到了确立，普通冻精平均可得到 5 或 6 个早期胚胎（桑椹胚至胚泡），性控冻精的胚胎回收率低于普通冻精（平均 3～5 个早期胚胎）。但是超数排卵处理受供体（donor）牛的体质、繁殖情况、性激素质量及操作人员技术水平等多种因素的影响，在具体实施处理时需检查相关条件，以期取得有效的胚胎采取结果。超数排卵处理主要包括以下几方面内容。

1）供体牛选择：供体牛的选择主要从市场评价和个体能力两方面考虑。对于奶牛来说，选择高泌乳能力和高乳质的正常个体，而肉用牛则侧重于肉质和增重速度。具体选择指标如下：①遗传品质优秀且无遗传疾病；②繁殖能力正常；③体格正常且无传染疾病；④市场评价良好。

遗传能力是决定个体品质的基本条件，因此在选择供体牛时首先通过血统检查来确定选择范围。例如，选择产奶能力为 10%～20%的优秀个体作为供体处理牛，经过超数排卵处理和胚胎移植，2～3 年可使牛群的改良效率达到 70%左右（Seidel et al，1981）。繁殖能力主要指牛的性周期是否正常、有无繁殖障碍、年龄是否过大等方面的内容。一般来说，超数排卵处理后的胚胎采取数与供体牛的年龄、产后天数、品种、胎次及季节、性激素注射量等相关。牛的年龄超过 10 岁时卵泡数明显减少，所以供体牛的年龄最好为 4～6 岁的中年母牛。产仔后 6 个月的牛繁殖机能得到了充分恢复，这个阶段进行超数排卵处理可得到较好的采卵结果。正常的性周期重复是保证超数排卵效果的关键因素之一。在进行超数排卵前，至少要观察 2～3 个性周期的重复情况，并根据性周期的发生注射性激素。性周期易受环境和饲养管理条件变化的影响，因此在实施超数排卵过程中，不要改变其饲养环境和管理条件。

2）超数排卵处理：选择发情正常的适龄母牛，在发情开始后 9～14 天（发情当日以 0 日计算）注射性激素。以 FSH 注射的超数排卵常规处理方法举例：FSH 的注射分为早（8：00）、晚（18：00）两次，连续 4 天减量注射，合计注入 FSH 的量为 28mg（5mg、5mg、4mg、4mg、3mg、3mg、2mg、2mg）。个体较大或以前处理效果不太好的供体牛可适度加大性激素注射量，但在多数情况下，由于个体差异，加大注射量并不能保证取得良好的结果。使用 PMSG 进行超数排卵处理时，未经产牛的注射量为 2500～3000IU，经产牛为 3500～4000IU。PMSG 的半衰期较长（40～100h），因此排卵后卵巢内仍可发现较大型的卵泡，这一点和 FSH、HMG 有明显差别。

优质胚胎的回收效率是评价超数排卵技术的重要指标。根据 1983 年 Suzuki 和 Tamaoki 的报道，PMSG 处理每头受体牛可回收正常卵的数目为（6.6±4.8）枚，明显地低于 FSH-LH 处理结果［（12.8±9.8）枚］。另外，Critser 等（1980）的实验结果也指出了 FSH 处理优于 PMSG，因此目前牛的超数排卵处理多用 FSH 或 FSH-LH 复合处理法。表 3-4 列出了使用 PMSG 和 FSH-LH 进行牛超数排卵处理的结果比较。

表 3-4　使用 PMSG 和 FSH-LH 处理的牛超数排卵结果比较（Suzuki and Tamaoki，1983）

检查项目	PMSG	FSH-LH
黄体数/个	13.6±5.8	17.2±10.0
未排卵卵泡数/个	3.5±2.5	1.4±1.8
回收卵数/枚	6.6±4.8	12.8±9.8
正常卵数/枚	4.2±4.4	8.4±9.1
回收卵率/%	48.20	74.30

2. 发情诱导和人工授精

超数排卵处理的发情诱导一般使用 $PGF_{2\alpha}$。其使用方法是在 FSH 注射第 3 天开始早 2.5～5mg、晚 2.5～5mg，合计肌肉注射 5～10mg。发情诱发效果和使用 $PGF_{2\alpha}$ 超排处理时注射量、注射次数与超排数量有直接关系，只注射 1 次的情况下只有 10% 的发情检出率，注射 2 或 3 次的发情诱导率一般在 80%～90%，并且卵子回收数目明显提高。晚上注射 $PGF_{2\alpha}$ 后到第 2 天是发情的正常时间。一般方法是在傍晚检查出发情特征时实施 1 次人工授精，第 2 天上午再进行 1 次（第二次）人工授精处理。无论是性控还是非性控、新鲜和冷冻精液，均可用于人工授精，非性控冻精的注入精子数不低于 50×10^6 个，并且要保证精子活力，这样才能得到较好的超数排卵效果。性控冻精的精子活力偏高，一般使用 2~4 支冷冻精液进行处理，总精子数为 400 万~800 万个即可。

牛 70%发情开始时间是 18：00 到翌日早上 6：00，因此大多数情况下很难准确检查出发情开始时间。进行超数排卵处理时，注射 $PGF_{2\alpha}$ 24h 后检查发情开始情况。例如，在上次发情第 17 天注射 $PGF_{2\alpha}$，通常于第 19 天早上可检查出发情，但事实上其中一部分发情时间是在前一天晚上到第二天早上之间，因此有必要于前一天实施 1 次人工授精。牛发情和人工授精实施时间的关系模式图如图 3-7 所示。对于性控冻精来说，精子总数少，因此在输精前最好通过直肠检查卵巢卵泡的发育情况，推测排卵时间，在此基础上确定输精时间。

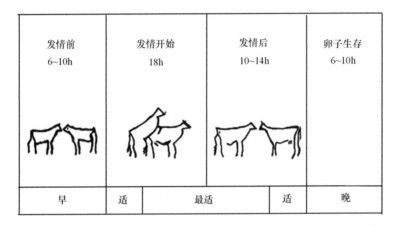

图 3-7　牛发情和人工授精实施时间的关系模式图（日本家畜改良研究会，1986）

3. 胚胎的回收和保存

输卵管膨大部受精的卵子边移动边开始分裂，牛受精卵 1 天后形成 2 细胞，2 天后形成 4 细胞，3~4 天后分裂为 8~16 细胞，并移入输卵管膨大部。经过输卵管峡部的受精卵大约在 5 天后进入子宫角前端。因此采用非手术灌流法回收胚胎时必须在人工授精处理 5 天后进行。哺乳动物卵子受精、分裂和在生殖道内的移动情况参照模式图 3-8。

1）超排供体牛的保定和麻醉：将供体牛牵入保定架固定，清洗体后部污垢，并使前部略高于后部（20cm）以便灌流液回收。保定后清除直肠粪便，剪掉尾根部被毛，用酒精棉球消毒后从第 1、2 尾椎硬膜外注入 2%盐酸普鲁卡因 5~7ml（图 3-9）。冲胚前去除子宫颈内的黏液。

2）胚胎的回收：常用冲卵管为 2 路式（法国或日本产），其结构如图 3-10 所示。2 路式冲卵管的冲卵液进入和回流用同一管道。冲卵管一般长度为 45cm，分为 16 号、18 号、20 号、22 号几种型号，初产牛使用 16 号，经产牛和奶牛一般使用 18 号以上型号。

牛子宫颈的形态多样，因此在插入冲卵管时最好先用子宫颈扩张棒进行适度疏通。用事先准备好的冲卵液大约 20ml 注入冲卵管内，测试不锈钢内芯的抽进情况，然后用夹子固定。操作人员左手伸入直肠内把握冲卵管，右手慢慢地把冲卵管从阴道插入，经过子宫颈，推进至子宫角分叉部前 5cm 左右。冲卵管插到预定位置时，操作助手用 30~50ml 的注射器从空气口注入适量空气，保定冲卵管。空气的注入量初产牛为 11~

16ml，经产牛为 18～25ml。上述操作完成后，操作人员用伸入直肠的手把握冲卵管，操作助手抽出不锈钢内芯，然后将 Y 字形三通管分别连接冲卵液注入管、回收管。连接注入管时要避免进入空气，以免影响胚胎回收效果。图 3-11 为牛冲卵器具的装配模式图。

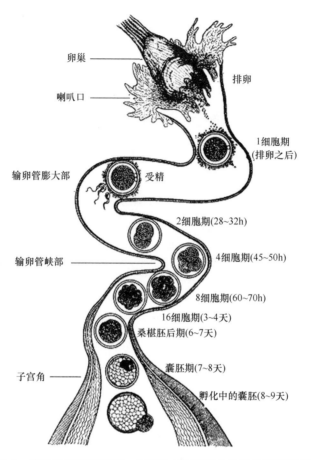

图 3-8　哺乳动物卵子受精、分裂和在生殖道内的移动情况模式图
（日本家畜改良研究会，1986）

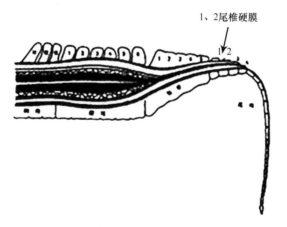

图 3-9　超排供体牛的保定和麻醉

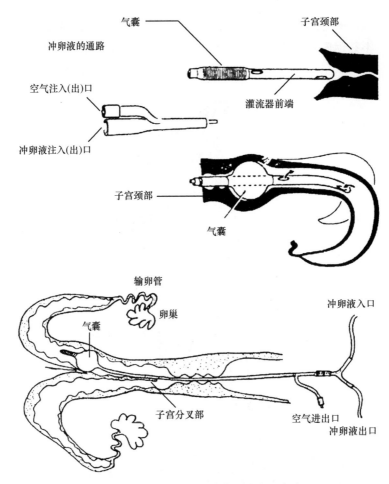

图 3-10 牛用冲卵管示意图（日本家畜改良研究会，1986）

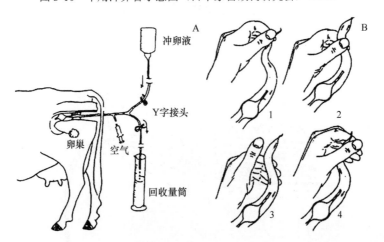

图 3-11 牛冲卵器具的装配模式和子宫把握图（日本家畜改良研究会，1986）
A：冲卵；B：冲卵时子宫把握

将 38℃保温的冲卵液（PBS+0.3BSA+抗生素）和注入口连接并悬挂于支架上（高于外阴部 1m 左右）。冲卵液的使用量根据子宫大小、技术熟练程度进行增减，一次冲卵一般需 500～1000ml 冲卵液。在冲卵过程中，用伸入直肠的手适当地抬起输卵管-子宫接合部位，以便冲卵液充分回流。冲卵结束后放出固定气囊的空气并抽出冲卵管。将抽出的冲卵管抬高回收内部残留的冲卵液。一侧子宫冲卵结束后以同样方法操作另一侧子宫。在整个冲卵过程中，必须注意保持外阴部清洁和冲卵液保温。冲卵结束后给供卵牛子宫内注射抗生素，以防引起子宫炎症。肌肉注射 10mg $PGF_{2\alpha}$，消除黄体。回收的冲卵液在保温条件下放回实验室内静置 20min，然后除去上清部分，把留下的大约 100ml 的沉降液移入数个塑料培养皿，在立体显微镜下回收胚胎（包括未受精卵）。另外，可以使用受精卵回收专用过滤器，其操作方法是将冲卵液分段注入过滤器内，最后保留 2～3ml，用玻璃滴管轻度混合后移入检查器内，在立体显微镜下回收胚胎。

3）胚胎的保存：回收的胚胎首先进行计数和分类，然后根据需要进行移植或保存。胚胎的保存可分为恒温保存和冷冻保存两种方式，详细内容参考其他章节及参考文献。

4. 胚胎移植

胚胎移植可分为手术和非手术法两类，目前基本上采用非手术法移植。这里介绍通过牛的子宫颈深部进行移植的方法。从回收的各发育阶段胚胎中选择桑椹胚至囊胚期的胚胎并用于子宫角深部移植。

（1）受体牛

作为移植受体牛必须符合以下几个条件：①确认有正常发情周期；②无繁殖障碍或疾病；③无遗传疾病；④体格正常且较大。

（2）发情检查

在自然发情情况下，以发情开始为检查基准，配合外阴部变化的观察（发情时呈粉红色，且有分泌黏液）判断发情。供体牛和受体牛的发情同步相差前后 1 天为适用范围，胚胎移植最为合适。使用冷冻胚胎进行移植时，以受卵牛发情第 7 天使用早期囊胚为妥，其前后 1 天可使用扩张囊胚或桑椹期胚胎。自然发情牛不能满足移植需要时，可采用同期发情处理。同期发情处理一般使用 $PGF_{2\alpha}$。具体的发情诱导和同期化处理方法参照超数排卵部分。

（3）胚胎移植

胚胎移植枪（注入器）目前有日本富士平工业株式会社（FHK）制和法国卡苏（IMV）公司制两类，基本结构相似，技术人员可根据移植需要进行选购。胚胎移植器分为外套和内芯两部分，在移植时内芯前端和胚胎细管相连后插入外套中。外套外一般再套两层塑料制的外管（软硬外套），在到达子宫颈时将软外套穿透，移植枪沿子宫颈、子宫体、黄体侧子宫角深部依次进入，迅速将胚胎注入子宫角深部，缓慢将移植枪撤出（图 3-12）。

1）移植器具的灭菌：所有移植器具必须在使用前灭菌处理，这是进行胚胎移植的一般常识。金属注入部分和玻璃类容器采用高温、高压灭菌，塑料制品采用气体（环氧乙烷）灭菌方式。培养液类的灭菌以过滤方式进行（过滤孔直径 0.45μm 或 0.22μm）。

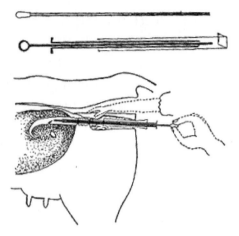

图 3-12 牛胚胎的移植操作模式图

2）胚胎封入移植塑料细管：新鲜或解冻胚胎需封入移植塑料细管内，装入胚胎移植枪。使用的塑料细管容量为 0.25ml（日本 FHK 或法国 IMV 公司制）。

3）胚胎（塑料细管）和移植枪的组装：平拿胚胎塑料细管，尽量稳定地与移植枪组装。在组装时要注意灭菌操作，确认注入内芯和塑料细管棉栓部的接触情况、外套固定等。此外，在冬季进行移植时要注意保温。直接移植时，要在受体牛准备好以后开始胚胎的解冻、组装处理。

4）受体牛的准备：将选择的受体牛牵入保定架，先除去直肠内粪便。剪去尾根部被毛，并用酒精棉球充分消毒。抓起尾端上下移动，用一侧拇指确认第 1、2 尾椎之间的凹陷部。把吸有 2%盐酸普鲁卡因的注射针以 45°角斜插入尾椎凹陷部，尾根硬膜外麻醉。尾部麻醉关系到移植的顺利与否，初学移植人员应格外注意。

5）移植操作：移植人员再次将戴有长臂手套的手伸入直肠内，确定直肠蠕动情况（麻醉状态）、粪便有无、空气除去情况等，然后决定移植实施与否。助手用灭菌卫生纸插进外阴部并撑开阴道口，移植人员将胚胎移植枪插入阴道内，在此操作过程中注意不要让移植枪前端接触外阴部，以免引起子宫内感染，影响受胎和牛的正常生殖生理活动。插入阴道内的胚胎移植枪在尽量不触及阴道壁的情况下深入，前端到达子宫颈口时拉出最外层保护外套（软外套）。用手把握子宫颈部使移植枪快速通过，但要注意操作力度不至于损伤其黏膜。进入子宫体后将移植枪诱导至黄体侧子宫角。移植枪深入子宫角深部（前 1/3 处）时，推动移植枪内芯，使胚胎注入子宫角内，或者移植人员固定移植枪于移植部位，由助手推动内芯注入胚胎。牛子宫结构和胚胎移植部位参照图 3-13。

防止子宫黏膜损伤出血是保证移植受胎效果的重要因素，因此在移植操作过程中要时常注意操作力度，遇有出血情况可在子宫浅部尽快完成移植。当初产牛作为受体牛时，可使用子宫颈扩张棒扩张处理后再进行移植。移植结束后撤出移植枪，并给受体牛注射适量抗生素，防止生殖系统的感染和炎症发生，最后填写移植记录表。对移植后的受体牛进行定期观察，检查受胎和胎儿发育并做好记录。具有人工授精经历的技术人员均可进行胚胎移植，但要达到操作熟练的程度，需要在实践中不断体会。

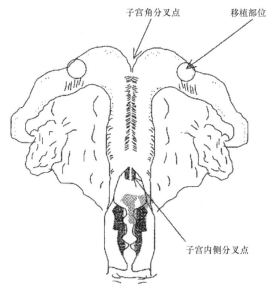

图 3-13 牛子宫结构和胚胎移植部位（日本家畜改良研究会，1986）

西门塔尔黄牛饲养管理要求低，耐粗饲、抗病力强、饲养成本低，同时新生的犊牛可以通过自然哺乳，成活率高，还具有生长发育快等优点。因此，内蒙古赛科星繁育生物技术（集团）股份有限公司（以下简称赛科星集团公司）以西门塔尔黄牛为受体进行了荷斯坦高产奶牛性控胚胎的生产和移植，目的是在短时间内大规模地进行高产奶牛核心群的快速扩繁，繁育优良核心后备群。图 3-14 为赛科星集团公司荷斯坦高产奶牛性控胚胎体内生产过程及诞下的性控牛犊。表 3-5 为 2011 年赛科星集团公司荷斯坦高产奶牛性控胚胎体内胚生产统计情况。

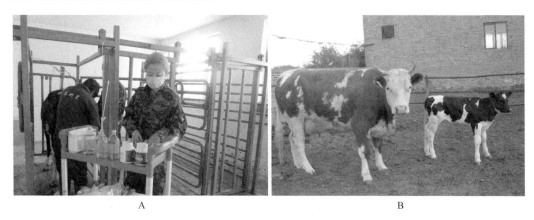

图 3-14 荷斯坦高产奶牛性控胚胎体内生产过程及诞下的性控牛犊（赛科星集团公司 2011 年整理）

A：荷斯坦高产奶牛性控胚胎冲胚过程；B：性控牛犊及其代孕母亲

表 3-5 2011 年赛科星集团公司荷斯坦高产奶牛性控胚胎体内胚生产统计表

性控胚胎类型	受体牛类型	移植受体头数	受胎牛头数	受胎率/%
鲜胚	西门塔尔黄牛	30	12	40
冷冻胚胎	西门塔尔黄牛	40	13	33

四、胚胎分割和单卵双生技术

哺乳动物早期胚胎细胞在桑椹胚以前未出现机能性分化，理论上这些未分化细胞均具有形成生命个体的能力，即细胞全能性（cell totipotency）。囊胚阶段分化为两种功能细胞，即滋养层细胞和内胚团细胞，这两种细胞受胎后分别发育为胎盘和胎儿。由于囊胚的这种细胞分化特征，研究人员想到利用显微手术把囊胚均等切开后再进行移植，是否可以得到单卵双生呢？事实证明这种设想完全可能，但囊胚的显微分割、分割胚的体外培养等诸项技术的完善也花费了近 10 年的时间。现在单卵双生技术多用于家畜的商业性胚胎移植，尤其是对于一些成本较高的胚胎，该技术提高了胚胎的利用率，降低了生产成本，颇受生产者的欢迎。

早期胚胎分割方法分为三类，第一类是将 2～8 细胞期胚分成两份，在体外培养到桑椹胚～囊胚阶段，然后进行移植。这种方法最早在小鼠上进行了试验，但结果并不理想。第二类是 1979 年由 Wiladsen 博士提出的 2～8 细胞期胚的分离、体内培养法，利用这种方法成功地对小鼠、山羊、绵羊、牛和马进行了单卵双生试验。第三类是近 10 年来随着显微操作技术的进步发展出的桑椹胚～囊胚均等分割法，该法在实验动物和家畜中均取得了成功，并且开始应用于生产。有关胚胎分割的早期研究报告列于表 3-6，以供读者参考。

表 3-6　胚胎分割的早期研究报告（杉江佶，1989）

动物种类	胚胎发育阶段	分离，分割培养	分离，分割胚胎的产子率/%	单卵双生的成功率/%	研究者/年份
小鼠	8～16 细胞	分割，体外培养	68	4	Moustafa 和 Hahn/1978
	2 细胞期	分离，体内培养	65	4	Tsunoda 和 Mclaren/1983
家兔	桑椹胚	分割，体外培养	42	8	Nagashima 等/1984
绵羊	桑椹胚～早期囊胚	分离，—	24～33	2	Yang 和 Foot/1987
	2 细胞期	分离，体内培养	47	5	Willadsen/1979
	2～8 细胞	分离，体内培养	80	—	Willadsen/1980
山羊	桑椹胚～孵化囊胚	分割，—	64	8	Willadsen 和 Godke/1984
	2～4 细胞	分离，体内培养	43	2	Tsunoda 等/1984
猪	孵化囊胚	分割，—	45	4	Tsunoda 等/1984
	胚胞～孵化囊胚	分割，—	27～39	10	Udy/1987
牛	桑椹胚～囊胚	分割，体外培养	25	1～3	Nagashima 等/1988
	桑椹胚	分割，体内培养	75	10	Willadsen 等/1981
	桑椹胚	分离，—	54	6	Ozll 等/1982
	桑椹胚～早期囊胚	分割，—	50	18	Willlams 等/1984
	桑椹胚～早期囊胚	分割，—	57	26	Arave 等/1987
马	2～8 细胞	分割，体内培养	—	2	Allen 和 Pashen/1984

胚胎分割需要倒置显微镜、显微操作系统，目前使用的主要有德国和日本产两种类型。在进行胚胎分割时，首先要用链霉蛋白酶 E（pronase E）处理，使胚胎透明带

变薄，目的是软化胚胎便于固定。如果不使用溶解酶，可以将胚胎移入添加蔗糖的高渗溶液（PBS）内处理 3～5min，也可起到同样的收缩作用。囊胚的分割要求对等切开滋养层和内胚团，因此在操作液内将胚胎置于视野正中，从上向下用切割刀一分为二，这些操作都在显微镜下进行。显微操作具有一定的技术难度，操作者必须首先掌握有关卵子或胚胎的基本操作技术，在此基础上再尝试分割为妥。分割后的半胚放回二氧化碳培养箱内培养 1～2h，根据形态恢复情况决定移植与否。分割胚的移植方法与全胚相同，但是两个半胚一般移入同一受体的两侧子宫角，鲜胚移植受胎率40%～50%，与全胚相比没有明显下降。分割胚的冷冻保存法目前尚未确立，所以多以新鲜状态移植，一定程度上局限了该技术的应用范围，这一点还有待今后进一步探讨。

第三节　羊性控胚胎体内生产和移植技术

一、研究概况

白绒山羊性别控制在生产实践中具有广泛的现实意义，不仅可以从受性别限制或受性别影响的性状方面获益，如母羊产羔、公羊产肉产绒等，还可以加速遗传育种进程，进行扩群，最大限度地发挥优良公羊、母羊的繁殖优势。因此不同的生产目的对羊的性别需求不同，这就需要对后代羔羊的性别进行控制。1996 年，Catt 等首次报道用绵羊的分离精子进行单精子注射产下后代。1997 年，Catt 等报道用低剂量的绵羊分离精子（未冷冻）采用内窥镜法，以大约 10 万个精子/0.1ml 在子宫角输精，并产下后代，但妊娠率很低。2004 年，Parrilla 等首次报道用流式细胞仪检测出山羊 X 精子、Y 精子 DNA 含量的差异，为 4.4%。利用这种差异，通过流式细胞仪可以将 X 精子、Y 精子分离。2005 年，黄河等利用 X 精子冷冻精液生产奶牛性控冷冻胚胎并移植，获得了 63.6%的怀孕率。但用分离精子生产性控胚胎，这一方法在白绒山羊性控方面的报道较少。笔者通过流式细胞仪将白绒山羊 X 精子、Y 精子分离，应用 X 性控冷冻精液进行人工授精生产性控胚胎，并结合胚胎移植技术，对白绒山羊通过性控胚胎移植实现性控的可行性进行探索，以促进白绒山羊性别控制技术的推广应用。

二、药品试剂和器材设备

1. 药品试剂

羊性控冷冻精液，黄体酮阴道缓释剂（CIDR），海绵阴道栓，促滤泡素（FSH），促黄体素（LH），氯前列烯醇（PG），孕马血清促性腺激素（PMSG），PBS，胚胎保存液等。

2. 器材设备

腹腔内窥镜，体视显微镜，羊手术台，其他常规器材。

三、技术流程

1. 超数排卵处理

对供体母羊采用 CIDR+FSH+LH+PG 连续三天递减注射法进行超数排卵处理，超排开始后第三天，用试情公羊对超排供体母羊进行试情，以确认供体母羊的发情时间，发情后开始禁食禁水。

2. 发情诱导和人工授精

1）种公羊及供体母羊、受体母羊。为能够正常采精，选择 4 岁、优良健康的白绒山羊种公羊。选择产绒量高、绒毛细度相对较好并无繁殖障碍、年龄 1～4 岁的白绒山羊母羊为供体母羊；受体母羊为产绒量相对较低、年龄 1～4 岁的健康白绒山羊。

2）精液的准备。X 性控冻精的准备：从液氮中取出精液冷冻细管，在空气中停留 3～5s，置于 37℃水浴中 8～10s，待冰晶融解后，从水浴中取出冷冻细管，用无菌干棉球擦干冷冻细管表面水滴，置于输精器内待用。

鲜精准备：对种公羊用假阴道法进行采精。用 PBS 稀释精液 5～10 倍，并在稀释前后分别检查精子活力，装入输精器内待用。

3）人工授精。供体母羊发情 12h 后，采用腹腔内窥镜法将 X 性控冻精及鲜精分别输入不同组别供体母羊子宫角内，具体方法如下：将供体母羊倒立、腹部朝上保定于自制专用手术架上，术部常规消毒，用手术刀在腹中线左右两侧分别切一 0.5～1cm 小口，左侧切口位置在左侧乳头的左下方，切口在左侧乳头的连线与腹中线呈 45°角，距左侧乳头基部及腹中线 3～5cm，右侧切口位置选在右侧乳头的右下方，其他参数与左侧切口相同。用专用打孔器在切口处将腹壁穿透，从左侧孔插入腹腔内窥镜，右侧孔插入输精器，二者协同操作，将精液分别输入左右两侧子宫角内。

3. 胚胎的回收及保存

在供体母羊输精后 48h，采用常规手术法从输卵管冲胚。对回收的胚胎进行镜检，统计受精卵数及受精卵发育情况，选取可用胚胎置于胚胎保存液中待移植。

4. 胚胎移植

在对供体羊超排处理的同时，对受体羊采用埋植海绵阴道栓和注射 PG 的方法，进行同期发情处理。撤栓后用试情公羊进行试情，记录发情母羊，并开始禁食禁水。应用常规手术法进行胚胎移植，将冲出的 4～8 细胞期胚用移卵器从喇叭口向输卵管内插入 5～8cm，将胚胎连同少量胚胎保存液一同移入输卵管内。到预产期时，现场记录移植产羔受体母羊生产及羔羊性别等并拍照，图 3-15 为胚胎移植的性控白绒山羊。

不同类型精液输精供体母羊卵回收结果及卵受精情况如表 3-7 所示。应用性控冻精精液输精，超排后供体母羊的平均排卵点及平均卵回收数分别为 14.5 个和 13.3 枚，应用鲜精输精的平均排卵点及平均卵回收数分别为 13.9 个、12.5 枚，两者之间无差异

（$P>0.05$）。性控冻精组中，受精卵占总回收卵子的比例为 29.6%，极显著（$P<0.01$）地低于鲜精组（94.0%）。

A   B

图 3-15　国内首例/首批性控胚胎移植的白绒山羊（王建国等 2006 年拍摄）
A：首例性控胚胎移植羔羊；B：首批性控胚胎移植羔羊

表 3-7　不同类型精液输精供体母羊卵回收及卵受精情况比较

精液类型	供体数/只	排卵点总数（每只动物平均数）	回收卵		
			合计（每只动物平均数）	受精卵（占合计的百分数）	未受精卵合计（占合计的百分数）
性控冻精	14	203（14.5）[a]	186（13.3）	55（29.6%）[c]	131（70.4%）[c]
鲜精	24	334（13.9）[b]	299（12.5）	281（94.0%）[d]	18（6.0%）[d]

注：a、b，$P>0.05$；c、d，$P<0.01$。王建国等 2006 年和 2007 年整理

不同类型胚胎移植受体母羊产羔结果及羔羊性别准确率比较如表 3-8 所示。性控胚胎移植受体母羊产羔率 42.2%（19/45），极显著地低于普通胚胎移植受体母羊［58.1%（54/93）］的产羔率；性控胚胎移植受体母羊所产羔羊性别准确率为 100%（19/19），极显著地高于普通胚胎移植受体母羊所产羔羊［57.4%（31/54）］的性别准确率。

表 3-8　不同类型胚胎移植受体母羊产羔及羔羊性别准确率比较（王建国等，2006，2007）

胚胎类型	移植受体数	产羔数（产羔率）	不同性别的羔羊数	
			雌性（占产羔数的百分数）	雄性（占产羔数的百分数）
性控胚胎	45	19（42.2%）	19（100%）[a]	0[a]
普通胚胎	93	54（58.1%）	31（57.4%）[b]	23（42.6%）[b]

注：a、b，$P<0.01$

5. 结果分析

在相同的超排处理和操作条件下，性控冻精输精组回收卵中受精卵所占比例比鲜精输精组低，两者差异极显著，其原因可能是：第一，性控冻精的精子浓度低。分离过程中对精子进行了高倍稀释（200 万个/0.25ml），而鲜精仅稀释 5～10 倍。第二，精子排出后，其自身能量应是一定的，而性控冻精与鲜精相比多了分离过程，在这个过程中势必要消耗一定的能量，其存活时间相对缩短，在与鲜精相同的时间内输精，存在性控冻精未与卵子相遇即死亡的可能性，致使供体母羊超排卵的受精率下降，这一点将在今后的研究中进一步探讨。第三，分离精子人工授精的受胎率只有常规冷冻精液的 70%～80%，若营养条件等因素跟不上，则受胎率会更低。分离过程中精子染色、激光照射、高倍稀释作用及分离过程中的高压鞘液对精子膜的破坏作用等，都会对精子产生不良影响。此外，分离后冷冻过程也会对精子造成不良影响，如何降低这种影响还有待进一步研究。

性控胚胎移植受体母羊的产羔率为 42.2%，极显著低于普通胚胎移植受体母羊（58.1%），导致性控胚胎移植受体母羊产羔率低的原因可能有以下几方面：第一，胚胎移植的受体群不同，因为实验中两组受体羊分开饲养，这就可能导致两组羊的营养状况不同，间接影响移植受体母羊的产羔率。第二，本实验中统计的是产羔率，由于实际条件的限制，并没有统计两组移植受体母羊的情期受胎率及流产率，因此在胚胎移植后，性控胚胎移植受体的情期受胎率可能与普通胚胎无差别，但后期因各种原因的流产，导致性控胚胎移植受体产羔率降低。第三，统计学上一般需要较大数目的统计样本，本实验两组移植受体样本数量小（45 只和 93 只），可能影响统计结果。因此，还需有更多的实验数据来进行验证。在羔羊性别方面，性控胚胎移植组雌性所占比例 100%，极显著地高于普通胚胎移植组（57.4%）。可见，性控胚胎已达到理想的性控效果。

综上所述，本实验探索了一种白绒山羊性控胚胎生产和移植的技术方法，证实了通过性控胚胎生产和移植来实现白绒山羊的性别控制，在理论和实践上均是可行的。实验表明，这种方法具有很高的性控准确率。因此，性控胚胎移植具有良好的发展潜力，若能使超排供体母羊卵子的受胎率进一步提高，将该技术推广应用，定会为科学发展白绒山羊养殖业起到重要的推动作用。

第四节　应用情况、存在的问题及发展前景

一、胚胎移植应用情况

1. 国外应用情况

1972 年加拿大设立了首家牛胚胎移植公司，开始了牛胚胎移植的商业化生产应用，在公司设立初期，多数业内人士认为就当时的技术水平和生产情况成立胚胎移植专业公司尚未成熟，但是公司看到了该行业的发展前途，着眼于技术改善和基础研究，终于成为目前世界性胚胎移植领域的权威企业之一。20 世纪 70 年代初期，美国和加拿大等畜牧大国掀起了以欧洲肉牛来改良当地品种的热潮。研究表明，利用夏洛莱（Charolais）、西门塔尔（Simmental）、利木赞（Limousin）等欧洲优良肉牛与安格斯（Angus）、海福特（Hereford）等当地品种杂交，可产出肉质好、生长速度快的杂种一代。但是欧洲地区的恶性家畜传染病使美国、加拿大等进口国非常担心，为此设立了异常严格的卫生检疫制度。由于活牛进口的手续复杂、费用增长，生产和研究人员把目光转向已经进口种

牛的资源开发，特别是将雌牛繁殖能力的研究开发作为重要课题，促进胚胎移植技术的早日实用化。根据牛胚胎移植技术的商业实用化，以加拿大和美国为首的国家胚胎移植及其相关业务的商业公司相继成立，从初期的几十个发展到目前的千个左右，基本上形成了研究、技术开发和生产应用的系统网络。目前，胚胎移植主要用于国际奶牛、肉牛的种畜繁育，每年欧美进出口奶牛、肉牛种用冷冻胚胎数量在数千枚到上万枚规模。另外，部分国家也用活体采卵、性控冻精-体外受精技术生产性控胚胎，然后通过胚胎移植技术快速扩繁高产良种奶牛核心群。

2. 国内应用情况

我国家畜的胚胎移植研究开始于 20 世纪 70 年代，当时由中国科学院遗传与发育生物学研究所牵头，在部分省（自治区）畜牧部门的配合下进行了一系列的研究。20 世纪 70 年代初，北美洲几个畜牧业发达国家（如加拿大、美国等）已经开始进行以牛为主的家畜胚胎移植技术的推广应用。当时，在中国像胚胎移植这样的新技术研究还很薄弱，但是应该肯定的是，尽管条件艰苦，科学工作者还是在这一时期克服了种种困难做了不少工作，对我国家畜胚胎移植技术的发展功不可没。我国牛胚胎移植成功的最早例子是 1979 年由中国科学院遗传研究所 203 组（现已更名）和上海牛奶公司第七牧场（现已更名）共同实施的，实际上同年内蒙古大学生物系的研究人员也完成了黄牛的胚胎移植，并得到了产犊结果。绵羊的胚胎移植在 1973 年取得成功，据笔者调查，这可能是中国家畜胚胎移植成功的最早事例。从总体上看，到 20 世纪 70 年代末期，中国家畜的胚胎移植研究和生产试验只在少数研究单位断断续续地进行，并且规模很小，没有进入生产应用阶段。

进入 20 世纪 80 年代，随着我国经济改革和对外开放，各行业逐步走上正轨，与国外科研机构的研究合作、交流也越来越多，胚胎移植（作为一项实用化农牧业技术）也得到了迅速发展。1986 年，国家制定了 863 计划，其中也包括以牛为主的家畜胚胎移植技术推广应用的相关内容，并着手建立了多处实验设施和生产试验基地。内蒙古大学和内蒙古自治区畜牧工作站共同承担了 863 计划中的牛胚胎移植研究和应用的课题，经过将近 10 年的努力，在牛、羊胚胎移植方面取得了很好的结果，并开始应用于商业生产领域。此外，中国农业科学院北京畜牧兽医研究所、新疆农业科学院、江苏省农业科学院、西北农林科技大学等研究单位也在不同地区不同品种的家畜胚胎移植中取得了很多有价值的研究成果和生产试验经验，为我国家畜胚胎移植技术的完善和应用推广打下了良好基础。目前，我国家畜胚胎业务主要是从国外进口种用奶牛、肉牛胚胎繁育后备种牛，以赛科星集团公司为例每年进口奶牛种用胚胎 300 枚、肉用种牛胚胎 200 枚，通过胚胎移植可以繁育后备种牛 250 头左右，然后通过基因组检测技术每年筛选 20～30 头种公牛投入普通、性控冷冻精液生产和产业化推广应用。另外，赛科星集团公司也根据市场需求开始在新西兰建立基地，生产奶山羊冷冻精液和冷冻胚胎，从而满足陕西等地快速增加的奶山羊产业的发展需求。近几年，随着中国山羊奶产品需求量的不断增加，奶山羊冷冻胚胎的国际进出口数量呈现大幅度增加，预计未来 3～5 年进口奶山羊活体、胚胎及冷冻精液的生产需求将迎来一个持续性增长趋势。

二、存在的问题及技术展望

1. 存在的问题及解决方法

改革开放以来，我国的养殖业出现了蓬勃发展的大好局面，以农户为单位的养殖业遍地开花，极大改善了市场供给，一度迅速提高了人民的生活质量。随着国民经济的不断发展，这种畜牧业模式的缺点也日益凸显。目前存在的主要问题是：①机械化程度低，养殖模式落后。以农户或牧户为基础的养殖模式，随意设置场所，没有合理规划和设施，畜舍简陋，人力成本高，缺乏动物防疫的卫生条件，有限资源不能充分利用。②管理水平低，养殖技术落后。由于小牧场或农牧户对先进养殖技术的信息来源受限，没有实力改善养殖条件，政府投入的技术人员培训和产业升级资金不足，且不能发挥有效的长期作用。③品种改良进展缓慢，育种体系建设落后。育种工作需要的时间较长，需要大量资金的长期投入，应当由大公司承担。新中国成立以来，虽然我国持续进行这方面的工作，但品种改良的效果还不尽人意，与欧美发达国家相比存在较大差距。上述原因造成了我国现有奶牛、肉牛品种和品质普遍较低、缺乏国内外市场竞争力的状况。

品种改良在畜牧业发展进程中有举足轻重的作用。利用胚胎移植技术进行家畜品种引进和品质改良是发展畜牧业、适应市场需要的重要途径，但目前国际上牛胚胎的流通价格为 500 美元左右，从成本角度和我国消费水平来看，这个价格的牛胚胎在我国大量推广尚有很大困难。此外，胚胎移植技术作为一项实用化技术，它的推广应用还需要大量的技术人员、社会各环节的配套和法律保证，这些方面也需要在以后的工作中逐步完善。根据这种实际情况，立足于生产胚胎是加速我国胚胎移植技术生产应用和品种改良的上策。1986 年从日本学习归国的旭日干博士建立了内蒙古大学实验动物研究中心，开展了多项哺乳动物生殖生物学基础研究，同时进行了牛、羊体外受精技术的应用研究。在此基础上与国外大学（澳大利亚墨尔本大学）合作，共同生产了牛冷冻胚胎并将其用于国内的移植试验和生产，取得了较好的效果。该合作项目在 1995 年和 1996 年共生产优良奶牛、肉牛冷冻胚胎 1 万枚左右，每枚冷冻胚胎的生产成本只有超数排卵处理胚胎的 1/30～1/20。从 1996 年开始使用这种体外受精胚胎在内蒙古、辽宁等地区进行试验移植，据统计结果，其胚胎质量和移植受胎率均稳定于国际相当水平。今后将进一步扩大移植数量和范围，尽快推广应用。

在内蒙古自治区，羊的胚胎移植试验也在广泛开展。羊胚胎移植的目的也是引进优良品种加快品种改良速度。内蒙古大学的研究团队从 1990～1995 年进行绒山羊胚胎移植项目，合计生产 400 只以上的优良绒山羊后代，为内蒙古地区的绒山羊品质改良做出了贡献。但是，由于绒山羊养殖还没有形成以规模化为主的养殖模式，个体遗传品质差异较大，并且没有建立系统的遗传登记档案，绒山羊胚胎移植技术的产业化应用相对落后于牛胚胎移植技术的产业化应用。

近年来，内蒙古大学、中国农业大学分别在澳大利亚和新西兰设立了研究室，利用当地屠宰场废弃的大量优良牛卵巢和体外受精技术开始生产肉牛和奶牛胚胎，并在国内做了部分移植试验，取得了较好的效果。体外受精生产的牛胚胎价格低廉，易于被生产者所接受，相信这是解决我国优良商业牛胚胎来源不足的有效途径。

2. 技术展望

根据上述情况可以看出，家畜胚胎移植的技术流程基本上得到了确立，作为一项生产技术，胚胎移植在畜牧领域得到了广泛应用，特别是在家畜的世界范围交流、引种方面发挥了重要作用，并且带来了很大的产业经济效益，同时有效地控制了传染病的发生渠道。从另一角度来看，胚胎移植（作为一种研究手段）应用于动物繁殖学、发育生物学、遗传学及医学领域的基础研究，间接地促进了各关联学科的发展，对于揭示生命的起源和进化也具有重要价值和意义。下面就胚胎移植技术应用涉及的相关领域进行简单列举。

1）家畜改良：选择品质优秀的雌性个体，使用激素进行超数排卵和人工授精处理，并把这些胚胎从母体中取出分别移入同品质的劣等雌性个体子宫内。以牛为例，正常情况下每年只能生产一胎，通过胚胎移植技术则可在同样时间内生产出十几头或数十头的子代。这对于优秀个体的繁殖非常有利，从改良角度来说，可以使改良速度加快数十倍，是胚胎移植技术应用的主流之一。利用胚胎移植技术进行家畜改良，技术原理请参照图 3-16。

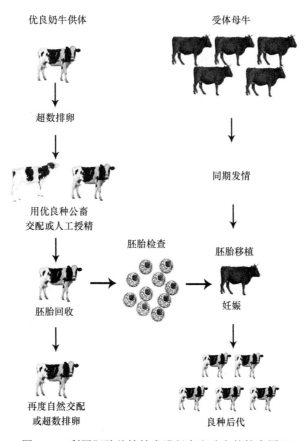

图 3-16 利用胚胎移植技术进行家畜改良的技术原理

2）家畜进口：传统的家畜进口方式是购进活体，但是自胚胎移植技术和冷冻保存技术开发成功后，活体形式的家畜进口逐渐被家畜冷冻胚胎所代替。活体家畜进口的最大问题是卫生检疫。由于各国自然环境和地区的差别，除一般传染病外，尚存在地区特有传染疾病的可能，这对于引种国家来说是最可怕的事情。胚胎冷冻保存技术的研究开发，使胚胎形式的家畜移动成为可能，尤为可贵的是通过相应处理，完全可以消除胚胎带来传染疾病的顾虑。目前的统计资料还没有一例由胚胎引发传染病的情况，充分证明了冷冻胚胎引种家畜的科学性。另外，从引种费用考虑，冷冻胚胎形式可大幅度降低其成本，并且从时间和手续上得到了缩短和简化。

3）多胎生产：以肉牛为主的多胎生产技术被各国的研究和生产机关所重视，并取得了初步成功，有可能成为将来胚胎移植的分支技术之一。在初期多胎生产研究中，其思路是通过诱发多卵排出，并在体内受精后生产双胎和多胎，但实际上并未取得应有的效果。自胚胎移植技术开发和应用以来，通过大量的试验研究，利用双卵或多卵移植可得到相当高的多胎率，经过不断的技术改良，近期有望成为一项实用化技术。

4）特定品种的替代繁殖：利用已有品种的雌性个体作为受体，移入特定品种的胚胎，可以大量繁殖某类特定品种的子代，提高生产效益。例如，用奶牛作为受体繁殖经济价值高的肉牛品种，既不耽误产奶又可产出高值的肉牛，可谓一举两得。目前，在加拿大、美国和日本等国这种方式被广泛应用。在中国，近几年奶牛规模化养殖水平不断提高，正在从单一奶牛繁育向乳、肉生产的多元化生产模式转变，如利用一部分中低产奶牛通过胚胎移植繁育纯种肉牛，使奶牛养殖的综合效益进一步提升。

5）动物品系和遗传资源的保存：近年来，随着医学、生物学的发展，根据各种实验需要开发出多种具有特殊用途的模式动物。这些模式动物直接进行饲育传代，其费用和劳动力花费极大，并且在遗传上会发生渐进变化，不利于品系保存。以冷冻胚胎形式半永久性实施保存，在需要时进行移植，从而制备模式动物，可以大幅度减少实验费用并消除人们对遗传变异的担心。目前许多国家已经设立了实验动物的胚胎库（embryo bank），保存有多种实验用模式动物的冷冻胚胎（供研究使用）。有关家畜胚胎库的设立还没有报道，但已经在部分国家筹划，包括野生动物的品系保存问题，特别是濒临灭绝动物的胚胎库建立是目前和将来的主要课题之一。内蒙古大学在 2011 年设立"蒙古高原动物遗传资源研究中心"，面向蒙古高原的特有动物建立动物遗传资源库与信息平台，主要保存内容包括动物精子、卵子、胚胎、体细胞，目前已经收集百余种哺乳动物资源样品，逐渐形成了具有地区特点的我国动物遗传资源保存、研究机构。

6）关联技术研究开发的应用：随着精密仪器设备的开发及其性能的不断改进，胚胎工程技术有了长足发展，胚胎移植技术得到广泛应用。在后述各章中的体外受精、性别鉴定、核移植及转基因动物实验中，都要涉及胚胎移植技术，可以说胚胎移植技术的确立促进了哺乳动物生殖生物学的基础研究和应用研究的总体发展，并拓宽了相关学科的探讨领域。内蒙古大学、赛科星研究院在 2016 年启动了家畜航天生物育种技术（图 3-17，2016 年动物细胞太空培养技术专利）、分子调控-性控奶山羊培育、骡子基因组与生殖调控等研究项目，这些研究涉及干细胞、基因组、分子调控、胚胎工程等关键技术，也是胚胎工程在生命科学基础研究、动物育种产业领域中的实践应用。

图 3-17　2016 年动物细胞太空培养技术专利

参 考 文 献

包呼格吉乐图, 余文莉, 李树静, 等. 2001. 内蒙古白绒山羊超数排卵及鲜胚移植技术的应用. 中国畜牧杂志, 37(5): 33-34.

黄河, 李鑫, 扈长春, 等. 2005. 应用 X 精子冷冻精液生产体内性控胚胎的试验研究进展. 中国畜牧兽医, 32(7): 27-30.

梁明振, 卢克焕. 2002. 动物性别控制研究现状. 上海畜牧兽医通讯, (4): 6-9.

陆阳清, 张明, 卢克焕. 2005. 流式细胞仪分离精子法的研究进展. 生物技术通报, (3): 26-30.

日本家畜改良研究会. 1986. 家畜改良增殖的新制度与技术. 东京: 东京株式会社.

赛科星家畜种业与繁育生物技术研究院. 2016. 用于航天生物育种的家畜成纤维细胞培养方法: 中国, 201610690957. 2.

杉江佶. 1989. 家畜胚胎与移植. 东京: 东京株式会社.

王建国, 李喜和, 郭旭东, 等. 2009. 白绒山羊性控胚胎生产与移植应用研究初探. 中国畜牧兽医, 1: 65-68.

王建国, 张锁链, 何牧仁, 等. 1997. 山羊手术法胚胎移植对供受体母羊重复使用的影响. 内蒙古大学学报(自然科学版), 3(28): 414-418.

张淑娟. 2005. 哺乳动物性别控制研究进展. 黑龙江畜牧兽医, (2): 63-64.

Allen W R, Kydd J, Boyle M S, et al. 2010. Between-species transfer of horse and donkey embryos: A valuable research tool. Equine Veterinary Journal, 17(S3): 53-62.

Allen W R. 2010. The development and application of the modern reproductive technologies to horse breeding. Reproduction in Domestic Animals, 40(4): 310-329.

Brackett B G, Bousquet D, Boice M L, et al. 1982. Normal development following *in vitro* fertilization in the cow. Biol Reprod, 27: 147-158.

Camillo F, Vannozzi I, Rota A, et al. 2003. Successful non-surgical transfer of horse embryos to mule recipients. Reprod Domest Anim, 38(5): 380-385.

Catt S L, Catt J W, Gomez M C, et al. 1996. Birth of a male lamb derived from *in vitro* matured oocyte fertilized by intracytoplasmic injection of a single "male" sperm. Veterinary Record, 139: 494-495.

Catt S L, Sakkas D, Bizzaro D, et al. 1997. Hoechst staining and exposure to UV laser during flow cytometric sorting does not affect the frequency of detected endogenous DNA nicks in abnormal and normal spermatozoa. Molecular Human Reproduction, 3: 821-825.

Cheng W T K, Moor R M, Polge C. 1986. *In vitro* fertilization of pig and sheep oocytes matured *in vivo* and *in vitro*. Theriogenology, 25(1): 146.

Critser J K, Rowe R F, Campo M R D, et al. 1980. Embryo transfer in cattle: Factors affecting superovulatory response, number of transferable embryos, and length of post-treatment estrous cycles. Theriogenology, 13(6): 397-406.

Fehilly C B, Willadsen S M, Tucker E M. 1984. Inter-specific chimaerism between domestic sheep (*Ovis aries*) and domestic goat (*Capra hircus*). Nature, 307: 634-636.

Garner D L. 2001. Sex-Sorting mammalian sperm: concept to application in animals. Andrologia, 22: 519-526.

Iwasaki K, Obara W, Kato Y, et al. 2013. Neoadjuvant gemcitabine plus carboplatin for locally advanced bladder cancer. Japanese Journal of Clinical Oncology, 43(2): 193-199.

Johnson L, Welch G R. 1999. Sex preselection: high-speed flow cytometric sorting of X and Y sperm for maximum efficiency. Theriogenology, 52: 1323-1341.

Kydd J, Boyle M S, Allen W R, et al. 2010. Transfer of exotic equine embryos to domestic horses and donkeys. Equine Veterinary Journal, 17(S3): 80-83.

McGrath J, Solter D. 1984. Completion of mouse embryogenesis requires both the maternal and paternal genomes. Cell, 37: 179-183.

Miller J R, Koopman M. 1990. Isolation and characterization of two male-specific DNA fragments from bovine genome. Animal genetics, 21(1): 77-82.

Moustafa L A, Hahn J. 1978. Investigations on the practicability of cultivating fertilized bovine eggs in microcolumns (author's transl). Zuchthygiene, 13(2): 61.

Palmiter R D, Brinster R L, Hammer R E. 1982. Dramatic growth of mice that develop from eggs microinjected with metallothionein-growth hormone fusion genes. Nature, 300(5893): 611-615.

Parrilla I, Vazquez J M, Roca J, et al. 2004. Flow cytometry identification of X- and Y-chromosome-bearing goat spermatozoa. Reproduction in Domestic Animals, 39: 58-60.

Rowson L E A, Dowling D F. 1949. An apparatus for the extraction of fertilized eggs from the living cow. Vet Rec, 61: 191.

Seidel G E Jr. 1981. Superovulation and embryo transfer in cattle. Science, 211(4480): 351-358.

Shorgan B. 1984. Fertilization of goat and ovine ova *in vitro* by ejaculated spermatozoa after treatment with ionophore A23187. Bull Nippon Vet Zootech Coll.

Skidmore J A, Billah M, Allen W R. 2002. Investigation of factors affecting pregnancy rate after embryo transfer in the dromedary camel. Reprod Fertil Dev, 14(2): 109-116.

Sugie T. 1965. Successful transfer of a fertilized bovine egg by non-surgical techniques. J Reprod Fertil, 10(2): 197-201.

Summers P M, Shephard A M, Hodges J K, et al. 1987. Successful transfer of the embryos of Przewalski's horses (*Equus przewalskii*) and Grant's zebra (*E. burchelli*) to domestic mares (*E. caballus*). J Reprod Fertil, 80(1): 13-20.

Suzuki K, Tamaoki B. 1983. Acute decrease by human chorionic gonadotropin of the activity of preovulatory ovarian 17 alpha-hydroxylase and C-17-C-20 lyase is due to decrease of microsomal cytochrome P-450 through *de novo* synthesis of ribonucleic acid and protein. Endocrinology, 113(6): 1985-1991.

Tsunoda Y, Mclaren A. 1983. Effect of various procedures on the viability of mouse embryos containing half the normal number of blastomeres. Journal of Reproduction & Fertility, 69(1): 315-322.

Vilotte J L, Soulier S, Mercier J C, et al. 1987. Complete nucleotide sequence of bovine alpha-lactalbumin gene: comparison with its rat counterpart. Biochimie, 69(6-7): 609-620.

Wani N A, Wernery U, Hassan F A, et al. 2010. Production of the first cloned camel by somatic cell nuclear transfer. Biol Reprod, 82(2): 373-379.

Whittingham D G. 1971. Culture of mouse ova. Journal of Reproduction & Fertility Supplement, 14(14): 7.

Willadsen S M. 1979. A method for culture of micromanipulated sheep embryos, and its use to produce monozygotic twins. Nature, 277: 298-300.

Wilmut I, Rowson L E. 1973. The successful low-temperature preservation of mouse and cow embryos. Journal of Reproduction & Fertility, 33(2): 352.

Wilson Wiepz D, Chapman R J. 1985. Non-surgical embryo transfer and live birth in a llama. Theriogenology, 24(2): 251-257.

第四章 精子分离-性别控制冷冻精液生产技术

第一节 哺乳动物精子分离技术

一、研究概况

1. 精子分离技术的研究历史

精子分离或胚胎性别鉴定的基础设想是找出 X 精子、Y 精子或雌、雄胚胎的不同之处，包括形态、理化性质、染色质容量，以及遗传水平的基因差别等，然后根据这些差别设计出切实有效的分离或鉴定方法。在这里需要指出的是，无论精子还是胚胎，造成其各种差别的根本原因是 X 染色体和 Y 染色体上基因组成的不同，目前有关这方面的研究进展大致如下。

Y 染色体上存在许多基因，其中受精时决定性别的 *SRY* 基因、精子形成时不可缺少的 *AZP* 基因等与性别有关的几个重要基因基本上得到阐明，包括 Y 染色体上存在的其他基因，见表 4-1，以及基因分布模式见图 4-1。以古老的伴性遗传现象为认识问题的开端，考虑到与 X 染色体相关的遗传特征，目前主要是从遗传病角度研究得较多，已经阐明 Duchenne 型肌肉营养不良症、慢性肉芽肿病等遗传病的基因情况。表 4-2 为 X 染色体上部分基因的名称。

表 4-1　Y 染色体上的部分基因（日本大学与科学系列公开讲座组委会，1993）

所在位点	基因名称
Yq11.4	*CSF2RA、IL3RA、ANT3、HOIMTXE7、MHC2*
Yq11.3-11.2	*XG、SRY、RPS4Y、ZFY*
Yq11.2	*TSPY*
Yp11.1	*AMELY*
Yp11.2.11-11.2.12	*KAL、STSp、T221*
Yp11.23	*AZE*

精子分离技术研究主要是 20 世纪五六十年代随着人工授精技术的应用和普及而开始的。对于家畜繁殖来说，如果能够把精子事先分离后用于人工授精，就可根据需要人为选择性别，如肉牛养殖户希望获得更多的公牛，而奶牛养殖母犊具有更高的经济利益。经过约 20 年的探讨研究，在各种哺乳动物（包括人类在内）的精子分离方面发表了很多的研究报道，其实验结果参差不齐。虽然有的报道结果很好，但重复实验困难，很难得到大家的承认。目前，作为分离方法的沉淀法和电泳法在家畜精子分离上基本上被否定，密度梯度离心法在人的精子分离上具有较高的成功率，但在牛的精子分离上完全无效。抗原-抗体法虽然在数种哺乳动物的精子鉴别和分离上显示出有效性，但抗原、抗体的制备过程烦琐，并且反应的稳定性调控存在问题，仅部分大学在进行这方面的研究。

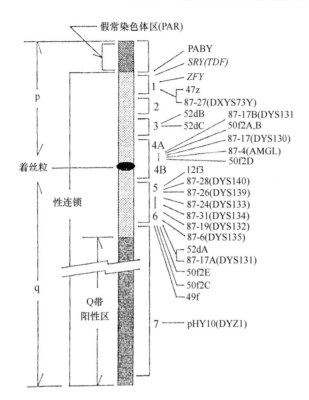

图 4-1　*SRY* 和 Y 染色体基因分布模式图

PABY：Y 染色体上的假常染色体边界区；*SRY（TDF）*：Y 染色体上的性别决定区，又称睾丸决定因子(TDF)基因，负责性别决定的起始；*ZFY*：锌指蛋白编码基因；*AMGL*：釉原蛋白基因；*DYS*：是 Y 染色体长臂上的短串联重复序列(STR)的位点；*DYZ*：一种存在于 Y 染色体长臂上的串联重复序列。p：短臂；q：长臂。图中的序号是 Y 染色体特异性基因的位点

表 4-2　X 染色体上的部分基因（日本大学与科学系列公开讲座组委会，1993）

所在位点	基因名称
Xp22.3	*PAR*、*GDXY（KAL1、DAX-1）*
Xp21	*GDXY（GKD）*、*DMD*
Xq11	*Androgen Receptor*
Xq13.2	*XIC*、*FMR1*、*G6PD*
Xq28	*PAR*

　　20 世纪 60 年代后期，流式细胞仪问世，使人们利用该仪器更有兴趣致力于研究新的、快速的单一细胞测定技术，特别是用于癌细胞的诊断方面。1976 年，Gledhill 等首先利用流式细胞仪测定 X 精子和 Y 精子的 DNA，以确定可能由各种环境因素导致基因损害而引起的受精能力的改变。1979 年，Moruzzi 提出以 DNA 作为性别选择的一种潜在标志，通过对多种动物精子染色体长度进行测定，发现 X 精子和 Y 精子中 DNA 含量都存在差异。1982 年，Pinkel 等利用流式细胞仪测定已固定小鼠的精子细胞核发现，X 精子和 Y 精子中 DNA 含量的差异为 3.2%。1983 年，Garner 等利用同一技术测得部分哺乳动物 X 精子和 Y 精子 DNA 含量的差异，为 3.6%～4.0%。表 4-3 列举了部分哺乳动物 X 精子和 Y 精子 DNA 含量差异的测定结果。

表4-3　部分哺乳动物X精子和Y精子DNA含量差异的测定结果（Johnson et al.，1994）

动物种类	DNA含量差异/%	动物种类	DNA含量差异/%
马	4.1	火鸡	0
人	2.9	绵（山）羊	4.2/4.3
兔	3.0	灰鼠	7.5
猪	3.6	田鼠	9.2
牛	3.8	狗	3.9

1986年，Johnson博士等改良了普通的流式细胞仪，使其专门适用于分离活精子，为今后利用改良的流式细胞仪分离X精子和Y精子奠定了基础。1989年之前，这一技术仅用于分析精子细胞核DNA的含量和分辨无活性的X精子、Y精子。直至1989年，Johnson博士等首先报道用流式细胞仪成功地分离了兔子活的X精子和Y精子，并用分离的精子授精产下后代，这一技术的研究才取得突破性和实质性的进展。随后，在牛、猪、绵羊和人体中相继取得成功，至今已产下数以万计的预选性别的后代。流式细胞术的原理是根据哺乳动物X精子、Y精子DNA含量的微小差别，通过荧光色素将精子头部染色，被激光照射时的荧光发光量差别传送到计算机的识别系统，然后包含精子的缓冲液滴由控制系统赋予不同的电荷，通过电极区间时在电场力的作用下把X精子和Y精子分开，并流入各自的接受容器内（图4-2）。1989年，美国的Johnson博士等报道利用流式细胞仪分离牛精子的有效性，日本的Hamano博士等把改良的流式细胞仪用于牛精子头部的分离，得到了80%～90%的分离精度，另外笔者和Hamano博士共同对分离的牛精子进行了ICSI实验，得到首例分离牛精子的显微受精试管牛犊，并累计获得13头牛犊，性别控制准确率达90%左右。后来有关这方面的研究报道逐渐增多，并分别在羊和猪精子的分离上取得了成功。牛、羊的分离精子用于人工授精，获得了产出后代的结果（Cran et al.，1993；Catt et al.，1997）。目前，利用分离精子人工授精成功生产后代的动物除牛外，还有马（1998年）、猪（2001年）、羊（2001年）、海豚（2005年）等十几种哺乳动物。

2000年美国XY公司开发的精子分离专用设备SX-MoFlo，可以达到4000～5000个/s的分离速度，每小时可生产每支含200万个精子的牛性控冻精5或6支，精子分离纯度为85%～90%，已经能够商业化推广应用。但是机器昂贵且需要支付高额商业许可费，限制了这项技术的扩展速度，这也是流式细胞仪需要继续改进的主要原因。近几年，随着技术的不断改进，流式细胞仪分离精子的速度和准确性也在不断提高，利用流式细胞仪分离家畜精子，显示出巨大的产业化应用前景。

2．分离精子的准确性评估

利用分离精子开展人工授精（AI）和体外受精（IVF）等相关试验，依靠观察后代的表型来实现相关数据的收集和分析，这将耗费巨大的资金和人力成本。因而，X精子和Y精子比例的鉴定在精子分离试验中显得尤其重要。精子分离的准确性及有效性评价可通过两方面来进行，一方面是通过实验室分析分离精子的纯度，另一方面是通过胚胎性别鉴定（Rao and Smith.，1999；Park et al.，2001），或者对产出后代的性比进行鉴定。

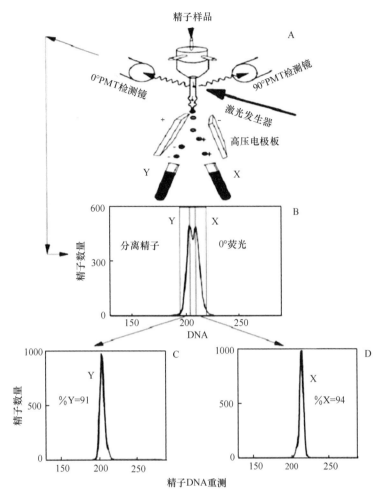

图 4-2　哺乳动物 X 精子、Y 精子分离原理模式图（美国 XY 公司，1989 年）

在实验室中，确定分离精液样本的纯度主要有三种方法，分别为荧光原位杂交法（FISH）（Kobayashi et al.，1999）、PCR 鉴定法（Welch et al.，1995）和流式细胞仪重分析法（Welch and Johnson，1999；Johnson et al.，1987）。

（1）荧光原位杂交法

荧光原位杂交法是 20 世纪 60 年代开发的一种 DNA 鉴定方法。这种方法的特点是所需仪器设备简单，可以从组织或细胞中直接检出目的 DNA（或 RNA）的存在。这项技术经过进一步改良，被广泛地应用到生物学、遗传学等研究领域，并在人类遗传疾病检查治疗、制药和家畜繁殖等生产实践中发挥着重要作用。该方法是利用染色体特异核酸探针与 Y 精子上的特定 DNA 序列杂交，然后在荧光显微镜下直接观察标定荧光物质，并区分 X 精子和 Y 精子。该方法特别适用于 X 精子和 Y 精子 DNA 含量差异很微小、精子样品重分析不能保证准确性的情况。例如，人的 X 精子和 Y 精子 DNA 含量差异仅为 2.9%，重分析法不能一直保持所要求的精确性，因此用 FISH 法分析分离精子的纯度要优于重分析法。关于荧光原位杂交法用于精子分离纯度评估的有效性已经得到证实。

例如，1998 年 Fugger 等用 FISH 法对经流式细胞仪富集的人类 X 精子进行检测，结果显示其纯度为 84.5%，将精子样品用于人工授精，最后得到女婴比例为 92.9%。虽然该技术有检测过程耗时较长（至少需要 3～4h）、试剂价格较高等缺点，但不失为一种检测分离精子纯度的有效方法。

（2）PCR 鉴定法

该方法是利用 X 染色体或 Y 染色体特异引物对从精子样品中提取的 DNA 进行 PCR 扩增，并对扩增产物进行定量分析，其结果能反映精子样品中 X 精子或 Y 精子的含量。但该法操作复杂，耗时长（一般需要 6h），要求相当严格的 PCR 来反映精子样品中 X 精子或 Y 精子的 DNA 含量差异。因此，该法只是作为一种评估参考，在实际测定分离精子纯度时很少被采用。

（3）流式细胞仪重分析法

该方法的原理是首先用超声波处理分离精子，去除精子尾巴以增加精子的定向效率；其次用荧光染料 Hoechst 33342 对精子进行重新染色，使 DNA 充分着色；再次通过流式细胞仪重新检测分离精子样本的 DNA；最后利用高斯曲线拟合确定分离精子样本中不同 DNA 含量精子的百分率，即 X 精子和 Y 精子的比例。试验表明，分离精子重分析法与 FISH 及 PCR 法分析得到的结果无显著性差异。流式细胞仪重分析法具有快速、高效、准确等优点，在利用流式细胞仪分离家畜精子的日常研究和生产中，一般采用这种方法。

3. 分离精子的显微受精和胚胎的性别控制

显微受精（micro-fertilization）或 ICSI 技术最早在 20 世纪 70 年代在实验动物上做过尝试，当时的主要目的是通过这项技术来研究、探讨与受精有关的基础理论问题。20 世纪 70 年代末 80 年代初兴起体外受精的热潮，此后显微受精并未受到研究者的重视。20 世纪 80 年代末期，由于相关生物技术的进步和精密显微操作仪器的开发研制，显微受精技术开始在治疗人类男性不育症上应用，并取得了成功，再度引起了人们的重视。现在 ICSI 技术已被广泛地应用到临床，为许多不育患者带来福音。用流式细胞术把牛精子分离后再用于显微受精，就可以在受精阶段控制胚胎的性别，在理论研究和产业应用方面均具有重要意义。

二、美国 XY 公司和性控技术商业许可概况

1997 年由美国农业部（USDA）牵头在科罗拉多州组建 XY 公司，该公司取得该项技术和生产设备的专利权。XY 公司负责审查每一个申请者使用这项技术的资格，包括公司实力、技术人员配备及市场调控能力等，然后签订商业化前期合同。经过一定时间的前期试验，XY 公司对申请者进行总体评估，给合格者签发性控技术生产经营的商业许可证。XY 公司一般在每个申请国只给一家公司发放商业许可证书，向每个申请者收取 50 万～100 万美元的商业许可费，并根据合同约定向许可单位收取产品售价 5%～10% 的二次商业费。只有取得商业许可的单位才能购买精子分离机 SX-MoFlo。第一批水冷式精子分离机 SX-MoFlo 的售价为每台 28 万美元，分离速度为每秒 4000～5000 个单

性精子。最近 XY 公司又推出固性激光-气冷式精子分离机 XDP-XS-MoFlo，分离速度可以达到每秒约 7000 个有效单性分离精子，每台售价约为 41 万美元。

我国原来有三家公司取得美国 XY 公司授权的牛精子分离技术的商业许可证（包括技术研究开发），从事以牛为主的家畜精子分离、性控冻精的生产和销售。这三家公司是天津 XY 种畜有限公司（以下简称天津 XY 公司）、大庆市田丰生物工程有限公司（以下简称大庆田丰公司）、内蒙古赛科星集团公司，其中天津 XY 公司拥有 24 台精子分离机，生产规模最大；内蒙古赛科星集团公司拥有 10 台精子分离机，大庆田丰公司拥有 4 台精子分离机。如果按照基础技术流程满负荷运转，三家公司每年合计可生产牛性控冻精 100 万～120 万支。到 2015 年，天津 XY 公司由于经营原因破产、无力支付费用，其商业许可被美国 XY 公司取消；大庆田丰公司与赛科星集团公司组合，两个商业许可合并形成以 14 台精子分离机为基础的亚洲最大的家畜性别控制冷冻精液生产规模（图 4-3）。与此同时，赛科星集团公司 2005 年以受精生物学最新科技成果为基础开始开发家畜性别控制新技术，经过 7 年研究试验，开发出以 18 项发明专利、6 项国家地方标准为支撑的家畜性别控制生产新技术，使家畜性别控制冷冻精液生产效率、产品质量显著提升，进一步使性别控制技术拓展到鹿、奶山羊、宠物犬等产业领域，实现了 300 万例以上的产业化推广应用，产生了显著的经济、社会效益，提升了我国产业的核心竞争力，成为名副其实的“中国畜种安全守卫者”。

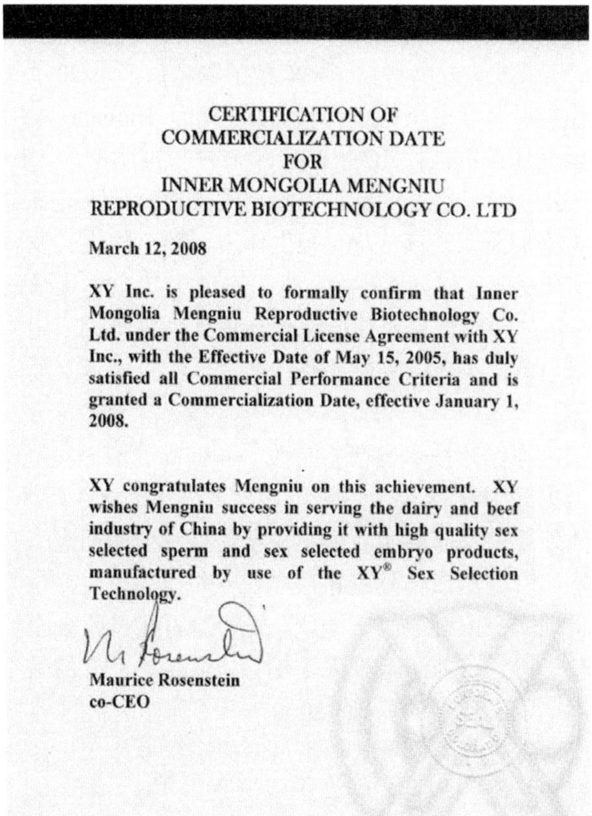

CERTIFICATION OF
COMMERCIALIZATION DATE
FOR
INNER MONGOLIA MENGNIU
REPRODUCTIVE BIOTECHNOLOGY CO. LTD

March 12, 2008

XY Inc. is pleased to formally confirm that Inner Mongolia Mengniu Reproductive Biotechnology Co. Ltd. under the Commercial License Agreement with XY Inc., with the Effective Date of May 15, 2005, has duly satisfied all Commercial Performance Criteria and is granted a Commercialization Date, effective January 1, 2008.

XY congratulates Mengniu on this achievement. XY wishes Mengniu success in serving the dairy and beef industry of China by providing it with high quality sex selected sperm and sex selected embryo products, manufactured by use of the XY® Sex Selection Technology.

Maurice Rosenstein
co-CEO

图 4-3　美国 XY 公司签发赛科星集团公司牛性控技术商业许可（赛科星集团公司 2011 年拍摄）

第二节　牛精子分离-性别控制冷冻精液生产技术研究

一、研究概况

1986 年，Johnson 博士等改良了普通的流式细胞仪，使其专门适用于分离活精子。Johnson 和 Flook 等在 1989 年首次将染料 Bisbenzimide（Hoechst 33342）应用于精子染色和分离，随后 Johnson 和 Clarke 将分离之后的精子经显微注射注入仓鼠卵母细胞，随后可以发育成雄原核，证明了分离之后的精子仍然具有受精能力。在同一时期，人们还在缓冲液配制、染色分离步骤及冷冻保存方法等关键因素方面开展了大量的研究，分离精子的活力日渐提高。1989 年，Johnson 等用流式细胞仪成功地分离出兔子活的 X 精子和 Y 精子，并通过人工授精得到兔子的后代，雄性准确率为 81%，雌性准确率为 94%，所有的兔仔在形态及生育能力上都没有因为分离精子的处理过程而受到显著影响。这一试验的成功，使流式细胞仪分离精子技术的研究取得了突破性进展。

近 20 年来，由于分离技术的不断改进，精子分离效率大幅度提高。从分离速度看，与 20 世纪 90 年代初相比，目前分离速度已提高 30 倍。20 世纪 90 年代初，每小时只能分离 X 精子和 Y 精子各 36 万个，而现在各约为 1200 万个。在分离准确率保持相对稳定的同时，流式细胞仪分离法可以获得准确率较高的单一精子。例如，1993 年，Cran 等用此法分离牛精子后做体外受精试验，产下 3 头雄犊和 3 头雌犊，均与预测性别相符。1998 年，Abeydeera 等用该法分离猪精子，X 精子输精后产下 23 头雌性仔猪，性控准确率为 97%，Y 精子输精后全部产下雄性仔猪。1999 年，Hamano 等用分离精子进行 ICSI 体外受精，成功产出世界首例性控 ICSI 试管牛，性控准确率为 91%。1999 年，Seidel 等共做了 11 组分离公牛精子的人工授精试验，结果显示，除冷冻分离精子受精后的怀孕率为对照组的 80% 左右外，产犊情况、初生体重及随后的生长发育与对照组的结果无显著差异，至今还没有发现任何异常现象。为了避免 X 染色体连锁的遗传疾病及平衡家庭性别等需要，1998 年美国弗吉尼亚州的遗传与体外受精研究所用分离后的精子进行子宫内授精、体外受精和单精子显微受精的临床研究，结果显示女婴的性别准确率达到了 88%。

此外，分离精子冷冻保存技术也在不断改善和提高。液氮冷冻保存并解冻后，90% 以上精液样本的活力提高到 0.35 以上。利用该技术分离的 X 精子和 Y 精子已经成功地应用于人工授精、体外受精及卵细胞质内单精子显微注射等研究。目前，牛、绵羊、猪和兔的分离精子经输卵管输精或体外受精后，已获得了预期性别的后代，而且牛、猪、兔的分离精子已正常地繁殖出健康的下一代。近年来，在试验规模较大的情况下，用流式细胞仪分离的牛精子进行产业示范性人工输精，取得了良好的效果，为这一技术在生产实践中的推广应用奠定了良好的基础。2000 年，牛精子分离性控技术首先在英国商业化应用，为补充由疯牛病造成的奶牛基数不足发挥了重要作用。目前使用这项技术进行牛性控繁育的国家包括英国、美国、日本、加拿大、巴西、澳大利亚、德国、中国等 8 个国家。

二、药品试剂和器材设备

1. 药品试剂

分离机鞘液（separating sheath fluid），精子冷冻液（Tris A、Tris B），分离精子接收液，精子染色液（Hoechst 33342），精子活力、浓度检测常规药品、试剂。

2. 器材设备

精子分离机 SX-MoFlo，超声波细胞破碎仪，小型冷冻离心机，恒温水浴槽，控温低速离心机，0～5℃恒温操作柜或低温操作室，180L 控温液氮罐，精子密度仪，0.25ml 冷冻精液细管，细管标签打印机，精液灌装机，倒置荧光相差显微镜，精液质量自动检测系统，液氮罐。

三、技术流程

由于受美国 XY 公司商业合同和内蒙古赛科星集团公司家畜性控技术专利权的限制，这里不能记述精子分离技术的某些细节，笔者只能简单介绍精子分离的技术流程。

1. 原精准备

选择遗传性能稳定、外貌体形特征评定一级以上、生产性能优秀、精液活力不低于 80% 的优良奶牛种公牛作为原精供体。奶牛种公牛及其采精现场如图 4-4 所示。为了控制精液中的细菌和异物，要求采精场地清洁、安静，在采精前要用冲洗液对种公牛包皮及台牛后躯进行冲洗消毒。采集的原精测定其密度和活力后，添加适量抗生素（庆大霉素、林可霉素、壮观霉素、泰乐菌素），置入 18～20℃保温容器内，送到实验室，并在 18～20℃条件下保存。保存前用 50μm 过滤器过滤原精，除掉精液中的杂质等。每份原精从采集后开始，可供 8～12h 分离处理使用。

A　　　　　　　　　　　　B

图 4-4　奶牛种公牛精液采精和浓度测定（赛科星集团公司 2011 年拍摄）

A：种公牛采精过程；B：原精液密度测定

2. 染色处理

取 4 亿～5 亿精子添加荧光染料 Hoechst 33342，在 34℃条件下水浴染色 45min。在染色过程中每隔 10～15min 轻轻摇匀精液（或上下颠倒 2 或 3 次），保证精子充分染色（图 4-5）。温浴 45min 以后加入等体积的精子稀释液（4% egg-yolk TALP），摇匀后用 50μm 过滤器过滤，然后等体积分装在两个 4ml 的上机管中，开始上机分离（上机的精子浓度为 1 亿个/ml）。每份染色后的精子样品使用时间不超过 1h。

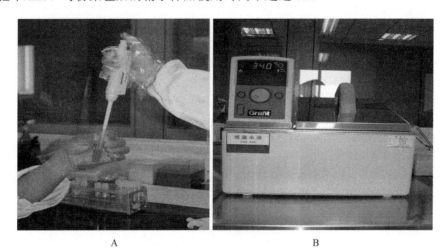

图 4-5 精液分离前染色处理（赛科星集团公司 2007 年拍摄）

A：精液样品采取；B：精子水浴染色过程

3. 精子分离操作

1）开机和调整：首先打开真空泵、空气压缩机、自来水开关、热交换机，然后打开主机的电子柜、计算机软件、激光器，分离机进入工作状态。清理 tip 头，调整水柱后（3 条清晰水流，调整中间水流进入废液管）用精子细胞核测试分离图形，根据分离准确率要求测试样品滴延迟（drop delay）。

2）上样和分离：确认和调整精子分离机的各项功能正常运行（通过微调使分离图形达到最清晰状态），并且按照要求把机器的分离技术参数调至需要状态（激光功率升至 0.150W，设置 Purify 1），然后把染色后的精子样品装入分离样品台，开始分离工作状态。图 4-6 是 SX-MoFlo 精子分离机和精子分离状态显示。根据不同要求，可以收集单性的 X 精子或 Y 精子，也可以同时收集两种精子。每 15min 摇动分离精子收集管，保证精子活力；每管回收的精子样品分离时间不超过 2h。记录分离时间、状态等信息。

3）清洗和关机：原则上精子分离机每运行 24h 要求对管道进行清洗灭菌，以保证产品质量。清洗内容包括鞘液管道，清洗液使用顺序是清水-热水-乙醇-超纯水。另外，对于整个分离机管道，定期用专用清洗液灭菌清洗，并根据使用状态每年更换一次。除分离机管道外，每周在停机时需要清理喷嘴（nozzle）内部、分离舱室、电极板、废液缸及操作台。分离结束后关闭激光器、电脑，待内循环水冷却后，关闭热交换机和自来

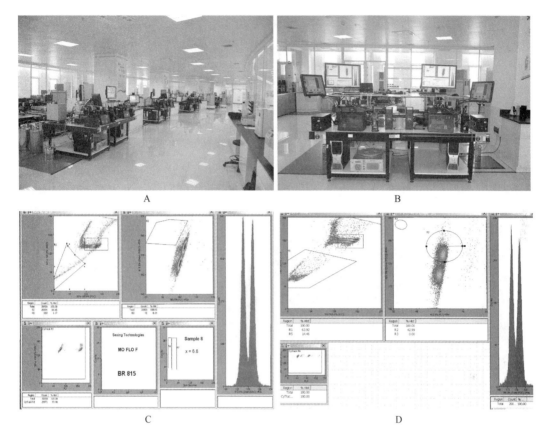

图 4-6　SX-MoFlo 精子分离机和精子分离状态显示（赛科星集团公司 2018 年拍摄）
A：精子分离-性控技术车间；B：SX-MoFlo 精子分离机；C：分离前细胞核分离效果调试；D：精子样品分离状态显示

水（气冷式激光管无此操作）。之后按顺序关闭分离机样品站、压力开关、外接真空泵、空气压缩机和空调。

4. 分离精子平衡和冷冻保存

1）分离精子平衡：分离后的每管精子离心去除上清液（3000r/5min），添加预计量约 1/2 的 Tris A 在 4～5℃平衡柜或冷藏室平衡处理 1.5h 以上。每 4～6h 将降温平衡后的精液收集到一个管内，然后以 15min 的间隔分两次添加等量体积的 Tris B，并记录总体积。按照计数比例稀释精液，将稀释后的精液在显微镜下计数，并计算 6 次的浓度平均值。目前奶牛性控冻精的装管数量是 200 万～220 万/0.25ml，因此最终精子浓度要求为 1000 万/ml。根据中间精子浓度计算出精液的最终稀释体积，在中间总体积内添加等量的 Tris A 和 Tris B，使最终精子浓度达到为 1000 万/ml，具体计算公式如下。

中间精子浓度=平均精子数×稀释倍数×10 000

最终稀释体积=中间精子浓度×中间总体积/1000

2）冷冻保存：分离精子冷冻保存技术流程参考牛普通精液冷冻原理，以内蒙古赛科星集团公司的改良流程进行。每分离 4～6h 集中冷冻保存一次。以 180L 液氮罐为冷冻保存处理容器，该液氮罐具有内部温度测定装置，可以准确地显示冷冻处理时样品的温度及其变化情况。根据国家相关规定，性控冷冻精液细管标记方法由17位数、5部分组成，按以下顺序排列：第一部分为种公牛站代号，3位数，种公牛站代号以全国畜牧兽医总站公布的公牛站代号为准，如北京奶牛中心公牛站代号为BJS；第二部分为性别标记，X代表雌性，Y代表雄性；第三部分为品种代号，以国家标准GB/T 4143为依据，如荷斯坦公牛代号为HS；第四部分为6位数的冻精生产日期，按年月日次序排列，年月日各占2位数，如2008年8月8日标记为080808；第五部分为5位数的公牛号，取该公牛身份证号码的后5位。各部分之间空一个汉字（两个字节），第一至第三部分用拼音大写字母表示。塑料细管标记打印后，放入紫外线消毒箱中灭菌消毒0.5～1h备用（图4-7）。

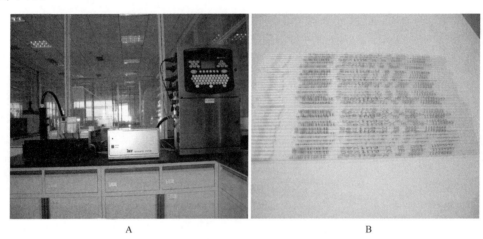

A   B

图4-7　精液细管标签打印机和打印好的精液细管标记（赛科星集团公司2008年拍摄）
A：卡苏公司的精液细管标签打印机；B：性控冷冻精液细管标记

3）精液灌装：装管前，取5ul平衡后稀释精液，在显微镜下目测精子冷冻前的活力（不低于60%）。细管灌封机一般选用法国卡苏公司生产的单头细管机。使用细管灌封机分装精液时，细管灌封机必须放置在0～5℃的低温柜或低温操作室中。分离精液灌装操作流程如下（图4-8）：先依次打开总电源、装管机、真空泵、超声波发生器的电源开关。查看超声波发生器的状态，调整参数，安装吸精液软管和真空软管，将打印好标记的0.25ml灭菌冻精细管在灌装搓板上整齐摆好并用盖版压上。将定位尺挪到精液灌装机的右侧，并将放好冻精细管的搓板固定在定位尺上。调节真空瓶调节阀，使吸力的大小以能将精液吸到冻精细管棉塞端浸湿封口粉为最宜。吸精液软管、针头、0.5ml吸精管每头牛更换一次，真空软管、针头每日更换一次。

4）冷冻处理：打开180L液氮罐盖，将液氮罐内的气层温度调整到–90℃，平稳地把冷冻齿板移入冻精支架上（液氮面与冻精细管的距离为7cm），盖上液氮罐盖，开始冷冻降温计时。当液氮罐内的气层温度降至–120℃时（保持20min以上），回收冻精细管并将其直接投入液氮中。在液氮中，每25支冻精细管装入塑料保存管内，再装入纱布袋内编号登记后投入液氮中保存。在精液灌装前的冷冻保存处理过程中，特别注意操作温度应保持在4～5℃，整个冻精流程中必须戴手套，避免手和精液或冻精设备直接接触使精液温度升高。

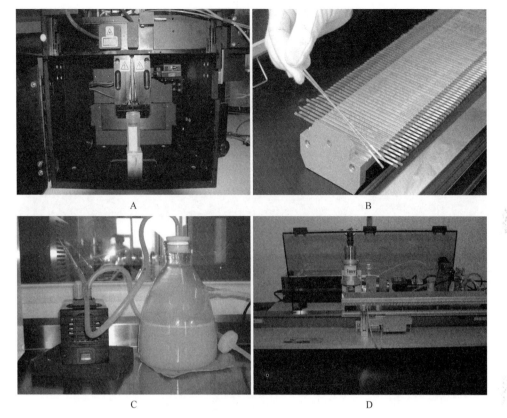

图 4-8　分离精液灌装操作流程（赛科星集团公司 2008 年拍摄）
A：分离精子的接收；B：0.25ml 冻精细管排列；C：灌装压力真空调节瓶；D：精液灌装操作

5. 产品质量检测

目前，国家尚未制定牛性控冷冻精液的标准，以下检测方法及标准均为内蒙古赛科星集团公司的企业标准。产品质量检测项目包括活力、存活时间、浓度、纯度、剂量和细菌数。

1）活力检测：检测用精液样品从每批产品中随机抽取，每批产品在生产后预留 1 支，然后存放于特定液氮罐待检。目前内蒙古赛科星集团公司采取两种分离精液质量检测方法，一种是录像目测计数法，另一种是自动检测法（图 4-9）。

a. 压片镜检：将待检精液从液氮罐取出，迅速放入 37℃水中（精液从液氮罐取出到放入水中的时间不得超过 10s），待精液全部融化后将细管中精液转置于 1.5ml 离心管，放入 37℃水浴锅温浴 5min。预先把载玻片和盖玻片放在 37℃加热板上预热 10min 以上，用移液器从离心管取 20μl 样品滴在准备好的载玻片上，压片后置于显微镜下镜检。选择压片均匀的样品区域，在液晶显示器上抓拍视野。一个压片取 5 个视野（中间 1 个，四周各取 1 个），每批样品取 10 个视野，然后电脑录制备份（图 4-10）。

b. 数据记录：录制好的视野共计 10 次。活精子和总精子都要计数，然后计算出 10 次总的活精子数和总精子数，求出活力（活力=活精子数/总精子数）。检测记录在特定表格中，包括牛号、日期、活力等均应准确记录。活力合格标准：≥0.4。

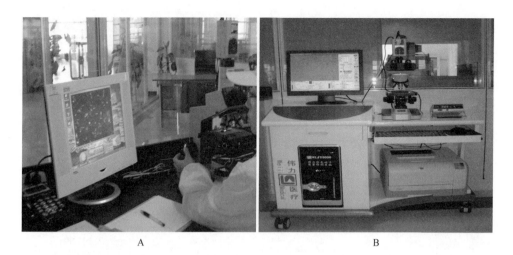

图 4-9　分离精液质量检测方法（赛科星集团公司 2008 年拍摄）

A：录像目测计数法；B：自动检测法

图 4-10　分离精液质量检测操作流程（赛科星集团公司 2008 年拍摄）

A：从液氮罐取出精液样品；B：精液样品在水浴中融化；C：在载玻片上点样和压片；D：精液质量检测

2）存活时间：抽样、解冻方法同上。把解冻后的精液在 37℃ 水浴中体外培育，直到视野内无直线运动的精子，该时间记录为存活时间，存活时间合格标准：≥4h。

3）浓度检测：在 450μl 甲醛溶液中加 50μl 解冻精液，将稀释好的精液充分混匀后，用移液器取 15μl 样品滴在计数板上，平衡 10min。注意点样时不应让精液流出计数板的凹槽，充满即可。在显微镜下计数，检测 8 次并计算平均值。公式：每毫升精子数=平均精子数×稀释倍数×10 000。浓度合格标准：950 万～1150 万/ml。

4）纯度检测：取 5ml 上机管，先加 20μl 荧光染料，再加 1ml pH 为 8.0 的鞘液，最后将解冻精液加入管内，精液体积不低于 20μl。上下颠倒摇晃几次，放入 34℃ 水浴温浴 20min，然后使用精子分离机的 Resorting 程序进行纯度检测。纯度合格标准：≥82%。图 4-11 显示用流式细胞仪重检分离精子纯度的电脑图像。

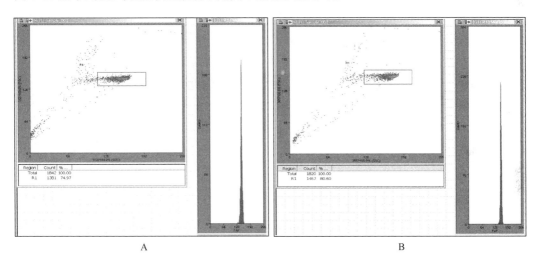

图 4-11　X/Y 精子的分离纯度测定电脑图像（赛科星集团公司 2007 年拍摄）
A：X 精子样品；B：Y 精子样品

5）剂量测定：将单支解冻精液用输精枪整支推到 1.5ml 离心管中，用 100～1000ul 微量移液管量精液体积并记录结果。剂量合格标准：≥0.18ml。

6）细菌数检测：细菌数仅作为分离冻精质量的参考指标。首先制作营养琼脂灭菌培养平皿，同时按照解冻流程准备精液样品。以无菌操作要求将一支解冻精液铺入约 50℃ 的琼脂灭菌培养平皿内，同时做空白对照平皿。待琼脂凝固后翻转平皿，置 37℃ 恒温箱内培养 36h。计算平皿内菌落数，每头公牛样品取两支冻精进行检测，取平均值作为最终数据。细菌数合格标准：≤800。

四、赛科星集团公司研发情况介绍

1. 赛科星集团公司与赛科星研究院简介

内蒙古赛科星繁育生物技术（集团）股份有限公司（以下简称赛科星集团公司）位于内蒙古和林格尔新区，成立于 2006 年，是一家以良种家畜种业、规模化奶牛养殖为主营业务的国家级高新技术企业，主要生产及销售奶牛、肉牛、奶山羊等家畜性控冻精、胚胎、活体种畜和高品质奶牛生鲜乳等产品，并在全国范围内开展育种、繁殖技术服务。2015 年 11 月 12 日，赛科星集团公司在"新三板"挂牌上市，证券代码 834179，是内蒙古"新三板"上市的 60 余家企业中规模和市值最大的科技公司。公司目前拥有赛科星研究院、秦皇岛全农精牛繁育有限公司、美国 JV 种公牛站、内蒙古犇腾牧业有限公司等 21 家全资和控股子公司。赛科星集团公司以畜种安全、家畜改良、奶牛养殖、效益提升为己任，把科学管理、研发创新能力提升、高效生产及市场开拓科学地结合到一起，以新时代"乡村振兴战略"的国家发展规划为方向，为中国奶业及畜牧种业提供高附加值的产品和服务，推动现代农牧业全产业链式发展及产业转型升级。

2015 年，在内蒙古自治区政府、呼和浩特市政府的支持下，总投资 2 亿元成立了内蒙古赛科星家畜种业与繁育生物技术研究院（以下简称赛科星研究院）（图 4-12）。该研究院的目标是建成国内一流、国际先进水平的集科学研究、技术创新、人才培养与科技成果转化于一体的新型科技研发机构与开放型科技创新平台，提升我区乃至我国在该领域的核心竞争力与国际影响力。该研究院总建筑面积 2 万 m^2，研发技术团队成员 260 余名，下设研发、检测、辅助等 6 个部门：基础研发部、应用研发部、育种部、奶牛 DHI 检测中心、实验基地和行政部。由国内外行业专家组成的科技委员会负责科技创新研发方向的确定、项目审批、成果鉴定、职称评定等工作。赛科星研究院目前有国家、地方 4 个科技平台，分别为"国家地方家畜性控技术联合工程实验室""内蒙古家畜性别控制生物工程技术研究中心""博士后科研工作站""内蒙古自治区专家服务基地"，并作为当地大学科研机构的实习基地，配合人才培养、技能培训、科技合作交流。赛科星研究院可以在草食家畜育种、性别控制、动物克隆、受精生物学、组织胚胎学、干细胞生物学等范围广泛地进行家畜育种与繁育生物技术的基础研究、应用开发。

赛科星研究院立足我国、面向世界，一方面，以我区畜牧种业与现代繁育生物技术的产业化应用为长远发展战略，通过航天生物、分子调控等与传统育种技术相结合的方法培育以奶牛、肉牛为主，兼顾绒山羊、奶山羊、肉羊、鹿、驴等地方特有家畜的新品系；另一方面，继续研究开发以性别控制新技术和新产品为主的良种家畜扩繁技术，包括动物克隆、胚胎移植和人工授精等，利用公司技术服务网络在全国范围内开展新技术和新产品的产业化推广应用。

2. 关于家畜性控技术的早期研究

以 DNA 含量差别为原理的精子分离技术的实质性产业化应用研究开始于 20 世纪 80 年代中期。内蒙古赛科星集团公司课题组主要成员从 1995 年开始进行牛精子分离技术相关研究，内容包括精子染色条件、分离缓冲液设计、分离精子冷冻保存、分离准确率检测，以及分离精子的受精和个体发育能力研究。研究结果表明，以 X/Y 精子 DNA 含量为基础分离后的 X 或 Y 精子纯度可达到 80% 以上，该分离精子经过单精子注射技术受精后可发育为正常囊胚阶段（blastocyst stage）。1997 年将分离的牛 Y 精子生产的胚胎移植到 48 头牛受体中，并在 1998 年产下了世界首例分离精子——ICSI 性控试管牛犊（共计 10 头，其中公犊 8 头，母犊 2 头，性控准确率 80%）。从 1998 年开始，以马为对象

赛科星研究院(2017年1月投入使用)

研发团队成员(2017年)

技术委员会与兼职资深研究员(2017年)

图 4-12　赛科星研究院及研发团队

继续进行精子分离-性控技术及相关胚胎发育生物学研究，主要研究内容是马精子形成和 DNA 脱凝缩机制、精子分离和分离精子的受精生物学特性，在 2002 年成功研究出欧洲首例 ICSI 试管马，并成功与英国剑桥大学合作繁育了人工授精性控马。以李喜和博士为首的技术团队于 2006～2017 年共申请 28 项发明专利（1 项国际专利）、授权 18 项，制定 6 项国家、地方标准，出版、发表专著和科学论文多部/篇，使家畜性别控制新技术开发应用进入一个新时代。

目前，内蒙古赛科星集团公司已成为国内唯一一家拥有家畜性控核心技术自主知识产权的高新生物科技企业。2009～2013 年该公司先后投资建成拥有 14 台精子分离设备的国内规模最大的奶牛性控技术中心和占地 3000 亩[①]存栏 120 头种公牛的种公牛站（图 4-13），该站是国内引进活体验证种公牛数量最多的公牛站，截至 2012 年 4 月，进口的澳大利亚验证公牛头数为 53 头。站内所有种公牛具有北美和欧洲血统，在产奶量、乳脂、乳蛋白、体形、使用寿命等方面具有卓越而稳定的遗传特点，如澳大利亚验证公牛登洛图（Donlotto），该牛在澳大利亚综合效益排名 167，中国奶牛性能指数（CPI）为 1451，其他综合指数突出，乳成分突出，泌乳系统好；又如黑客（Darkind），CPI 值为 1172，澳大利亚综合效益排名 168，该牛产量高，生产年限长，体形好，泌乳系统好。该站每年可为全国奶农提供优质奶牛性控冻精、普通冻精 300 万支。同时，站内建有 $800m^2$ 的生产实验设施、容纳 400 人的培训中心、占地 300 亩存栏 1000 头母牛的良种繁育实验基地（图 4-14），该基地从国外引进具有优良遗传性状、父母代单产在 10 000kg 以上的优秀种母牛并组建繁育核心群，通过与赛科星集团公司进口验证种公牛生产的性控冻精、性控胚胎技术相结合扩繁高产奶牛，快速地提高有限种畜资源的利用效能。

赛科星集团公司种公牛站生产区

① 1 亩≈666.7m^2

赛科星集团公司种公牛站育种区　　　　　　赛科星集团公司种公牛站办公区

图 4-13　赛科星集团公司种公牛站（2011 年建设）

A

B

C   D

图 4-14　赛科星集团公司奶牛良种繁育场与实验基地

A：良种繁育实验基地；B：良种繁育实验基地引进的澳大利亚奶牛群；
C：良种繁育实验基地的良种波尔种山羊群；D：实验基地的鼠房

　　与此同时，赛科星集团公司引进国外以奶牛为主的种用胚胎繁育后备种公牛，建立了育种基地和 DHI 检测中心（图 4-15），采用常规生产性能测定与基因组检测技术筛选高品质种公牛，使自主奶牛种公牛遗传指示快速提升。DHI 检测中心现有一台美国进口本特利联机测定仪，可以测定 400 个样品/h，每月可检测牛奶样品数 5 万～6 万个。育种中心每年进口荷斯坦种用胚胎 300 枚，肉牛胚胎 100 枚，每年出生的后备种公牛约 100 头，并且赛科星集团公司是美国荷斯坦协会会员、美国动物育种委员会（NAAB）会员。赛科星集团公司从 2013 年的国内排名 20 上升到 2017 年的国内前三名，在国内种公牛体形效益综合指数（GTPI）前 20 名中赛科星集团公司有 8 头，占比 40%，奶牛种母牛 GTPI 超过 2800，排名中国第一（图 4-16）。

图 4-15　赛科星研究院的 DHI 检测中心

赛科星集团公司优秀种公牛命名

排名第一种公牛(GTPI 2756)

排名第一种母牛(GTPI 2811)

图 4-16　赛科星集团公司优秀奶牛种公牛（2017 年）

为了拓展家畜种业市场和满足国内企业对于国外冻精产品的需求,2012～1015 年我们分别在秦皇岛组合了以肉牛、乳肉兼用种牛培育和冻精生产为主的全农精牛繁育有限公司,在美国威斯康星州与 ST 公司组建了合资的 SKX-ST 种牛公司,为我国奶牛、肉牛养殖企业提供了更加多元化的产品,同时提升了我公司的种业核心竞争力。特别是2017 年 SKX-ST 种牛公司的两头奶牛种公牛总性能指数（TPI）排名进入世界 100 名之内,是我国奶牛种业的历史性突破（图 4-17）。

另一方面,基于奶牛等家畜育种、繁育生物技术的开发应用,我们也开展了受精生物学、动物克隆、干细胞生物学领域的相关研究,取得了多项具有重要理论基础价值、潜在产业应用价值的科研成果,为公司长远发展提供了非常重要的技术支撑。图 4-18为牛分离精子生理机能和受精检测研究结果。

3. 奶牛精子分离-性控关键技术研究

美国 XY 公司改造并独家生产的 SX-MoFlo 精子分离机可以达到每秒 4000～5000 个有效 X 精子或 Y 精子的分离速度,每支性控冻精含有分离精子 200 万～230 万个/0.25ml,产犊的性控准确率在 90% 以上,每台精子分离机的性控冻精年生产量为 3 万～4 万支。由于精子分离机成本高且分离速度仍然有限,因此提高奶牛性控冻精生产效率和降低生

秦皇岛全农精牛繁育有限公司(肉牛、乳肉兼用品种，2012年)

美国威斯康星SKX-ST合资种牛站(以高端奶牛为主，2014年)

牛号：151HO00693的荷斯坦种公牛DESIGN综合育种值
TPI高达2552、世界排名第31

牛号：151HO00656的荷斯坦种公牛DOC综合育种值
TPI达2476、世界排名第75

图 4-17 秦皇岛种牛站、美国威斯康星 SKX-ST 合资种牛站及进入世界排名 100 以内的
两头奶牛种公牛（赛科星集团公司 2018 年收集整理）

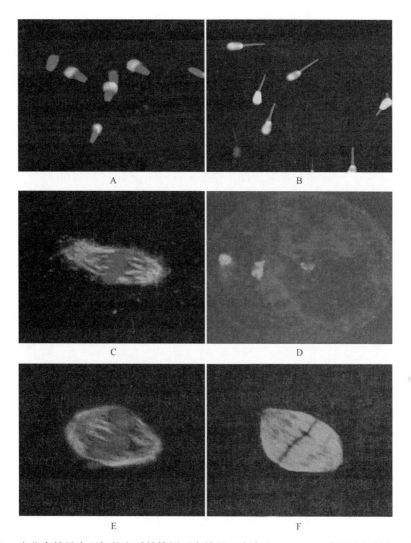

图 4-18　牛分离精子生理机能和受精检测研究结果（李喜和，2005）（彩图请扫封底二维码）
A：精子顶体（红色精子 DNA 前端橙色荧光）；B：精子线粒体（橙色精子头后连接红色荧光尾部中段）；C：成熟分裂中期的牛卵子（蓝色荧光为 DNA，橙色荧光为微丝纺锤体）；D：精子穿入成熟分裂中期卵子；E：受精卵染色体开始向微丝纺锤体两极移动（蓝色荧光）；F：受精卵染色体完全分开靠近微丝纺锤体顶部（蓝色荧光）

产成本是该技术推广应用的关键所在。本项目组主要成员长期从事生殖生物学基础研究，以哺乳动物受精原理为基础，设计了以异种动物精液成分为"推流"的"低剂量奶牛性控冻精生产新技术"（图 4-19）。该技术的要点是在保持每支性控冻精原有技术指标（精子活力、精子总数、受胎率、性控准确率）的前提下，每支产品中只装入 50 万～100 万个奶牛分离精子和 200 万～300 万个异种动物精子（包括精浆），使每台精子分离机生产效率提高 2 倍以上（每台精子分离机年性控冻精生产量可达 6 万～8 万支），性控冻精的生产成本降低 50%～70%。此外，种公牛原精的 XY 精子分离可利用率低下是奶牛性控冻精生产的主要限制因素之一。根据美国 XY 公司对该技术的统计资料（Seidel et al.，2002）分析，目前国内外奶牛性控冻精生产厂家的种公牛利用率只有 30% 左右。这种情况既浪费了种公牛的遗传资源，又使某些特别优秀的种公牛个体的利用受到限制。赛科星研究院对不同种公牛精液进行研究比较，发现了造成不同种公牛个体精子分离效果差别的主要原因。在此基础上，我们设计了特定的原精分离前处理方法和生产技术流程，使种公牛的利用率由30%提高到90%以上，解决了国内外使用该技术的种公牛利用率低下的技术难题（表4-4）。此外，精子解冻后的精子活力和存活时间是影响奶牛性控冻精受胎的主要原因之一。赛科星研究院从分离和冷冻处理对精子生理机能的损害两个方向入手（表4-5），采取了保护精子细胞膜及补充精子能量消耗的相应处理方法，使冷冻精液解冻后的性控精子活力由原来的0.3～0.4提高到0.4～0.6（0.5以上活力的产品占总数的80%以上），精子存活时间由原来的4～6h延长到8～10h。

图4-19　奶牛性控新技术专利

表4-4　原精染色处理方法对精子分离效果的影响

种公牛号	原染色方法		改进后的染色方法	
	批次	分离效果/（个/s）	批次	分离效果/（个/s）
HS973(内蒙古)	14	2000～2500	22	4500～5000
11196529(北京)	2	3000～3500	30	5000～6000
11100260(北京)	3	2000～2500	8	5000～6000
11101906(北京)	2	2000～3000	5	5000～6000
11101907(北京)	2	3000～3500	6	4500～5000
96018(北京)	4	2000～3000	8	5000～6000
11101927(北京)	2	2000～2500	5	4500～5000
12001130(天津)	4	3000～3500	11	4500～5000
12000124(天津)	2	2000～2500	8	4500～5000
12096115(天津)	2	2000～2500	10	4000～4500

注：赛科星集团公司2006年收集整理

表 4-5　分离和冷冻处理对牛精子活力、顶体、线粒体及获能的影响

测定指标	检测时间	鲜精	分离精液	分离冻精
精子活力/%	0	83.47	82.80	47.23
	4.5	62.80	52.43	25.43
顶体完整率/%	0	72.30	75.17	55.33
	4.5	52.90	51.60	31.43
有线粒体功能精子所占比率/%	0	66.07	80.50	49.87
	4.5	58.55	48.45	30.33
获能精子所占比率/%	0	31.10	31.60	42.93
	4.5	45.80	57.30	71.17

注：赛科星集团公司 2006 年收集整理，检测时间单位为 h

第三节　羊、鹿、宠物犬精子分离-性别控制冷冻精液生产技术研究

一、研究概况

与牛精子分离-性控技术研究相比，羊精子分离和人工授精方面的研究报道很少。1996，Catt 等首次采用 ICSI 技术产下了第一例性控羔羊。随后，Cran 等（1993）以 $10×10^6$ 个/0.25ml 和 $24×10^6$ 个/0.25ml 剂量的分离精子用腹腔内窥镜进行常规输精后分别产下后代。2002 年 Hollinshead 等同样对性控冻精采用腹腔内窥镜进行常规输精产下性控羔羊。2004 年 Morton 等采用羔羊的卵母细胞进行体外成熟培养，并用分离精子进行体外受精生产性控胚胎产下后代。广西大学的陆阳清等（2005）曾报道山羊精子分离，但没有对分离后山羊精子进行人工授精试验。关于鹿精子分离-性控技术的研究，除美国 XY 公司在早期技术开发时期的一例报道外，国内外目前还没有进一步的相关研究信息。

二、羊精子分离-性别控制冷冻精液生产技术研究

绵羊和山羊 XY 精子 DNA 含量的差别为 4.2%～4.3%，高于牛水平（3.8%），因此采用流式细胞术进行分离时其分离效果更加明显，并且性控准确率与牛相比容易控制（图 4-20）。

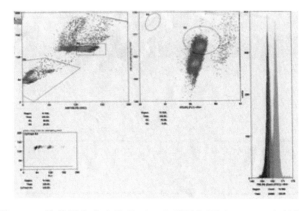

图 4-20　羊精子分离电脑显示（赛科星集团公司 2006 年拍摄）

1. 保存运输对精子活力的影响

在 19℃水浴条件下，对两头种公绒山羊精液用不同稀释液稀释后，比较了 Bioexcell、TCF、TALP 三种不同稀释液的保存效果。由表 4-6 可见，三种稀释液对精子活力没有显著影响，4h 运输时间对精子活力也没有显著影响。

表 4-6　绒山羊精液稀释后保存运输对精子活力的影响

稀释液	1 号种公羊精子活力/%		2 号种公羊精子活力/%	
	1h	4h	1h	4h
Bioexcell	74	64	82	80
TCF	63	56	84	80
TALP	68	62	89	88

注：赛科星集团公司 2006 年收集整理

2. 精浆对精子分离和冷冻效果的影响

分离精子全部采用 Tris A/B 冷冻液进行冷保存处理，使用荧光染料 Hoechst 33342、PI、FITC-PNA 进行染色，分别观察精子活力、顶体完整率及线粒体功能（图 4-21）。在分离绒山羊精子前，精浆的去除对绒山羊精子分离和冷冻效果的影响如表 4-7 所示。去精浆精液组的精子分离速度显著高于原精组（4000 个/s vs 2570 个/s），但死精率显著低于原精组（26% vs 35%）；在分离精子的冷冻效果方面，去精浆精液组分离精子的顶体完整率极显著高于原精组（63% vs 45%），而在冷冻解冻活力和存活时间方面无显著差异。

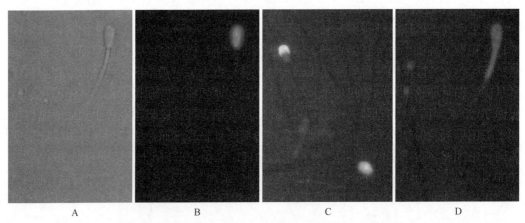

图 4-21　绒山羊精子 DNA、顶体和线粒体荧光检测（赛科星集团公司 2006 年拍摄）（彩图请扫封底二维码）

A：精子（光学显微图像）；B：精子 DNA（蓝色荧光）；C：精子顶体（橙色荧光）；D：精子线粒体（红色荧光）

表 4-7　精浆对绒山羊精子分离和冷冻效果的影响

处理组	分离速度/(个/s)	死精率/%	解冻活力/%	顶体完整率/%	存活时间/h
原精组	2570[a]	35[a]	38[c]	45[a]	13.0[c]
去精浆精液组	4000[b]	26[b]	39[d]	63[b]	12.0[d]

注：赛科星集团公司 2006 年收集整理，羊号相同的对照组 a 与实验组 b 相比，$P<0.01$。羊号相同的对照组 c 与 d 相比，$P>0.05$

3. 分离精子冷冻实验结果

用 TrisA/B、Bioexcell、海藻糖三种冷冻液在同一时间冷冻原精和分离精子，解冻后同时用荧光染料 Hoechst 33342、PI、FITC-PNA 进行染色，观察解冻活力、顶体完整率，其结果见表 4-8。在原精组中 Bioexcell 组的解冻活力最低，顶体完整率最高，在存活时间方面三组中不存在显著差异。原精组的解冻活力显著低于性控冻精组。同一时间内冷冻分离精子的解冻活力差异不显著，但极显著高于原精组；Bioexcell 组的精子顶体完整率最高，与 TrisA/B、海藻糖组的差异极显著，而 TrisA/B、海藻糖组精子顶体完整率差异不显著，三组中存活时间的差异不显著。

表 4-8　不同冷冻液对绒山羊分离精子的冷冻结果对比

处理组	冷冻液	解冻活力/%	顶体完整率/%	存活时间/h
未分离精液(原精组)	TrisA/B	23[a]	39[g]	14.5[m]
	Bioexcell	17[b]	52[h]	9.5[n]
	海藻糖	18[c]	40[i]	8.0[r]
性控精液（性控冻精组）	Tris A/B	36[d]	53[j]	15.8[s]
	Bioexcell	34[e]	65[k]	11.5[t]
	海藻糖	37[f]	47[l]	12.5[u]

注：赛科星集团公司 2006 年收集整理，m、n 与 r 比较，$P>0.05$；a 与 d，b 与 e，c 与 f 比较，$P<0.01$；a、b 与 c，d、e 与 f 比较，$P>0.05$；h 与 g，h 与 i，k 与 j，k 与 l 比较，$P<0.01$；j 与 l 比较，$P>0.05$；s、t 与 u 比较，$P>0.05$

三、鹿精子分离-性别控制冷冻精液生产技术研究

从 2007 年 9 月开始，以性控技术为切入点，我们与内蒙古赤峰健元鹿业有限责任公司（以下简称健元鹿业）进行合作，就现代生物工程技术在马鹿繁育中的开发应用进行了初步探讨。在马鹿性控技术研发方面开展了以下研发工作：①马鹿精子分离-性控冷冻精液生产技术流程；②分离精子受精功能评价；③性控冷冻精液人工输精技术应用。取得的初步结果有：①成功地对健元鹿业的钻石 3 号种公鹿精液进行了 X/Y 精子分离，获得分离后的 Y 性控冷冻精液 265 支；②2007 年在健元鹿业养殖场用性控冻精进行人工授精母鹿 90 只，2008 年 5 月开始陆续产羔 55 只，均为雄性，性控准确率为 100%。

四、宠物犬精子分离-性别控制冷冻精液生产技术研究

与牛精子分离-性别控制技术研究相比，宠物犬精子分离和人工授精方面的研究报道很少。2007 年 Meyers 等在拉布拉多犬上应用了精子分离-性别控制技术，连续 3 天输精，输入性控精子 8470 万个（纯度 82%），出生后代性控准确率仅为 60%（3/5）。2017 年，韦云芳等以牛精子分离技术参数为基础对警犬精子进行分离，产下性控警犬。但受胎率较低，X 精子应用后代受胎率为 25%，Y 精子应用后代受胎率为 20%，与对照组（55% 的受胎率）相比差异显著。X 精子产生后代性控准确率为 87.5%，Y 精子产生后代性控准确率为 86.4%。牛、犬精子理化差异显著，以牛性控生产参数进行宠物犬精液性控生

产，宠物犬性控冻精存活指数为 2h，与牛性控冻精存活指数（4～8h）相比，差异较为显著。内蒙古赛科星集团公司 2016 年在宠物犬领域进行精子分离-性别控制技术研究，并于 2017 年 1 月 30 日成功产下中国首例应用性控技术的法国斗牛犬，一窝产仔 6 只，皆为雌性，性控准确率为 100%（图 4-22）。

图 4-22 我公司首例性别控制宠物犬（赛科星集团公司 2017 年拍摄）

宠物犬 XY 精子 DNA 含量的差别为 3.9%，分离效果和准确率与牛精子接近。在 18℃条件下，对两头宠物犬精液进行稀释后，比较了绵羊和改进的宠物犬 TALP 液的保存效果。改进的宠物犬 TALP 液对精子 4h 运输及保存效果更明显（表 4-9）。2017 年在内蒙古迈迪生物科技有限公司应用法国斗牛犬精子分离-性控技术，输精 24 只母犬，其中 10 只性控鲜精常规输精，受胎率 80%，雌仔率 94.1%（29/31）；14 只性控冻精常规输精，受胎率 64.29%，雌仔率 97.30%（36/37）。在柯基犬性控鲜精常规输精 1 次，受胎率 100%，雌仔率 100%（8/8）。

表 4-9 宠物犬精液稀释后保存运输对精子活力的影响

类别	1 号宠物犬精子活力/%		2 号宠物犬精子活力/%	
	1h	4h	1h	4h
对照	70	20	80	25
绵羊 TALP	70	55	80	60
犬 TALP	70	65	80	70

注：赛科星集团公司 2018 年收集整理

精子解冻后的活力和存活时间是影响性控冻精受胎率的主要原因之一。通过改进染色方法，提高了宠物犬的利用率，使得宠物犬的利用率提高到 90% 以上；改进冷冻稀释液成分，改善了冷冻环节对精子膜的损伤；冷冻精液解冻后的性控精子存活时间由原来的 2～3h 延长到 4～6h（表 4-10）。

表 4-10　改进后精子冷冻结果对比

序号	采精犬号	类别	解冻后精子活力/%	37℃精子存活时间/h
1	BD	对照组	0.42 ± 0.03^a	3.17 ± 0.29^a
	BD	实验组	0.47 ± 0.03^b	5.33 ± 0.58^b
2	AL	对照组	0.33 ± 0.03^a	2.50 ± 0.50^a
	AL	实验组	0.38 ± 0.03^b	4.50 ± 0.50^b
3	ZK	对照组	0.44 ± 0.03^a	3.83 ± 0.29^a
	ZK	实验组	0.48 ± 0.03^b	5.67 ± 0.29^b

注：赛科星集团公司 2018 年收集整理，犬号相同的对照组 a 与实验组 b 对比，$P<0.01$

第四节　应用情况、存在的问题及发展前景

一、性控冷冻精液生产技术

1. 技术成熟过程和技术标准的建立

2000 年，牛精子分离性别控制技术首先在英国商业化应用，为补充由疯牛病造成的奶牛基数不足发挥了重要作用。目前使用这项技术进行牛性控繁育的国家除英国外，还有美国、日本、加拿大、巴西、中国等国家。利用性控冻精人工配种的母牛（奶牛和肉牛）头数累计已达数十万头，成为继冷冻精液人工授精技术和胚胎移植技术之后具有重要意义的家畜繁育新手段。在国内，此项研究起步较晚。赛科星集团公司科研人员从 1995 年开始与美国、日本和英国的研究机构合作，进行牛、马精子分离性别控制技术研究，取得多项基础理论成果和技术突破，成功生产了世界首例分离精子-显微受精的性控试管牛和性控试管马，建立了中国独特的家畜精子分离-性别控制技术流程（专利号 ZL03109426.0），解决了奶牛精子分离-性别控制产业化关键性技术问题。该成果于 2005 年通过内蒙古自治区科学技术厅主持的科技成果鉴定，并获得 2007 年度内蒙古科技进步一等奖（图 4-23）。由旭日干院士（内蒙古大学、中国工程院）任组长、张沅教授（中国农业大学）任副组长的专家组一致认为，该成果总体达国际先进水平，部分成果处于国际领先地位。赛科星集团公司于 2006 年又获得了一项新的性控技术创新专利技术（公布号：CN 101112392A），在分离设备既定的情况下，可以使生产效率提高 2 倍，成本降低 50%，为以奶牛为主的家畜性控技术的大规模产业化推广应用奠定了基础。

2006～2012 年，赛科星集团公司研发团队进一步以提升生产效率与产品质量、降低生产成本、拓展使用范围为目标，对以奶牛为主的家畜性别控制技术升级改造，开发了"奶牛超级性控冻精"二代产品，使家畜性控技术的产业化应用进入"快车道"。在此期间，围绕奶牛、肉牛、鹿、绒山羊、奶山羊性控技术开发，建立了 30 余项自主生产技术流程，申报了 20 余项发明专利，获得国家、自治区各种科技相关奖励 18 项，并且公司拓展了规模化奶牛养殖业务，开始扩大产业规模，成为中国草食家畜最大的种业公司、奶牛存栏全国第三的规模化奶牛养殖龙头企业（图 4-24）。

A   B

图 4-23   性控技术研究成果鉴定和性控技术发明专利（赛科星集团公司 2005 年收集整理）
A：性控技术研究成果鉴定会；B：性控技术发明专利证书

国家发明奖(2012年)   内蒙古自治区科技进步一等奖(2014年)

内蒙古自治区科学技术特别贡献奖(2010年)

图 4-24   国家发明奖、内蒙古自治区科技进步一等奖、科学技术特别贡献奖

2. 牛、羊、鹿性控冷冻精液生产技术标准

我国 1984 年首次制定并发布了牛冷冻精液产品的国家标准，以后随着牛的遗传性能变化及与国际同行接轨的需要，2008 年对其进行了修订。2006 年发布了牛性控冷冻精液生产技术流程，形成了目前的牛性控冷冻精液生产技术流程标准。奶牛性控冻精 2000 年首次在英国产业化应用，目前包括英国、美国、加拿大、阿根廷、巴西、日本、德国和中国的 8 个主要应用国家，每年生产和推广应用奶牛、肉牛性控冻精约 300 万支，其中美国占到 50%。2008 年，我国三家从事奶牛性控技术业务的公司合计生产性控冻精约 30 万支。但是，目前，从国际到国内对奶牛/肉牛性控冻精生产技术和产品规范还没有统一的行业标准，产品指标多样、质量不同，成为该产品和技术推广应用的极大障碍。因此，赛科星集团公司通过 3 年的基础试验，以本公司奶牛性控冻精生产技术和产品技术指标为基础，参考我国常规牛冷冻精液的标准，结合该产品和技术的国际技术指标，制定了《牛性控冷冻精液》和《牛性控冷冻精液生产技术规程》两个国家标准，该国家标准已经于 2015 年公布实施，标准的具体内容见附录 1、附录 2。

与此同时，为了进一步拓展更多家畜性控技术品种，根据产业发展需要，我们在 2008~2015 年陆续开展了绒山羊、鹿、奶山羊、绵羊精子分离-性别控制冷冻精液生产新技术开发，建立了相应的生产技术流程，并进行了产业化示范应用，除绵羊外其他几个家畜品种基本可以进入产业化应用阶段。

3. 推广应用情况

2006~2017 年在全国 5000 余个奶牛养殖牧场推广应用奶牛性别控制冷冻精液超过 400 万支，统计显示情期受胎率为 50%~60%（平均 52.3%）、性别控制准确率总体达到 93%~98%（平均 93.7%），已经繁育奶牛母犊约 160 万头。按照每头 3 月龄奶牛母犊的市场价格 5000 元合计，新增产值约 80 亿元，积极地促进了我国奶牛良种化进程和奶牛养殖业持续发展，经济和社会效益显著。赛科星集团公司近 3 年的奶牛性别控制冷冻精液市场占有率已经超过 60%，连续 5 年产销在全国行业排第一。

二、存在的问题及发展前景

根据目前的技术开发水平和推广应用情况，家畜精子分离-性控技术无疑是畜牧繁殖行业的又一次革命性技术，必将对我国的奶牛、肉牛养殖及山羊绒、鹿茸生产等关联产业的发展产生巨大的推动作用。但是，作为一项新型实用化技术，要想在生产实践中大面积推广应用，目前还存在以下几个主要问题。

1. 生产成本

生产成本是决定性控冷冻精液市场价格的基础。一个用户需要的好产品，如果价格过高，往往会阻碍用户对它的实际需求，不利于产品的大面积推广。这种情况在过去我们生活中的电器消费和目前的汽车市场方面表现得非常明显。因此，要想扩大奶牛性控

冻精在中国市场的使用数量，应该先通过各种方式考虑降低生产成本，使性控冻精的价格定位在奶牛养殖户能够接受的范围内。从目前中国的奶牛冻精市场来看，2008 年的总产量超过 2000 万支，实际使用约为 1400 万支。从价格水平分析，约 50% 的奶牛冻精价格在 15～20 元，最低价格可以达到 5 元左右，高端冻精产品（国内顶级种公牛精液、进口种公牛精液）的单支售价为 60～80 元。目前赛科星集团公司奶牛性控冻精产品的单支售价为 200～300 元，2008 年累计销售约 15 万支，约占我国奶牛冻精使用量的 1%，可见推广应用潜力巨大。我们设想，在未来 2～3 年，通过技术创新和扩大生产规模，如果使奶牛性控冻精的销售价格降低到 150～200 元，预计每年在中国市场的推广使用数量可以达到 100 万支，约占我国奶牛冻精使用量的 5%。

造成奶牛性控冻精生产成本高的主要原因是高额的精子分离机和性控技术使用费摊销，因此只有通过技术性改造或创新来提高性控冻精的生产效率，才能降低生产成本。近几年来，赛科星集团公司的科研人员围绕新技术开发取得了显著成果，在生产人员和设备既定的情况下，使得奶牛性控精液的生产效率提高 2 倍，同时生产成本降低 40%～50%。

2. 种公牛遗传品质

根据国外畜牧发达国家的相关统计资料，在过去 50 年的奶牛养殖业发展中，奶牛养殖数量减少，但是总体产奶量明显增加，农户的养殖效益也有大幅度提高。在评价促进奶牛养殖业发展的贡献时，专家的分析结果是种公牛的遗传品质为此贡献了 40%，占到第一位，可见种公牛的遗传品质对奶牛改良和养殖效益提高的重要性。2008 年底我国的奶牛统计约为 1400 万头，但奶牛平均年产奶量不足 4t，尚不到发达国家的 50%。如何淘汰劣质杂种奶牛，增加良种奶牛数量，提高我国奶牛的总体遗传素质，这是我国奶牛养殖业发展所面临的主要问题之一。2008 年国家出台相关政策，要求从 2012 年开始奶牛冷冻精液必须全部使用经过子代测定的种公牛，目的就是要提高我国奶牛的总体遗传素质。但是，由于历史因素等，我国目前并未建立完善的奶牛种公牛子代测定系统，在这种情况下，赛科星集团公司与北京奶牛中心携手，共同与世界最大的奶牛育种公司——美国 ABS 公司合作，从国外直接引进子代测定的奶牛种公牛遗传资源，在 2009 年建立了年产 300 万～400 万支奶牛冷冻精液的种公牛站，该站同时可以提供优质奶牛原精，用于生产性控冻精，加快优良奶牛的繁育速度，在较短时间内达到奶牛改良的目的。

3. 性控冻精情期受胎率

通过这几年的示范推广，养殖农户对性控技术已经具有一定的认知，尤其对性控准确率基本没有怀疑。但是，根据赛科星集团公司性控冻精产品的跟踪统计结果，奶牛性控冻精的人工授精操作方法与情期受胎率的差别很大。奶牛性控冻精每个输精剂量中的精子数仅为 200 万～220 万个，是普通冷冻精液的 1/10～1/5，再加上性控冻精生产过程对精子的物理损伤、分离冷冻处理时间较长等原因，致使性控冻精的人工授精的受胎率偏低，这是限制奶牛性控冻精推广应用的主要因素之一。因此，赛科星集团公司经过相关研究，建立了性控冻精特有的深部人工输精技术流程，可使性控冻精的平均情期受胎率提高 50%～60%，为该技术的大面积推广应用提供了技术保障。目前，我们的主要任务是与国家畜牧改良部门配合，大量地培训奶牛性控冻精人工授精技术人员，为下一步的推广工作做准备。

4. 国内外行业周期性变化

实用技术面向产业发展需求，因此行业变化直接影响技术的推广应用程度。以奶牛养殖为例，基本上跟随乳品加工业呈现 3～5 年的行业下降、上升周期性变化规律。自 2008 年"三聚氰胺"事件发生以来，这极大地提升了社会对乳品安全的关注度，使乳品加工业变得更加敏感，行业内任何"风吹草动"均会引起产业的快速波动，然后再波及上游奶牛养殖、奶牛种业的正常发展。过去几年，随着我国市场开放，国际乳制品进口数量不断增加，下游乳制品加工企业同时减少原料奶收购或者大幅度降低原奶收购价格，2015～2017 年的乳业低谷已经导致许多奶牛养殖企业倒闭，2017 年度国内排名前五的奶牛养殖企业也出现业绩大幅度下滑，甚至大幅度亏损，产业不正常发展已经威胁到中国的食品安全。庆幸的是，国家已经关注到中国奶业产业链的不正常发展情况，2018 年 5 月召开国务院常务会议专门讨论，并很快出台了产业调整政策措施，为中国奶业健康、持续发展提供了保障。

5. 性控冻精技术的发展前景

如上所述，在生产实践中大面积推广应用性控冻精技术还存在许多问题，这些问题的解决有待科学技术的进一步发展和经济实力的进一步提升。纵观性控冻精技术发展的历史，任何发展阶段都有不同类型的问题需要解决，解决问题的过程就是技术进步的过程。探索动物性别决定机制，控制动物生殖后代的性别，是人类生产实践活动中梦寐以求的理想。经过上百年的努力，人类无论在生殖机制的揭示还是在生殖调控技术的应用方面，均已取得了令人振奋的成果。我们相信，上述问题将来一定会得到合理解决。

性控冻精技术在畜牧业生产中具有广阔的应用前景。如前文所述，近年来牛性控冻精的商业化进程发展很快。随着技术的完善、成本的降低，性控冻精将不断在牛、马、羊及其他物种的繁殖中扩大应用，这种技术的应用也将带来可观的经济效益。

性控冻精技术的进步是在不同学科全面发展的基础上进行的。如果没有生殖生物学基础理论的发展，就不可能有今天性控冻精技术的进步。同样，性控冻精技术在生殖生物学基础理论的探索和相关技术研发中也具有重要的应用价值，如性控冻精技术与卵母细胞体外成熟及体外受精技术结合，可以充分利用优良品种的遗传资源生产大量性控胚胎，从而使胚胎移植商业化迈上一个新台阶。同时，也可以利用性控胚胎深入开展性别分化、性腺发育、生殖调控等方面的研究。

展望未来，性控冻精技术定可成倍提高动物的繁殖效率、加快良种动物的扩繁速度，不仅可使动物的繁殖在性别上实现人为控制，而且可使动物繁殖的数量和质量实现人为控制，既可以提高养殖效益，又可以进一步地缩短世代间隔、满足育种选择强度的需要，其市场前景被普遍看好。同时，性控冻精技术在胚胎工程领域的应用，将有力促进生殖调控理论和技术的发展，具有重大的科学意义。

参 考 文 献

胡树香, 王建国, 刘树江, 等. 2009. 马鹿 X/Y 精子分离及人工授精技术研究. 中国草食动物, 29(5): 3-6.

李喜和. 2005. 奶牛性控技术. 天津: 奶牛性控繁育技术论坛.

陆阳清, 张明, 卢克焕. 2005. 流式细胞仪分离精子法的研究进展. 生物技术通报, (3): 26-30.

日本大学与科学系列公开讲座组委会. 1993. 生殖系列. 东京: 株式会社技报堂.

王建国, 钱松晋, 周文忠, 等. 2008. 奶牛性控冻精应用研究//中国奶业协会年会论文集 2008(上册). 哈尔滨: 中国奶业协会年会.

吴冬生, 刘敬浩, 孙伟, 等. 2009. 不同种公牛 X/Y 精子分离效果及对体外受精能力的影响. 中国奶牛, (4): 11-15.

旭日干, 张锁链, 薛晓先, 等. 1989. 绵羊卵母细胞的体外培养、受精与发育的观察. 动物性杂志, 24(3): 61-62.

张明, Seidel G E. 2002. 牛分离精子对体外受精的影响. 基因组学与应用生物学, 21(4): 223-228.

赵世芳, 秦应和, 刘敬浩, 等. 2009. 流式细胞仪分离处理对种公牛精子活力、顶体完整率及线粒体活性的影响. 畜牧科学, (23): 51-53.

Amann R P, Seidel G E Jr. 1982. Prospects for Sexing Mammalian. Colorado: Sperm Colorado Associated University Press.

Barlow P, Vosa C G. 1970. The Y chromosome in human spermatozoa. Nature, 226: 961-962.

Beal W E, White L M, Garner D L. 1984. Sex ratio after insemination of bovine spermatozoa isolated using a bovine serum albumin gradient. Journal of Animal Science, (58): 1432-1436.

Blecher S R, Howie R, Li S, et al. 1999. A new approach to immunological sexing of sperm. Theriogenology, 52: 1309-1321.

Catt S L, Sakkas D, Bizzaro D, et al. 1997. Hoechst staining and exposure to UV lascr during flow cytometric sorting does not affect the frequency of detected endogenous DNA nicks in abnormal and normal spermatozoa. Molecular Human Reproduction, (3): 821-825.

Cran D G, Johnson L A, Miller N G, et al. 1993. Production of bovine calves following separation of X- and Y-chromosome bearing sperm and *in vitro* fertilisation. Veterinary Record, 132(2): 40-41.

Ericsson R J, Ericsson S A. 1999. Sex Ratios in Encyclopedia of Reproduction. London: Academic Press: 431-437.

Ericsson R J, Langevin C N, Nishino M. 1973. Isolation of fractions rich in Y spermatozoa. Nature, 246: 421-424.

Evans J M, Douglas T A, Renton J P. 1975. An attempt to separate fractions rich in human Y sperm. Nature, (253): 352-354.

Fugger E F, Black S H, Keyvanfar K, et al. 1998. Births of normal daughters after microsoft spermatozoa separation in intrauterine insemination, IVF or ICSI. Human Reproduction, (13): 2367-2370.

Fugger E F. 1999. Clinical experience with flow cytometric separation of human X- and Y-chromosome bearing sperm. Theriogenology, (52): 1345-1440.

Garner D L. 2001. Sex-sorting mammalian sperm: concept to application in animals. Joural of Andrology, (22): 519-526.

Goto K, Kinoshita A, Takuma Y, et al. 1990. Fertilization of bovine oocytes by the injection of immobilized, killed spermatozoa. Vet Rec, (127): 517-520.

Guthrie H D, Johnson L A, Garrett W M, et al. 2002. Flow cytometric sperm sorting: effects of varying laser power on embryo development in swine. Molecular Reproduction and Development, (61): 87-92.

Guyer M F. 1910. Accessory chromosomes in man. Biological Bulletin, (19): 219-234.

Hamano K, Li X H, Qian X Q, et al. 1999. Sex preselection by flow cytometric sorting of X- and Y-chromosome bearing sperm in cattle. Journal of the Faculty of Agriculture Shinsbu University, (35): 99-104.

Hendriksen P J M. 1999. Do X and Y spermatozoa differ in proteins? Theriogenology, (52): 1295-1307.

Hendriksen P J, Welch G R, Grootegoed J A, et al. 1996. Comparison of detergent-solubilized membrane and soluble proteins from flow cytometrically sorted X- and Y-chromosome bearing porcine spermatozoa by high resolution 2-D electrophoresis. Molecular Reproduction and Development, (45): 342-350.

Herrmann B G, Koschorz B, Wertz K, et al. 1999. A protein kinase encoded by that complex responder gene causes non-mendelian inheritance. Nature, (402): 141-146.

Hoppe P C, Koo G C. 1984. Reacting mouse sperm with monoclonal H-Y antibodies does not influence sex ratio of eggs fertilized in vitro. Journal of Reproductive Immunology, (6): 1-9.

Howes E A, Miller N G, Dolby C, et al. 1997. A search for sex-specific antigens on bovine spermatozoa using immunological and biochemical techniques to compare the protein profiles of X and Y chromosome-bearing sperm populations separated by fluorescence-activated cell sorting. Journal of Reproduction and Fertility, (110): 195-204.

Hunter R H F, Li X H. 2013. Egg-Embryo Transfer: an analytical tool for vintage experiments in domestic farm animals. Journal of Agricultural Science and Technology, 15 (1): 65-70.

Iwasaki S, Li X H. 1994. Experimental production of triploid bovine embryos by microinjection of two sperm and their development. J Reprod Dev, (40): 317-322.

Jeong Y S, Yeo S, Park J S, et al. 2002. DNA methylation state is preserved in the sperm-derived pronucleus of the pig zygote. International Journal of Developmental Biology, 51(8): 707-714.

Johnson L A, Flook J P, Hawk H W. 1989. Sex preselection in rabbits: live births from X and Y sperm separated by DNA and cell sorting. Biology of Reproduction, (41): 199-203.

Johnson L A, Flook J P, Look M V. 1987. Flow cytometry of X and Y chromosome-bearing sperm for DNA using an improved preparation method and staining with Hoechst 33342. Gamete Research, (17): 203-212.

Johnson L A, Seidel G E. 1999. Current status of sexing mammalian sperm. Theriogenology, (52): 1267-1284.

Johnson L A, Welch G R, Garner D L. 1994. Improved flow sorting resolution of X- and Y-chromosome bearing viable sperm separation using dual staining and dead cell sorting. Cytometry 17 Supplement, 7(Abstract 83): 28.

Johnson L A, Welch G R, Keyvanfar K, et al. 1993. Gender preselection in humans? Flow cytometric separation of X and Y spermatozoa for the prevention of X-linked diseases. Human Reproduction, (8): 1733-1739.

Johnson L A, Welch G R. 1999. Sex preselection: high-speed flow cytometric sorting of X and Y sperm for maximum efficiency. Theriogenology, (52): 1323-1341.

Johnson L A. 1995. Separation of X and Y chromosome bearing sperm based on DNA differences. Reproduction, Fertility and Development, (7): 893-903.

Johnson L A. 2000. Sexing mammalian sperm for production of offspring: the state-of-the-art. Animal Reproduction Science, (60, 61): 93-107.

Kaneko S, Oshio S, Kobayashi T, et al. 1984. Human X- and Y-bearing sperm differ in cell surface sialic acid content. Biochemical and Biophysical Research Communications, (124): 950-955.

Keefer C L. 1990. New technology for assisted fertilization. Theriogenology, (33): 101-112.

Keefer C L, Younis A I, Brackett B G. 1990. Cleavage development of bovine oocytes fertilized by sperm injection. Mole Reprod Dev, (25): 281-285.

Kiddy C A, Hafs H D. 1971. Sex ratio at birth prospects for control. American Society of Animal Science, 85-97.

Kimura Y, Yanagimachi R. 1995a. Intracytoplasmic sperm injection in the mouse. Biol Reprod, (52): 709-720.

Kimura Y, Yanagimachi R. 1995b. Mouse oocytes injected with testicular spermatozoa or round spermatids can develop into normal offspring. Development, (121): 2397-2405.

Li X, Iwasaki S, Nakahara T. 2008. Investigation of various conditions in microfertilization of bovine oocytes and subsequent changes in nuclei and development to embryos. Journal of Reproduction & Development,

39(6): j49-j55.

Libbus B L, Perreault S D, Johnson L A, et al. 1987. Incidence of chromosome aberrations in mammalian sperm stained with Hoechst 33342 and UV-laser irradiated during flow sorting. Mutation Research, (182): 265-274.

Lindsay D R, Pearce D T. 1984. Reproduction in Sheep. Cambridge: Cambridge University Press.

Mohri H, Oshio S, Kaneko S, et al. 2010. Separation and characterization of mammalian X- and Y-bearing sperm. Development Growth & Differentiation, 28(s1): 35-36.

Morrell J M, Dresser D W. 1989. Offspring from insemination with mammalian sperm stained with Hoechst 33342, either with or without flow cytometry. Mutation Research, (224): 177-189.

Ollero M, Pérezpé R, Gargallo I, et al. 2000. Separation of ram spermatozoa bearing X and Y chromosome by centrifugal countercurrent distribution in an aqueous two-phase system. Journal of Andrology, (21): 921-928.

Palermo G, Joris H, Devroey P, et al. 1992. Pregnancies after intracytoplasmic injection of single spermatozoa into an oocytes. Lancet, (340): 17-18.

Palermo G, Joris H, Devroey P, et al. 1998. Interspecies differences in the stability of mammalian sperm nuclei assessed *in vitro* by sperm microinjection and *in vitro* by flow cytometry. Biol Reprod, (39): 157-167.

Park H, Lee J H, Choi K M, et al. 2001. Rapid sexing of preimplantation bovine embryo using consecutive and multiplex polymerase chain reaction with biopsied single blastomere. The Riogenology, 55(1): 841-843.

Rao W, Smith D J. 1999. Poly(Butanediol Spermate): A hydrolytically labile polyester-based nitric oxide carrier. Journal of Bioactive & Compatible Polymers, 14(1): 54-63.

Rens W, Welch G R, Johnson L A. 1998. A novel nozzle for more efficient sperm orientation to improve sorting efficiency of X- and Y-chromosome-bearing sperm. Cytometry, (33): 476-481.

Rens W, Welch G R, Johnson L A. 1999. Improved flow cytometric sorting of X- and Y-chromosome bearing sperm: substantial increase in yield of sexed sperm. Molecular Reproduction and Development, (52): 50-56.

Schenk J L, Suh T K, Cran D G, et al. 1999. Cryopreservation of flow-sorted bovine sperm. Theriogenology, (52): 1375-1391.

Seidel G E Jr. 1989. Sexing mammalian sperm and embryos. 11th International Congress on Animal Reproduction and Artificial Insemination, Belfield Campus, University College Dublin: 26-30.

Seidel G E Jr. 1999. Sexing mammalian spermatozoa and embryos state of the art. Journal of Reproduction and Fertility Supplement, (54): 475-485.

Seidel G E Jr, Garner D L. 2002. Current status of sexing mammalian spermatozoa. Reproduction, 124(6): 733-743.

Seidel S G Jr, Schenk J L, Herickhoff L A, et al. 1999. Insemination of heifers with sexed spermatozoa. Theriogenology, (52): 1407-1420.

Sharpe J C, Schaare P N, Künnemeyer R. 1997. Radially symmetric excitation and collection optics for flow cytometric sorting of aspherical cells. Cytometry, (29): 363-370.

Silber S J, Nagy Z P, Liu J, et al. 1994. Conventional *in vitro* fertilization versus intracytoplasmic sperm injection for patients requiring microsurgical sperm aspiration. Human Reprod, (9): 1705-1709.

Takashi S, Keiko F, Tomiko M, et al. 1992. DNA analysis of two patients with a non-florescent Y chromosome. Jpn J Human Genet, 37: 157-162.

Van Munster E B. 2002. Interferometry in flow to sort unstained X- and Y-chromosome bearing bull spermatozoa. Cytometry, (47): 192-199.

Van Munster E B, Stap J, Hoebe R A, et al. 1999a. Difference in volume of X- and Y-chromosome bearing bovine sperm heads matches differences in DNA content. Cytometry, (35): 125-128.

Van Munster E B, Stap J, Hoebe R A, et al. 1999b. Difference in sperm head volume as a theoretical basis for sorting X- and Y-bearing spermatozoa: potential and limitations. Theriogenology, (52): 1281-1293.

Vidal F, Fugger E F, Blanco J, et al. 1998. Efficiency of microsort flow cytometry for producing sperm populations enriched in X- or Y-chromosome haplotypes: a blind trial assessed by double and triple colour fluorescent in-situ hybridization. Human Reproduction, 13(2): 308-312.

Watkins A M, Chan P J, Kalugdan T H, et al. 1996. Analysis of the flow cytometer stain Hoechst 33342 on human spermatozoa. Molecular Human Reproduction, (2): 709-712.

Welch G R, Johnson L A. 1999. Sex preselection: laboratory validation of the sperm sex ratio of flow sorted X- and Y-sperm by sort reanalysis for DNA. Theriogenology, (52): 1343-1352.

Welch G R, Waldbieser G C, Jwall R, et al. 1995. Flow cytometric sperm sorting and PCR to confirm separation of X- and Y-chromosome bearing bovine sperm. Animal Biotechnology, 6(2): 131-139.

White I G, Mendoza G, Maxwell W M C. 1984. Preselection of sex of lambs by layering spermatozoa on protein columns. Cambridge: Cambridge University Press.

Young S D, Hill R P. 1989. Radiation sensitivity to tumour cells stained *in vitro* or *in vivo* with the bisbenzimide fluorochrome Hoechst 33342. Journal of Cancer, (60): 715-721.

Zhang J, Su J, Hu S X, et al. 2018. Correlation between ubiquitination and defects of bull spermatozoa and removal of defective spermatozoa using anti-ubiquitin antibody-coated magnetized beads. Animal Reproduction Science, 192: 44.

第五章　性别控制冷冻精液的人工授精技术

第一节　牛性别控制冷冻精液的人工授精

一、研究概况

自从 1952 年 Polge 和 Rowson 将牛精液冷冻保存成功以来，作为人工授精（artificial insemination，AI）技术已经在生产中推广应用 67 年，奶牛人工授精的普及率达到 90% 以上，每年通过人工授精技术繁殖的奶牛超过 1 亿头，此外，对猪、羊、马等其他家畜及实验动物精液的冷冻保存也做过各种各样的探讨，揭示了许多有价值的生殖生理现象，丰富了生命科学的内容。可以说，人工授精技术是目前使用范围最广、推广应用数量最多的家畜繁育生物工程技术。20 世纪八九十年代，性别控制技术取得突破性进展。1989 年 Johnson 等首先报道用流式细胞仪成功分离出兔的活的 X 精子和 Y 精子，用分离的精子授精并产下后代，接着在牛、猪、羊上都相继取得成功。近年来，人们在 X/Y 精子分离技术上取得了长足进展，尤其是在奶牛方面，包括我国在内的 8 个国家已经开始奶牛性控冷冻精液商业化生产和推广应用。性控冻精的推广应用为快速、有效地扩大优质母牛数量提供了新途径，并且受胎率与常规冻精无明显差别。家畜性控技术的推广应用在生产实践中具有广泛的现实意义，它可以充分发挥家畜不同性别的遗传优势性能，如母畜的产奶、繁殖性能，公畜的肉质、生殖性能；消除畜群中有害基因或不理想的隐性遗传性状，防止伴性连锁疾病的发生。此外，性控技术的应用可以提高畜群的繁殖速度，快速建立优化商品畜群，尽可能多地获得肉、蛋、乳、毛、绒、皮等畜产品，取得了最大的经济效益。此外，性控技术在保护珍稀濒危动物方面也具有特定的应用价值。

二、药品试剂和器材设备

1. 药品试剂

酒精消毒棉球，润滑剂，普通冻精（北京奶牛中心），性控冻精（赛科星集团公司）。

2. 器材设备

保温桶（杯），温度计，细管剪，0.25ml 输精枪，软、硬外套，长臂手套，兽用 B 超仪，普通生物显微镜，载玻片及盖玻片，液氮罐（6L、10L）。

三、技术流程

人工授精技术是根据牛的正常生理周期，在发情排卵前人为地将精液注入母体子宫角内并使其情胎的过程。为了得到高的情期受胎率，人工授精时必须把握正确的授精时间、输精部位和精液注入方法。牛性控冻精与普通冻精相同，一般使用 0.25ml 的冻精细管（每支细管内 X 精子或 Y 精子密度 200 万～220 万个），仅为常规冻精的 1/10～1/5。因此，性控冻精的输精技术要点与常规冻精相比，对输精时间和部位的把握要求更加严格。在此，我们首先介绍常规冻精输精技术流程，然后指出性控冻精输精操作的技术要点，这样便于读者理解和掌握奶牛性控冻精的输精方法。

1. 母牛选择

后备奶牛发育到一定阶段（一般 8～12 月龄）时，在其生殖内分泌的调节下，母牛卵巢上的卵泡周期性地发育成熟，并分泌雌激素，在雌激素的作用下，母牛生殖道产生一系列变化，并伴有行为上的表现，称为发情（estrus，青年牛称为初情）。为使奶牛达到最大生产能力，青年牛 14 月龄无初情征候时需要做检查，判定原因并采取相应措施。青年牛年龄在 14～18 月龄、体重达到 350kg 以上即可用于繁殖。青年牛初产月龄以 26 月龄为最佳。经产牛通常在分娩后 20～30 天第一次排卵，表现发情特征的时间为 35～60 天，如果饲养管理差，第一次表现发情的时间会延长。研究表明，第一次发情时卵巢恢复正常机能的个体只有 60% 左右，此时实施人工授精，往往出现胚胎死亡现象。以一年一产为目的，经产牛实施人工授精的适当时间是分娩后 50～60 天。

2. 发情周期和发情鉴定

发情是母牛未怀孕时表现的一种周期性变化。母牛发情不一定受孕，只有当生殖道为受精提供合适条件，并且由卵巢排出成熟卵子，这样人工输精（自然交配）才有机会受孕，进行下一代的繁殖。发情阶段的母牛，其行为、身体都会发生一系列的变化。母牛属于全年多次发情的家畜，约 21 天为一个发情周期（个别母牛两个发情期间隔 18～24 天仍属于正常波动范围），一般没有明显的季节性，饲养管理良好的母牛可全年发情配种和产犊；在粗放的饲养条件下，冬季气候寒冷、营养差，农牧区的牛多表现为休情。

（1）奶牛发情时行为变化

发情母牛敏感躁动，寻找其他发情母牛，活动量、步行数大于未发情牛 5 倍以上。嗅闻其他母牛外阴，下颌依托其他牛臀部并摩擦，压捏腰背部下陷，尾根高抬。有的食欲减退、产奶量下降，有的爬跨其他牛或"静立"接受其他牛爬跨，后者是重要的发情鉴定征候。

（2）奶牛发情时身体变化

发情母牛外阴潮湿，阴道黏膜红润，阴户肿胀；有时体表潮湿，冬春季气温较低时可感觉热气蒸发。外阴流出透明、线状黏液，或黏于外阴周围，有强的拉丝性。臀部、尾根有接受其他牛爬跨造成的小伤痕或秃毛斑。60% 左右的发情母牛在 2 天后可见阴道出血现象，这种征候可帮助确定漏配的发情牛，跟踪下次发情日期或可为调整情期提供依据。

（3）奶牛的发情特点

牛的发情期（发情持续期）短，但行为明显。母牛有外部表现的发情时间一般为 18～24h，有的牛仅几小时，因此发情观察必须留心，否则很容易漏掉。母牛排卵一般发生在发情停止后 8～12h（个别母牛也有提前或推后的现象），因此母牛刚发情时不要急于配种，而应等到发情结束或接近排卵时配种，这是最适宜的配种时间。

（4）奶牛的发情观察

在奶牛发情观察工作中，裸视发情观察是目前最实用也最常用的方法。奶牛表现发情的 24h 时间分布为：0：00～6：00 约占 43%，6：00～12：00 约占 22%，12：00～18：00 约占 10%，18：00～24：00 约占 25%，即接近 70% 的牛在夜间 12h 有明显的发情表现。因此，在生产实践中要注重早晚的发情观察，每天要做到 4 或 5 次的发情观察，每次不能少于 30min。对异常发情、产后 50 天未见发情的奶牛，应及时检查和采取措施，使其恢复正常发情。

（5）影响奶牛发情的因素

1）产后泌乳：母牛产犊后，泌乳机能旺盛，身体也在恢复，生殖机能受到抑制，卵巢上无成熟卵泡发育，约有 40 天的时间母牛不表现发情。

2）哺乳：在奶牛上表现得不是特别明显。

3）营养：能量、蛋白质、维生素或矿物质不足均会显著地影响母牛发情，造成营养性乏情。

4）季节：虽然母牛的发情本身是无季节性的，但气候环境、饲草、饲料的差异也会造成季节性乏情。严寒和酷暑对母牛的发情都有抑制作用。

5）其他因素：由饲养管理不当造成的应激，也会造成母牛乏情。另外，由于各种因素不同，发情表现和监测也随之时难时易。例如，牛舍的形式（栓系式、散放式及设有行走通道的围栏等）为牛表现发情征兆和牧场管理人员监测牛的发情提供不同程度的方便。一般较大的牛群可有很多的母牛同时发情，当这种情况发生时，由于爬跨活动明显增加，监测到处于发情期的牛的概率明显升高。一些因素（如高温、高湿、风、雨、雪、狭窄的空间、地面光滑、蹄痛）或其他不良条件可抑制母牛的发情表现。

3. 人工授精

从行为上看，奶牛冷冻精液的最佳输精时间一般在母牛发情开始（有稳定接受爬跨现象）后 18～24h，此时受胎率较高，如图 5-1 所示。

从黏液上区别，当黏液由稀薄透明转为黏稠微混浊状，用手指蘸取黏液，并用拇指和食指反复牵拉 8～10 次，如黏液不断也是输精的很好时机。最可靠的方法是通过直肠检查卵巢上卵泡的发育情况，当卵泡直径达到 1.5cm 以上、卵泡壁薄、波动明显、有一触即破的感觉时（接近排卵）为最佳输精时间。与常规冻精人工授精相比，性控冻精人工授精对授精时间和部位的要求更加严格，这一点在实际操作中要特别注意。性控冻精与普通冻精人工授精技术环节相同，具体分为以下 5 个环节。

（1）输精前的准备工作

母牛实施人工授精前要制订合理的配种计划，即选种选配方案。一般配种计划应包括以下内容：待配母牛系谱档案、年龄、胎次、产犊日期、配种日期、种公牛选择、预产期、干奶期、产奶量等。具体准备工作有以下几项。

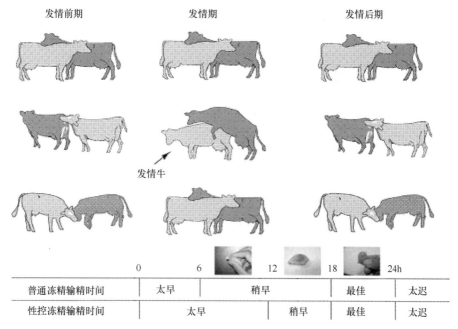

发情前期　　　　　　　　发情期　　　　　　　　发情后期

发情牛

普通冻精输精时间	太早	稍早		最佳	太迟
性控冻精输精时间	太早		稍早	最佳	太迟

0　　　　6　　　　12　　　　18　　　　24h

图 5-1　奶牛发情与人工授精时间关系模式图（米歇尔·瓦提欧，2004）

1）母牛的保定：提前将发情的母牛保定好，为直肠检查做好准备。在没有保定栏的条件下，可因地制宜地利用牛舍的条件将牛保定好。

2）母牛的检查：母牛发情开始或接近结束时，详细观察阴道黏膜及黏液的颜色（潮红、清亮）、黏液的状态（呈拉丝状）等，然后用直肠检查法详细检查其子宫（大小、弹性、硬度）、卵巢（发育、弹性、卵泡壁及波动，自然发情母牛一般是单侧卵巢发育）情况，最后确定人工授精时间。

（2）精液的解冻

将所需精液细管从液氮罐中取出，在空气中停留 3~5s，放入事先准备好的盛有37℃水的保温桶（杯）中 8~10s，待细管内精液冰晶融解后，将细管取出，用灭菌干棉球将细管表面的水滴擦干。用细管剪在距封口端约 1cm 处将精液细管剪断，断面要齐整，以防断面偏斜而导致精液逆流。

（3）装枪

性控冻精的人工授精一般使用 0.25ml 卡苏枪或胚胎移植枪，先将预先擦拭消毒好的输精枪内芯推到与精液细管长度相当的位置，再将精液细管有棉塞的一端朝里装入枪内，安装硬外套，并锁紧。向前轻推输精枪内芯，至有精液小滴欲流出输精枪口为止，随后安装软外套。

（4）输精

为了提高母牛人工授精的受胎率，要求将性控冻精输到母牛的排卵侧子宫角深部，即子宫角前 1/3（图 5-2）。因此，在输精前首先要通过直肠检查确认卵巢上卵泡的发育情况，图 5-2 为牛直肠、子宫、卵巢和输精部位模式图。技术人员戴上长臂手套并涂以润滑剂，轻轻触摸肛门，使肛门括约肌松弛，手臂进入直肠时，应避免向努责的直肠蠕动相逆方向移动，清除直肠浅部的粪便，避免空气进入直肠而引起直肠膨胀。助手协助清洗并擦干外阴部，打开阴门，输精枪以 35°~45°角斜向上插入阴门及阴道内，而后略向前下方进入阴道宫颈段，顶破软外套，将直肠内的手指伸入宫颈下部，然后用食指、中指、拇指握住子宫颈（要轻柔），在输精枪进入子宫颈前，可将宫颈固定在骨盆一侧，在直肠内手的引导下，双手协同操作，使输精枪沿着子宫颈外口—子宫颈—子宫颈内口—子宫体进入子宫角深部。确定注入部位无误后，快速将精液推出，而后缓慢地将输精枪撤出。

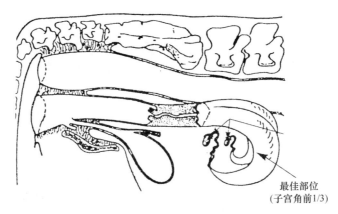

图 5-2　奶牛的直肠、子宫、卵巢和输精部位模式图（米歇尔·瓦提欧，2004）

（5）记录

输精结束后，将输精母牛的检查结果及所用种公牛号等信息资料及时准确地记录在预先设计好的记录表上，以便奶牛谱系的建立。人工授精记录表的格式见表 5-1。

表 5-1　奶牛人工授精记录表（王建国 2005 年整理）

地区				牧场			备注				
序号	牛舍	母牛耳号	直肠检查情况		种公牛号	输精部位	输精日期	输精人员	孕检日期	孕检人员	孕检结果	备注
			子宫	卵巢								
				左　　右								

4. 奶牛性控冻精人工授精注意事项

（1）输精操作前注意事项

1）发情母牛的鉴定准确无误。

2）最好在输精之前，通过直肠检查发情母牛卵巢上卵泡的发育情况。

3）解冻精液时，应在距液氮罐口 5cm 以下夹取精液细管。

4）解冻精液用的水浴温度为 37℃，并随时检测水温的变化，使温度保持恒定。

5）严禁用手触摸已剪断的精液细管剪口端（封口粉端），以避免污染。

6）解冻后的性控冻精最好在 5min 内输到母牛子宫角深部，避免其在外界停留时间过长。

7）避免解冻后的精液随外界环境温度大幅上下波动。

（2）输精操作时注意事项

1）必须使用一次性输精软外套，以避免将外界污染物及阴道浅部的微生物带入子宫内。

2）输精枪必须在直肠内手的引导下慢慢插入子宫角深部，避免输精枪头损伤子宫内膜。

3）输精枪到达子宫角深部注入精液时，要快推、慢撤，以免精液逆流。

5. 妊检及后期管理

正确的早期妊娠诊断可减少饲料损失、计算预产期和安排干奶期。妊娠检查有直肠检查、超声波检查及实验室检查 3 种方法。在生产实践中，通常采用直肠检查法，一般母牛在人工授精后 21～24 天触摸到 2.5～3cm、发育完整的黄体，表明 90%有妊娠的可能。在人工授精后 60 天和 200 天左右时进行两次妊娠检查，第一次为确诊有胎，第二次为确保有胎，以做干奶准备。第一次妊检时间在技术保证的前提下，可提早到输精后 40～50 天。使用超声波妊检可在输精后 20～40 天进行，这样的结果更加准确。奶牛繁殖工作成败与技术人员每天几次的临场观察效果直接相关。另外，观察奶牛发情、异常行为、子宫（阴道）分泌物状况，详细记录人工授精、妊检、流产等各种信息，及时输入计算机或档案卡进行处理分析，也是人工授精技术人员工作规范内容之一。

对于妊检后确诊妊娠的母牛，应从以下几个方面加强饲养管理。

1）给予优质饲草饲料，并保证卫生、充足的饮水（冬温夏凉）。

2）对于初产牛，在妊娠期间，其自身尚在发育中，给予的饲草饲料除应考虑胎儿的营养需要和维持体重的需要外，还应考虑妊娠母牛自身生长发育的需要。

3）无论是初产牛还是经产牛，在妊娠末期，均要避免饲养过肥，使胎儿发育过大，分娩时和分娩后易出现问题。因此，后期应避免过食。

4）防止流产，注意母牛之间相互顶架、挤撞、滑倒等，若条件许可，最好与未孕牛分开饲养。

5）注意牛体卫生，应经常刷拭。

四、奶牛 X/Y 精子分离-性别控制技术产业化应用关键技术的研究结果

近几年，乳品业的带动使我国奶牛业迅速发展。2007 年全国奶牛存栏数超过 1200 万头，但是我国奶牛平均年产奶量不足 3t，与发达国家（如美国、加拿大和欧洲国家）相比还有很大差距。造成我国奶牛产奶量低下的主要原因是我国奶牛总体遗传素质低，高产奶牛群体少。因此，改良中低产奶牛，加快扩繁高产奶牛，提高奶牛个体的生产性能，是我国奶牛养殖业发展急需解决的问题。推广使用奶牛 X/Y 精子分离-性别控制技术，可使奶牛的母犊率提高 40%，达到 90%以上，加快基础奶牛的扩增速度，增加了良

种后备奶牛的选择机会，避免见母就留，从而加快我国奶牛的良种化进程。图 5-3 是赛科星集团公司在奶牛 X/Y 精子分离-性别控制技术产业化应用关键技术研究过程中获得的首例性控单胎、双胎犊牛及部分性控犊牛群。

图 5-3　性控犊牛照片（赛科星集团公司 2005 年和 2007 年收集整理）
A：首例性控单胎犊牛；B：首例性控双胎犊牛；C, D：部分性控犊牛群

1. 奶牛性控冻精与常规冻精人工授精情期受胎率

由表 5-2 可见，使用性控冻精组母牛情期受胎率为 56.6%，使用常规冻精组母牛情期受胎率为 59.1%。

表 5-2　奶牛性控冻精与常规冻精人工授精情期受胎率比较

精液类型	授精母牛头数	直检妊娠母牛头数	情期受胎率/%
性控冻精组	5335	3020	56.6
常规冻精组	2246	1328	59.1

注：赛科星集团公司 2007 年收集整理

2. 奶牛性控冻精不同输精时间情期受胎率

由表 5-3 可见，应用性控冻精母牛发情开始后 8～12h 和 18～24h 授精，情期受胎率分别为 46.1% 和 56.8%。这表明应用性控冻精进行人工授精时，准确掌握发情时间和输精时间非常关键。

表 5-3　奶牛性控冻精不同输精时间情期受胎率比较

输精时间	授精母牛头数	直检妊娠母牛头数	情期受胎率/%
发情开始后 18～24h	3970	2255	56.8
发情开始后 8～12h	1365	629	46.1

注：赛科星集团公司 2007 年收集整理

3. 奶牛性控冻精不同输精部位情期受胎率

由表 5-4 可见，应用性控冻精母牛单侧子宫角输精情期受胎率为 56.6%，双侧子宫角输精情期受胎率为 45.3%。这表明在生产实际中，如果能够准确判断卵巢上卵泡的发育状态，将一支性控冻精全部输入母牛发育侧子宫角深部，可明显地提高输精母牛的情期受胎率。

表 5-4　单侧子宫角输精与双侧子宫角输精情期受胎率比较

输精部位	授精母牛头数	直检妊娠母牛数	情期受胎率/%
单侧子宫角深部	5099	2886	56.6
双侧子宫角深部	236	107	45.3

注：赛科星集团公司 2007 年收集整理

4. 奶牛性控冻精不同精液密度情期受胎率

对一头种公牛在同一牧场使用密度为 25 万个/0.25ml、50 万个/0.25ml、100 万个/0.25ml、200 万个/0.25ml 的性控冻精精液进行人工授精，由表 5-5 可见，100 万个/0.25ml 以上的性控冻精情期受胎率即可达到 50% 以上，可以在生产实际中推广使用。

表 5-5　奶牛性控冻精不同精液密度情期受胎率比较

精液密度	授精母牛头数	直检妊娠母牛头数	情期受胎率/%
200 万个/0.25ml	625	357	57.1
100 万个/0.25ml	132	88	66.7
50 万个/0.25ml	55	25	45.5
25 万个/0.25ml	23	9	39.1

注：赛科星集团公司 2007 年收集整理

5. 青年牛和经产牛应用性控冻精的情期受胎率

人工授精母牛选择的根据之一是奶牛的生产年龄和生殖系统的健康状况。原则上，尽可能地使用青年奶牛或胎次较少的经产奶牛，这样可以保证较理想的情期受胎率。由表 5-6 可见，应用性控冻精的青年牛和经产牛情期受胎率分别为 69.0% 和 49.2%，青年牛应用性控冻精进行人工授精的情期受胎率明显高于经产牛的情期受胎率。

表 5-6　应用性控冻精的青年牛和经产牛情期受胎率比较

牛别	授精母牛头数	直检妊娠母牛头数	情期受胎率/%
青年牛	3382	2333	69.0
经产牛	1953	961	49.2

注：赛科星集团公司 2007 年收集整理

6. 性控冻精与常规冻精输精的母犊准确率

由表 5-7 可见，应用性控冻精母犊准确率为 93.0%，远高于应用常规冻精 48.8%的母犊准确率。

表 5-7　性控冻精与常规冻精输精的母犊准确率比较

精液类型	产犊头数	母犊头数	母犊准确率/%
性控冻精	2067	1922	93.0
常规冻精	129	63	48.8

注：赛科星集团公司 2007 年收集整理

综上所述，奶牛 X/Y 精子分离-性别控制技术已经成熟，并进行了规模化推广应用，性控准确率均在 90%以上，但是由于分离后的 X/Y 精子存活时间相对缩短，因此在人工授精实际操作中，首先是鉴定母牛的发情，其次是掌握好人工授精的时间，最后是将性控冻精输至母牛发育侧子宫角深部。只要抓住这三点，就会大大地提高奶牛性控冻精人工授精的情期受胎率。

第二节　羊和马鹿性别控制冷冻精液的人工授精

一、研究概况

1996 年，Catt 等首次报道用绵羊的分离精子进行单精子注射产下后代，1997 年，Cran 等又报道用低剂量的绵羊分离精子（未冷冻）采用内窥镜法，以大约 10 万个精子/0.1ml 的剂量在子宫角输精，并产下后代，但受胎率很低，4 次实验分别是 0、5/12、4/25、1/15。山羊精子分离和人工授精方面的报道很少，2004 年，Parrilla 等首次报道用流式细胞仪检测出山羊 X 精子、Y 精子 DNA 含量的差异，为 4.4%，其后广西大学陆阳清 2004 年在其论文中提到山羊的精子浓度在 1.5×10^8/ml 时，用 20μg/ml 浓度的 Hoechst 33342 可以将山羊精子分离，但没有对山羊分离后的精子进行人工授精。目前，在生产实际中，羊的人工授精大多以新鲜精液为主，以冷冻精液为辅。在这里，我们只从技术角度介绍羊和马鹿的性控冻精人工授精技术流程。

二、药品试剂和器材设备

1. 药品试剂

前列腺素类似物（PG、国产），阴道海绵栓（进口），孕马血清促性腺激素（PMSG、国产），精液稀释液（自配），鹿眠宝（国产），鹿醒宝（国产），羊新鲜精液，羊和鹿性控冷冻精液，75%乙醇，2%碘酒。

2. 器材设备

腹腔内窥镜（进口），牛用输精枪（进口），羊用输精枪（进口），子宫钳（进口），普通生物显微镜，载玻片，盖玻片，1ml 注射器，电刺激采精器（进口），羊用采精器具（国产），手术架（自制），剪毛剪。

三、羊性控冻精的人工授精

从 2005 年开始，内蒙古大学与赛科星集团公司合作，以鄂尔多斯恩格贝内蒙古白绒山羊生物技术繁育中心为基地，采集白绒山羊精液稀释保存后，4h 左右运至赛科星集团公司实验室进行 X/Y 精子分离，并对分离后的 X/Y 精子进行冷冻保存、性控冻精生产、人工授精技术研究和小规模示范应用，成功培育出我国第一批性控白绒山羊（图 5-4）。

A　　　　　　　　　　　B

图 5-4　首例/首批性控白绒山羊（王建国等 2006 年及 2007 年拍摄）
A：首例性控白绒山羊；B：首批性控白绒山羊群

1. 精液的准备

1）白绒山羊精液保存运输与精子活力的关系：采精 1h 后，种公羊 1 和种公羊 2 的精子活力分别为 0.68 和 0.85，运输 4h 后经过稀释、温度升降、震动、化学药物等综合影响，两只种公羊的精子活力都有所降低，分别为 0.61 和 0.83，降低幅度分别为 0.07 和 0.02，精子活力降幅不同，如表 5-8 所示。

表 5-8　白绒山羊精液稀释保存运输对精子活力的影响

稀释液	种公羊 1 精子活力		种公羊 2 精子活力	
	1h	4h	1h	4h
自制稀释保存液	0.68	0.61	0.85	0.83

注：赛科星集团公司/刘雪江等，2005 年收集整理

2）白绒山羊性控冻精的解冻及鲜精的准备：将装有白绒山羊性控冻精的细管从液氮罐取出，直接投入 37℃水浴中 8～10s，待冰晶融解后取出，用灭菌干棉球擦干细管表面水滴，推出部分精液置于载玻片上，盖上盖玻片，放在显微镜上观察精子活力，解冻活力为 0.4～0.5。这表明经 X/Y 精子分离、冷冻解冻后的精子可以用于人工授精。白绒山羊性控冻精的精子密度分别为 1×10^6 个/0.25ml、2×10^6 个/0.25ml、4×10^6 个/0.25ml。对照组使用新鲜精液，现场采精，而后用稀释液对白绒山羊的鲜精进行 5～6 倍的稀释，同样的方法观察精子活力，待用。

2. 母羊同期发情处理

选择 1～4 岁待配母羊，阴道内放置海绵栓，第 15 天肌肉注射 PMSG 150～500IU/只，第 16 天肌肉注射 PG 0.08mg/只，PG 注射 12h 后撤出阴道海绵栓。撤栓后用试情公羊进行试情，记录发情母羊，同时自然发情的母羊也可使用，母羊发情后即开始空腹处理（禁食禁水）。

3. 人工授精

待配母羊发情 12h 后开始用腹腔内窥镜法进行人工授精，此前要按以下程序进行操作。

1）剪毛、保定及术部消毒：将发情后的待配母羊仰卧，以腹中线和两乳头之间的连线交点为中心，向前 15cm 左右，将距腹中线 10cm 左右两侧扇形范围内的毛剪净。头下尾上保定于特制的手术架上。2%碘酊消毒，75%乙醇脱碘。

2）输精：先用手术刀将腹中线两侧 3～5cm、距乳房基部 3cm 左右处的皮肤各切一个 0.5～1cm 的切口，再用与腹腔内窥镜配套的专用打孔器在左切口处与腹腔打通，将打孔器内芯取出，左侧放入腹腔内窥镜镜头，右侧放入羊用 Cassou 输精枪，利用腹腔内窥镜观察卵泡的发育情况，然后将白绒山羊精液装枪，输入发育侧子宫角，或者两侧子宫角分别输入，而后撤枪、内窥镜，术部碘酊消毒（图 5-5）。另外，也可采用子宫钳将双侧子宫角依次提至切口处，用 1ml 注射器将精液分别注入双侧子宫角内。

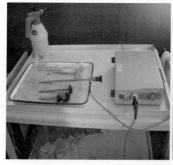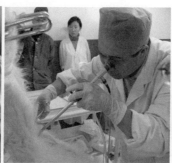

图 5-5　白绒山羊性控冻精内窥镜输精操作（王建国等 2005 年拍摄）

3）研究结果：课题组于 2005 年和 2006 年应用白绒山羊 X 性控冻精对 165 只母羊

进行了腹腔内窥镜子宫深部输精，并用 6 倍稀释的鲜精对 32 只母羊相同处理作为对照，结果如表 5-9 所示，应用性控冻精输精母羊的产羔率为 37.0%，对照组为 84.4%。应用性控冻精出生羔羊的性别准确率 90.2%，对照组为 55.6%。这表明白绒山羊 X/Y 精子分离-人工授精技术路线可行，但性控冻精与鲜精的人工授精母羊产羔率相比，还有很大的差距，有待今后进一步研究。

表 5-9　白绒山羊性控冻精与鲜精人工授精结果比较

精液类型	输精母羊/只	产羔母羊/只	产羔率/%	羔羊		
				合计/只	雌性/只	性控准确率/%
性控冻精	165	61	37.0	61	55	90.2
鲜精	32	27	84.4	27	15	55.6

注：王建国等 2006 年及 2007 年收集整理

此外，在对 165 只白绒山羊用性控冻精进行人工授精的组合中，性控冻精的密度分为 4×10^6 个/0.25ml、2×10^6 个/0.25ml、1×10^6 个/0.25ml 三个组合，其结果如表 5-10 所示，4×10^6 个/0.25ml 密度性控冻精组输精母羊 62 只、产羔 23 只，产羔率为 37.1%，其中母羔 21 只，性控准确率为 91.3%；2×10^6 个/0.25ml 密度性控冻精组输精母羊 73 只、产羔 30 只，产羔率为 41.1%，其中母羔 26 只，性控准确率为 86.7%；1×10^6 个/0.25ml 密度性控冻精组输精母羊 30 只、产羔 8 只，产羔率为 26.7%，其中母羔 8 只，性控准确率为 100%。

表 5-10　不同密度白绒山羊性控冻精的人工授精产羔结果比较表

精液密度	输精母羊/只	产羔母羊/只	产羔率/%	羔羊		
				合计/只	雌性/只	性控准确率/%
4×10^6 个/0.25ml	62	23	37.1	23	21	91.3
2×10^6 个/0.25ml	73	30	41.1	30	26	86.7
1×10^6 个/0.25ml	30	8	26.7	8	8	100

注：王建国等 2006 年及 2007 年收集整理

与牛的精子分离-性别控制技术研究相比，奶山羊的精子分离和人工授精方面的研究报道很少。1996 年 Catt 等首次采用分离精子卵细胞内单精注射技术产下第一例性控羊羔。2009 年，高庆华等以牛精子分离技术参数为基础对奶山羊精子进行分离，用腹腔内窥镜常规输精产下性控雄性羊羔。对比牛、羊精子的理化特性（差异显著），以牛性控生产参数进行奶山羊精液性控生产，奶山羊性控冻精存活指数为 2h，与牛性控冻精存活指数（4~6h）相比，差异较为显著。通过改进染色方法，使得种公羊的利用率提高到 90% 以上；改进冷冻稀释液成分，改善了冷冻环节对精子膜的损伤；冷冻精液解冻后的性控精子存活时间由原来的 2~3h 延长到 4~8h（表 5-11）。

表 5-11　奶山羊性控冻精技术改进结果

类别	解冻后活力	存活时间/h	顶体完整率/%	X 精子纯度
对照组	0.39 ± 0.04^a	2.5 ± 0.50^a	56 ± 0.61^c	93 ± 0.47^c
改进组	0.45 ± 0.07^b	5.0 ± 0.50^b	58 ± 0.58^d	95 ± 0.81^d

注：赛科星集团公司 2018 年收集整理。同列 a 与 b 对比：$P < 0.01$；c 与 d 对比：$P > 0.05$

四、马鹿性控冻精的人工授精

赛科星集团公司、内蒙古大学实验动物研究中心自 2007 年开始与内蒙古健元鹿业合作，开始进行马鹿 X/Y 精子分离-性别控制技术研究，2007 年应用马鹿 Y 性控冻精人工授精母马鹿 80 头，2008 年获得性控马鹿 55 头，均为雄性，性控准确率 100%（图 5-6），成功地培育出我国首例/首批性控马鹿，表明通过马鹿 X/Y 精子分离生产性控精液、人工授精来实现马鹿性别控制的技术路线可行。

A   B

图 5-6　我国首例/批性控马鹿（赛科星集团公司、健元鹿业等 2008 年拍摄）
A：首例性控马鹿；B：首批性控马鹿

马鹿性控冻精人工授精技术流程如下。

1. 马鹿的发情观察

马鹿的发情和其他反刍动物类似，发情周期为 17～18 天，马鹿发情的具体行为表现为食欲下降、走动增多、体温升高，闻嗅其他马鹿并接受爬跨、回望，阴部潮湿红肿。在实施人工输精前用公鹿进行试情，可以更准确地确定马鹿的发情状况和输精时间。

2. 精液的准备及装枪

马鹿 X/Y 精子分离技术路线与牛及羊的 X/Y 精子分离技术路线相同，马鹿性控冻精解冻及装枪程序与牛也相同（参见本章第一节）。

3. 人工授精

马鹿性控冻精人工输精同样使用牛 0.25ml 胚胎移植枪（或 0.25ml 输精枪），对发情开始后 12h 母马鹿肌肉注射鹿眠宝（静松灵），5～10min 后进行人工授精。将马鹿左侧卧于地上，技术人员戴上长臂手套，将直肠内的粪便清出，擦干外阴部，接下来的操作同牛人工授精操作（图 5-7）。输精完成后，立即通过静脉注射鹿醒宝（尼可刹米），约 15min 马鹿逐渐清醒。

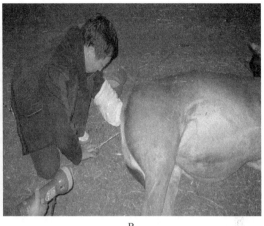

A　　　　　　　　　　　　　　　　　　B

图 5-7　马鹿人工授精操作（赛科星集团公司、健元鹿业等 2008 年拍摄）
A：采精种用公马鹿；B：马鹿人工授精操作

第三节　应用情况及存在的问题

一、赛科星集团公司奶牛性控技术应用情况

从 2006 年开始，赛科星集团公司在全国奶牛养殖地区 2000 个主要用户中累计推广奶牛性控冻精 360 万支，部分推广应用和技术指标及效益如下。

1）根据 55 790 头次性控冻精人工授精示范应用统计，平均情期受胎率为 58.6%，每头母牛受胎平均使用性控冻精 1.7 支。目前已出生奶牛犊为 32 693 头，其中母犊为 30 535 头，性控准确率为 93.4%，各项指标均超过国外同类产品的平均水平。

2）2006～2017 年底公司累计生产奶牛性控冻精 360 万支，繁育良种奶牛母犊约为 150 万头，以 3 月龄母犊每头 5000 元计算，总产值约 75 亿元。目前，赛科星集团公司的奶牛性控冻精推广应用分布于中国绝大多数区域。

3）对发育成熟的 5000 头性控母牛进行了分析检测。同样使用性控冻精进行人工授精，情期受胎率达到 62%，性控准确率为 93.7%。部分产犊后性控母牛的日均产奶量为 28～30kg，预计头胎的年产奶量为 7～8t，2～5 胎的年产奶量可达 8～10t。

4）应用奶牛 X 性控冻精超排处理奶牛 1297 头次，累计生产性控胚胎 5514 枚，其中对 2438 枚性控胚胎进行了移植，受胎率为 47.3%。胚胎移植母牛共生出牛犊 1107 头，其中母犊 1063 头，性控准确率为 96%。

5）从 2006 年开始，针对基层奶牛人工授精技术员在全国举办性控技术培训班超过 100 期，累计培训合格奶牛性控冻精人工授精技术员 2000 人，建成覆盖全国的奶牛性控繁育示范基地（图 5-8），通过对 82 615 头次奶牛进行性控冻精人工授精示范，结果表明，平均情期受胎率为 52.3%，性控准确率为 92.3%，表 5-12 为全国主要应用单位；已繁育奶牛母犊 60 余万头，总产值约 30 亿元，为奶牛养殖户新增收入 18 亿元。2006～2011 年累计生产奶牛性控冻精约 188 万支，在 2700 余个奶牛养殖牧场推广奶牛性控冻精约 140 万支（表 5-13），2011 年全国奶牛性控技术推广区域分布统计见表 5-14（2012

年开始的推广应用数据正在统计、分析，预计数量为以前的 1.5 倍）。

图 5-8　部分性控技术培训场景（A、B）及部分奶牛性控繁育示范基地（C、D）
（赛科星集团公司 2011 年拍摄）

A：保定市奶牛良种技术培训会；B：海高牧业技术培训现场；C：祁县汇鸿乳业有限责任公司；D：北京市畜牧兽医总站

表 5-12　赛科星集团公司奶牛性控冻精主要应用单位

应用单位名称	应用技术	应用的起止时间（年.月）	经济、社会效益/万元
北京三元绿荷奶牛养殖中心	奶牛性控繁育技术	2005.2～2008.12	1623.1
上海荷斯坦奶牛科技有限公司	奶牛性控繁育技术	2006.3～2008.12	3761.0
内蒙古蒙牛澳亚示范牧场有限公司	奶牛性控繁育技术	2006.3～2008.12	1207.3
内蒙古昭君旭日牧业有限公司	奶牛性控繁育技术	2006.2～2011.12	1514.1
内蒙古自治区家畜改良工作站	奶牛性控繁育技术	2005.2～2008.12	9066.7
山东韩一饲料有限公司	奶牛性控繁育技术	2007.8～2010.6	88.79
国家奶牛胚胎工程技术研究中心	奶牛性控繁育技术	2005.2～2006.12	618.6
黑龙江农垦总局齐齐哈尔分局畜牧水产局	奶牛性控繁育技术	2007.3～2008.12	386.5
菏泽博爱乳业有限公司	奶牛性控繁育技术	2007.4～2010.6	50.52
杨凌示范区良种奶牛繁育中心	奶牛性控繁育技术	2007.8～2010.10	16.01
吉林省畜牧兽医工作总站	奶牛性控繁育技术	2007.1～2009.12	1499.05
上海庆华生态奶牛场	奶牛性控繁育技术	2008.11～2010.10	136.9
玛纳斯天山畜牧良种奶牛繁育公司	奶牛性控繁育技术	2008.9～2010.8	54.90
贵阳三联乳业有限公司	奶牛性控繁育技术	2008.3～2010.9	64.40
凉城县海高牧业养殖有限公司	奶牛性控繁育技术	2008.12～2010.7	668.2

表 5-13　赛科星集团公司 2006～2011 年性控冻精生产/推广应用数量统计 （单位：万支）

冻精数量	2006 年	2007 年	2008 年	2009 年	2010 年	2011 年	合计
生产数量	1.9281	6.0004	15.0958	39.9958	47.1868	78.1664	188.3733
推广数量	1.0	6.0	14.0	33.0	37.4023	49.0123	140.4146

表 5-14　2011 年度赛科星集团公司全国奶牛性控技术推广区域分布统计表

推广部	大区	地区	基地牧场数	性控冻精使用量/支
东部	大齐尚	齐齐哈尔、扎兰屯、呼伦贝尔市、哈尔滨等	83	52 579
	沈通乌	辽宁、赤峰、通辽、吉林、兴安盟等	240	67 995
	唐察塞	张家口、锡林浩特、秦皇岛、唐山等	197	36 379
中部	鄂川	福建、四川、云南、广东、广西等	63	15 021
	鲁豫	泰安、济南、德州、郑州等	304	65 862
	京津石保	北京、天津、石家庄等	180	65 710
	沪皖浙	上海、安徽、江苏、浙江等	76	28 951
西部	呼包乌	呼和浩特、乌兰察布、包头、陕北等	162	57 023
	巴新	巴彦淖尔市、宁夏、银川、新疆等	144	41 741
	晋陕	大同、太原、西安、宝鸡、兰州等	204	56 910
		合计	1653	488 171

二、羊性控技术推广应用及存在的问题

关于奶牛性控技术的推广应用情况已在第四章中做了介绍，这里主要介绍羊的相关内容。与牛精子分离遇到的问题相同，由于精子在分离过程中遭受各种外界因素的影响，精子的活力、顶体完整率、线粒体的活性受到不同程度的影响，同时目前还未找到羊分离精子合适的冷冻保存方法，因此需要进行进一步的相关基础研究。另外，生产出来的分离精子需要与羊的自然发情结合进行人工输精，由于羊大多是季节性发情，且羊的精液品质在全年内秋季最好，因此这些因素成为限制羊精子分离-性控技术推广应用的先决制约因素。

腹腔内窥镜子宫角输精的结果表明，羊精子分离技术和子宫角输精技术的结合可以有效地进行羊的性别控制，1997 年 Cran 等将绵羊未经过冷冻的分离精子以 1×10^5 个/0.1ml 剂量对同期发情的母羊进行子宫角输精，其妊娠率很低。2002 年 Hollinshead 等也报道 4×10^6 个/0.1ml 剂量的性控冷冻精液可以使母羊妊娠。本研究比较了用 4×10^6 个/0.1ml、2×10^6 个/0.1ml、1×10^6/0.1ml 不同剂量的白绒山羊性控冷冻精液对子宫角深部输精，结果表明，低密度性控冷冻精液的人工授精均可使白绒山羊受胎，理论上在一定范围内随着性控冷冻精液剂量的增加，产羔率应该随之增加，而在本研究中产羔率以 2×10^6 个/0.1ml 剂量组为最佳。因此本研究尚不能充分说明最优组，仅仅是为今后进一步的研究提供了科学参考，其剂量范围还有待进一步探讨。目前，结合性控冻精存活时间短的问题，准确预测母羊排卵时间、足够的输精剂量和把精子损伤降到最低是今后羊性别控制技术的研究重点。造成羊性控冻精受胎率低的原因除性控冻精本身的技术问题外，以下几点内容也应该继续探讨或注意。

1）总体试验羊样本数量较小，在统计学上存在误差。

2）母羊个体之间的差异，如营养状况、健康程度等的不同。

3）不同种公羊的精液品质本身存在差别。

4）羊的繁殖受外界因素的影响，如季节、光照时间、温度、饲草饲料等因素也会影响羊的繁殖性能，从而间接地影响产羔率。

三、鹿性控技术推广应用及存在的问题

目前我国鹿的性控技术刚刚起步，从精子分离-性控冻精生产到人工授精均需要做大量的基础研究工作和小规模的应用示范。从我国的鹿产业发展来看，鹿茸生产具有潜在的传统市场，因此性控技术应该具有广阔的应用前景。但是近几年来，由于国内甚至亚洲的鹿茸市场受到新西兰鹿茸产品的严重冲击，鹿茸价格大幅度下滑，国内鹿养殖和生产企业处于经营非常困难的状态。因此，未来几年内我们将集中精力进行该项技术的研究，完善鹿精子分离-性控技术流程，为我国鹿产业的发展和竞争提供新的技术支持。此外，根据目前鹿茸市场的情况，公马鹿精液和母梅花鹿杂交证实可行，而杂交后的子代产茸会明显提高，并且鹿茸品质接近梅花鹿，可以显著提高养殖效益，这可能是鹿性控技术在将来应用中最值得开发的市场。

四、其他动物性控技术应用及存在的问题

目前，研究的物种包括绵羊、猪、驴、宠物犬及小鼠。我们基本建立了有效的技术流程，但同时绵羊、小鼠分离后精子冷冻保存技术不过关，绵羊、奶山羊、猪、驴的人工授精技术不成熟，这些是不同动物品种性别控制技术推广应用需要进一步解决的问题。

参 考 文 献

葛宝生, 李善如, 张忠诚, 等. 1998. 哺乳动物的性别控制. 内蒙古畜牧科学, 31(2): 14-17.

雷光然, 唐秀星, 范瑞琪. 2008. 提高奶牛人工授精受胎率的技术措施. 现代农业科学, (8): 73.

刘成果. 2008. 中国奶业年鉴. 北京: 中国农业出版社.

刘雪江. 2006. 绒山羊精子分离和性别控制技术研究. 中国农业大学硕士学位论文.

陆阳清. 2004. 分离哺乳动物 XY 精子的初步研究. 广西大学硕士学位论文.

罗应荣, 黄河, 李鑫, 等. 2005. 奶牛胚胎性别控制技术研究进展. 中国畜牧兽医, 32(6): 33.

米歇尔·瓦提欧. 2004. 奶牛饲养技术简介. 北京: 中国农业大学出版社.

桑润滋. 2002. 动物繁殖生物技术. 北京: 中国农业出版社.

王锋, 王子玉. 2005. 动物繁殖学. 南京: 南京农业大学动物科技学院.

王建国, 李喜和, 郭旭东, 等. 2008. 白绒山羊性控胚胎生产及移植应用研究初探. 青岛: 中国畜牧兽医学会动物繁殖学会第十四届学术研讨会论文集: 51-53.

王建国, 钱松晋, 周文忠, 等. 2009. 奶牛性控冻精应用研究. 中国奶牛, (1): 29-30.

谢友慧, 彭祥伟, 程必刚, 等. 2006. 肉用山羊人工授精技术操作流程. 现代畜牧兽医, (8): 17-18.

于德洪. 1999. 我国奶牛人工授精技术五十年回顾. 中国奶牛, (6): 36-37.

张保军, 杨公社, 张丽娟. 2002. 家畜性别决定的机制及其研究进展. 畜牧兽医杂志, 21(6): 14-16.

Catt S L, Catt J W, Gome M C, et al. 1996. Birth of a male lamb derived from *in vitro* matured oocyte fertilized by intracytoplasmic injection of a single "male" sperm. Veterinary Record, (139): 494-495.

Cran D G, Mckelvey W A C, King M E, et al. 1997. Production of lambs by low dose intrauterine insemination with flow cytometrically sorted and unsorted sperm. Theriogenology, (47): 267 (abstract).

Hollinshead F K, O'Brien J K, Maxwell W M G, et al. 2002. Production of lambs of predetermined sex after the insemination of ewes with low numbers of frozen–thawed sorted X-or Y-chromosome bearing spermatozoa. Reproduction Fertility and Development, (14): 503-508.

Parrilla I, Vazquez J M, Roca J, et al. 2004. Flow cytometry identification of X-and Y-chromosome-bearing goat spermatozoa. Reproduction in Domestic Animals, (39): 58-60.

第六章 体外受精和性控胚胎的体外生产技术

第一节 体外受精技术

一、研究概况

哺乳动物的受精是在雌性生殖道内进行的一个生理过程。把受精过程人为地在体外完成的技术称为体外受精（*in vitro* fertilization，IVF）。严格地讲，受精过程是指从精卵结合开始到雌雄原核融合为止，完成受精、分裂为 2 细胞以上的受精卵称为胚胎。但是体外受精作为一项完整的技术，不仅仅指精子、卵子的受精处理，还包括卵子的成熟培养、精子获能处理、受精卵（胚胎）的发育培养等相关内容。本章首先以小鼠为对象，介绍体外受精技术的基础操作，然后重点描述奶牛性控冻精的体外受精和性控胚胎体外生产技术流程，供读者参考和共同探讨该领域存在的问题。

1. 早期研究历史

哺乳动物体外受精的研究已有 100 多年的历史。1878 年德国学者 Schenk 首先对家兔和豚鼠卵子进行了体外受精试验，虽然试验结果并未得到受精的确凿证据，但从此揭开了体外受精技术研究的序幕。进入 20 世纪，随着自然科学的发展和显微镜观察技术的进步，对生殖细胞的结构、生理有了许多新的认识和发现，推动了哺乳动物生殖生理学和其他生物技术的研究开发。1951 年，美国华裔生物学家张明觉博士和澳大利亚 Austin 博士分别使用家兔和大鼠观察到精子获能（capacitation）现象，他们提出精子只有在雌性生殖道内停留一段时间才具备穿入卵子而完成受精的能力。精子获能现象一经提出，受到研究同行的普遍关注。此后的大量研究结果表明，精子获能是哺乳动物受精过程中普遍存在的生殖生理现象，只有获能后的精子（体内或体外处理）才可以进行受精，上述两个观点的提出和确立开启了哺乳动物的受精研究，特别是体外受精技术的新纪元。

1951 年，张明觉博士利用获能精子成功地对家兔卵子进行了体外受精试验。1959 年，他把家兔的体外受精卵移植到另一只受体母兔体内，诞生了世界首例"试管小兔"，为哺乳动物体外受精提供了最确凿的科学依据。部分哺乳动物精子获能时间及环境参见表 6-1。20 世纪 60 年代开始以实验小动物为主的体外受精研究，1963 年地鼠的体外受精得到确认，1968 年小鼠体外受精成功并移植产出正常的后代。大鼠的体外受精于 1973 年取得成功，1974 年得到移植产仔的结果。小鼠和大鼠体外受精的最大特点是没有使用子宫获能精子，而是使用了附睾精子，为实现体外受精技术的完全体外化处理迈出了重要一步。对精子获能的深化研究做大量探讨的研究者首推美国 Brackett 和 Oliphant 的研究小组，他们于 1975 年利用射出精子在合成培养液中进行获能处理，取得了家兔体外受精的成功，当时使用的受精培养液（Tyrode's medium）被称为"BO 液"，广泛地应用于哺乳动物的体外受精试验。射出精液的体外受精成功解决了过去精浆中去能因子（decapacitation factor，DF）造成的精子获能阻滞问题，对于哺乳动物体外受精研究具有重要意义。

表 6-1　部分哺乳动物精子获能时间及环境（Austin，1985）

动物种类	获能时间/h	环境
牛	5～6	体外
猪	2～3	体内
羊	1～1.5	输卵管
小鼠	<1.0	体内/体外
大鼠	2～3	体内
地鼠	3～4	体内/体外
家兔	5～6	体内
海豚	2	体外
猫	1～2	体内
雪貂	3.5～11.5	输卵管
松鼠猴	2	体外
猕猴	6	体内
人	6～7	体外

2. 家畜体外受精的研究概况

家畜卵子的体外受精和胚胎移植是一项具有重要科学价值和应用前景的生殖生物工程新技术。家畜体外受精研究的最大问题是作为实验材料的卵子的来源。以精子为材料的人工授精技术的确立和推广得以成功，是由于其在数量上的优势。最初的卵子采集主要依赖于活体，但是由于数量和成本上的问题一直未能被广泛应用，在这种情况下研究人员考虑从屠宰场的废弃卵巢中收集未成熟卵子，体外成熟培养后用于受精试验。事实证明了这种设想的正确性，正是由于屠宰卵巢卵子的大量利用，推动了家畜体外受精技术的研究和推广应用。1977 年和 1978 年，日本的 Iritani 博士等使用屠宰卵巢卵子和子宫内培养精子进行了体外受精试验，观察到精子穿入，可以看出家畜体外受精的研究和实验动物一样，也是从子宫获能精子的使用而开始的。截至 1977 年，体外受精技术只是作为一种基础研究课题，虽然这项技术与医学及畜产业间接相关，但当时认为并不可能在短时间内实用化。即使是实验动物，也由于初期技术尚未完善、重复率低等未被包括研究人员在内的社会所接受。1978 年，外科医生 Steptoe 和从事卵子成熟基础研究的 Edwards 应用体外受精技术成功产出世界上首例试管婴儿，从此体外受精作为一项治疗不育症的临床技术在短时间内发展、应用，使社会（包括学术界）对体外受精技术有了一个新的认识，并以此为契机加快了家畜体外受精技术的研究步伐。

1984 年山羊和绵羊的体外受精成功，当时中国的旭日干博士在充分探讨钙离子载体（Ionophore A23187）对精子获能诱导效果的基础上，利用超排卵子进行体外受精，在山羊和绵羊上均确认了受精和细胞分裂，并通过移植产出世界首例试管家畜——山羊（图 6-1），同年花田章博士等也采用类似的方法产出试管绵羊。此后，以钙离子载体 Ionophore A23187 为主的哺乳动物精子获能研究和家畜体外受精试验大量开展，特别是屠宰卵巢卵子的使用和卵泡卵子体外成熟培养技术的确立，解决了体外受精用卵子的材料问题，家畜体外受精研究自此步入黄金时代。旭日干博士回国后于 1986 年创立内蒙古大学实验动物研究中心，开展以家畜为主的体外受精研究，并在 1989 年成功培育出中国首例试管绵羊和试管牛（图 6-2），奠定了我国家畜试管技术的基础，开创了该技术产业化应用的先河。

图 6-1　世界首例试管家畜——山羊（旭日干等于 1984 年摄）

A　　　　　　　　　　　　　　　B

图 6-2　中国首例试管牛和试管羊及其科研人员（旭日干等，1989）
A：中国首例试管牛；B：中国首例试管羊

1978 年，Newcomb 博士等把体外成熟培养的牛卵子移入输卵管内进行受精处理，然后把得到的囊胚用于胚胎移植，产出了双胎牛犊，这项结果证实了卵巢卵子体外成熟培养的可能性，为体外受精技术的应用开发提供了宝贵的科学依据。1982 年，Ckett 博士等将体内成熟的卵子经体外受精后培育出体外受精试管小牛。1985 年开始，体外受精及其相关的体外培养、胚胎移植关联技术进入飞跃发展阶段。日本的 Hanada（1985）以屠宰母畜卵巢为材料，尝试了卵巢卵子的成熟培养及其用于体外受精的可能性，证明了卵子成熟培养/体外受精后可发育到囊胚阶段，并于同年产出真正意义上的首例体外受精试管小牛（卵母细胞成熟和受精都在体外完成）。1986 年，美国的 First 博士等以类似的方法也报道了牛体外受精的成功，从此家畜屠宰卵巢卵子的体外培养、体外受精研究纷至沓来，取得了许多重要成果。1987 年，日本的 Fukuda 和 Ogihara 博士等指出卵丘细胞共培养对受精卵解除 8 细胞阻滞（8 cell block）的有效作用，使体外受精条件下的囊胚培养成为可能，极大地推动了非手术法胚胎移植的应用进程。现在，家畜和实验动物大部分种类的体外受精已经取得了成功，体外受精技术的成功开发促进了生殖生理学的研究发展，充实了生殖生物学的理论内容，并进入了以牛为主的家畜胚胎移植实用化阶段。但是，目前马的体外受精还没有取得成功，主要原因是体外条件下马的精子不能穿入卵子，其机制尚在探讨之中。

3. 人类体外受精的研究概况

人类体外受精的研究最早于 1944 年由 Rock 医生等报道，他们将 138 个人类卵泡卵子用于体外受精，其中 4 个受精卵发育到 2 细胞至 8 细胞阶段。以后 10 年，Shettles 博士等利用共培养法（血清或卵泡液+输卵管上皮细胞）培养卵泡期卵子并用于体外受精，结果取得了成功。对于这些早期研究成果，研究者首先肯定其率先开展人类体外受精研究的作用，但是由于当时对受精事实没有提出确凿的科学依据或证明，因此有相当一部分研究者对上述实验结果持怀疑态度。随着生殖生物学基础理论研究的进步和生物技术的发展，1978 年 Edwards 和 Steptoe 报道了人类体外受精、移植后分娩的世界首例试管婴儿。日本于 1982 年也由 Suzuki 医生等报道了该国试管婴儿的诞生。印度的 Mukerji 医生 1978 年最早报道人冷冻保存受精卵的成功例子，但是详细资料不太清楚。中国首例试管婴儿郑萌珠于 1988 年在北京大学第三医院诞生，实施体外受精并为她接生的是后来被称为我国“神州试管婴儿之母”的张丽珠教授。目前人类体外受精技术和胚胎移植相结合，被广泛地应用于不育症治疗，每年成千上万的试管婴儿在世界各地诞生，最早的试管婴儿已经作为社会的一员被接受，但是这项技术的应用带来了伦理道德上的许多问题，随着相关法律和政策法规的日臻完善，这些问题正在逐步得以解决。

二、小鼠体外受精

小鼠是使用最广泛的实验动物，体外受精的稳定性好，并且容易进行体外培养，移植后的受胎和产仔周期短，因此有关受精机制的大量基础研究成果都来自小鼠，并且由于作为实验材料的小鼠成本低廉，因此成为许多生殖生物学实验研究的示范动物。本节以小鼠体外受精操作为例，介绍哺乳动物体外受精的基础方法。

1. 培养液调制

小鼠体外受精通常使用 TYH 培养液，先调制 10 倍浓度的包含 5 种盐类的保存液

（pH 7.2，4℃可保存 3 个月），使用时稀释并添加 0.3%牛血清白蛋白，经过滤处理后，根据需要制成微小滴（100～500μl/微小滴），上覆液体石蜡油后放入二氧化碳培养箱进行平衡处理。二氧化碳培养箱的培养条件一般为 37℃、5%二氧化碳加 95%空气，湿度保持在 95%～97%。

2. 精子准备

小鼠体外受精的精液采取与调制参照图 6-3，先选择性成熟的正常雄鼠脱颈处死，以阴部为中心用 70%酒精棉消毒，沿腹中线纵向切开腹部 2cm 左右。然后从腹腔内拉出精巢，用眼科剪除去周围的脂肪组织后把精巢和附睾摘出。确认附睾中的精子状况（内含物以饱满状态为好），分离精巢和附睾。用灭菌滤纸吸去附睾上的血液，以手指前端捏住附睾尾两端，使膨大部向外并用眼科剪打开一个 1mm 左右的小口，挤出其中的精子团块。把精子团块迅速移入事先准备好的 TYH 培养液内保持 5～10min，使用另一解剖针把精子团块扒散，待团块完全分散后观察精子活力，放入二氧化碳培养箱内培养 1～2h。上述方法采集到的精子移入微小滴后浓度一般在 2000～3000 个/μl。

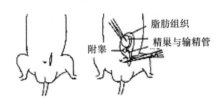

1. 开腹和精巢取出
左：手术纵切阴部侧的皮肤和肌肉(2cm)
右：切断输精管取出精巢和附睾

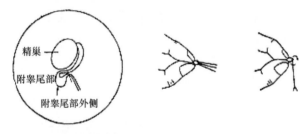

2. 附睾刺破和精液采集
左：采出的精巢、附睾和精液采取部位
中：用眼科剪切开附睾尾部外侧
右：用解剖针采取精液

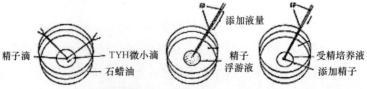

3. 精液制作
左：把精液移入TYH的培养液中，用别的解剖针缓慢地分散精子
中：用移液器吸引定量的精子原液
右：把精子原液移入受精培养用微小滴中

图 6-3 小鼠体外受精的精液采取和调制（菅原七郎，1986）

3. 采卵和受精处理

卵子的采集方法参照图 6-4。选择性成熟的雌性小鼠（2～3 月龄）皮下注射 PMSG 和人绒毛膜促性腺激素（hCG）进行超数排卵处理。hCG 注射 12～14h 后脱颈椎处死小鼠，开腹摘出子宫、卵巢和输卵管。用眼科剪剪断输卵管与卵巢和子宫角接合部，并把输卵管膨大部分离移入精液培养皿的液体石蜡油内。用一支解剖针固定输卵管膨大部一侧，同时用另一支解剖针刺破膨大部的壁。当输卵管膨大部被刺破时，卵丘细胞和卵子组成的团块（卵丘-卵母细胞复合体）流出，这时用解剖针引导这些细胞团块进入含有精子的培养液内。精子和卵子放到一起后，把培养皿置于二氧化碳培养箱内 4～5h 进行受精处理。

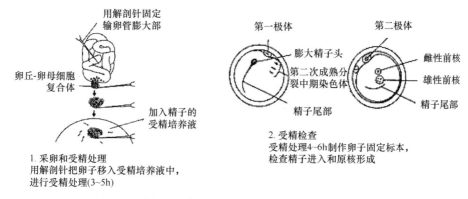

图 6-4　采卵、受精和受精检查处理（营原七郎，1986）

4. 受精检查

精子和卵子能否结合，也就是说受精处理是否成功，可以通过制作卵子固定标本进行检查。在正常情况下，小鼠精子侵入卵内至少需要 1h，受精处理 4h 后在大部分卵的细胞质内可以观察到雌雄原核的形成（图 6-4），这是受精成功的标志。卵子固定标本制作参照图 6-5。

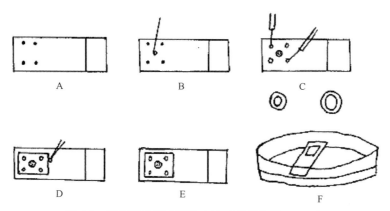

图 6-5　卵子固定标本制作方法（营原七郎，1986）

A：载玻片准备（在四角各点一滴石蜡-凡士林小滴）；B：把待检查的卵子和少量培养液移入石蜡-凡士林四角的中央；C：加盖玻片；D：适度压下盖玻片使卵子与盖玻片和载玻片接触；E：进一步压下盖玻片使卵子呈扁平状并从侧面加入固定液；F：把标本放入固定液内，固定处理 24h 以上

5. 受精卵的发育培养

根据研究需要,可以在受精处理后把卵子移入发育培养液(如 BO 液、CZB 液等)内,观察其在体外培养系统内的发育情况,并可进一步通过胚胎移植确认正常胎儿发育的可能性。

第二节 牛性别控制胚胎的体外生产技术

一、研究概况

1977 年日本的 Iritani 博士等利用子宫培养牛精子和体外成熟培养卵子进行体外受精试验,确认了精子穿入卵内的事实,给以家畜为对象的体外受精研究带来了希望。在此之前,体外受精技术只是作为一个基础研究范畴,有关其医学和畜牧产业方面的应用价值并未被一些研究人员所认识。1982 年 Brackett 等利用人工合成培养液处理精子,获能后用于体外受精(体内采集卵子),并通过移植产出首例试管小牛,从而使研究人员和社会舆论对体外受精技术的将来有了重新评价。本节就屠宰牛卵巢回收卵子的性控冻精体外受精技术进行简单介绍,以供读者参考。性控冻精的体外受精处理方法与普通冷冻精液基本相同,但是由于每支奶牛性控冻精的装管精子数仅为 200 万~220 万,因此在用于体外受精处理时,要根据卵子数量调整使用性控冻精的支数。另外,在使用性控冻精进行体外受精时,还要特别注意精液污染的发生情况,最好在使用前取同批精液样品进行培养确认。

二、药品试剂和器材设备

1. 药品试剂

卵回收液 BMOC-3(HEPES)缓冲液或 PBS,生理盐水,抗生素(青霉素、链霉素),TCM-199 培养液,灭活小牛血清或 BSA,液体石蜡,SOF 液(一种培养液),BO 液,人绒毛膜促性腺激素(hCG),FSH,雌二醇(E_2),肝素,钙离子载体 A23187,咖啡因。

2. 器材设备

CO_2 培养箱,立体显微镜,超净工作台,试剂配制用天平,纯水装置,受精卵操作用常规器具。

三、技术流程

1. 卵巢卵母细胞的采集和体外成熟培养

把从屠宰场采集的卵巢放入 35~37℃保温生理盐水中,尽量在短时间内(12h 以内)运回实验室处理。把卵巢上的脂肪和卵巢系膜等去掉,再用生理盐水冲洗 2 或 3 遍后进行卵子回收。卵子回收方法有多种，常见的为注射针吸引法、药匙穿刺法和卵巢切割法。从采卵数目来看，前两种方法基本相同，采集卵子的平均数为每个卵巢 5～10 个，卵巢切割法操作比较繁杂，但回收卵子数可以提高几倍，一般在卵巢数量较少时使用。在从卵泡回收卵子时，选择 2～5mm 的中等卵泡为对象，用 18# 标准针头进行吸引。卵泡过大或过小时异常卵子数增加，因此尽量回避或在成熟培养前捡出异常卵子。

从卵巢中回收的卵子不具备受精能力，需要在体外条件下进一步培养到可以受精的第二次成熟分裂中期（M Ⅱ 期卵母细胞），其主要标志是释放出第一极体，这个过程称为卵子的成熟培养（maturation culture）。采集后的牛卵子在体外条件下培养 22～24h，大部分可以观察到第一极体的释放（图 6-6 示成熟培养后的牛卵子释放出第一极体），体外受精处理一般在这个时间内进行。成熟培养液使用 TCM-199，外加 5%～10% FCS、0.02IU/ml FSH 和 1μg/ml E$_2$，也有研究者添加 hCG，激素的添加种类及浓度因研究室不同略有差异。卵子的成熟培养条件为 5% CO$_2$、95%空气、38～38.5℃，湿度调节至 90%以上。

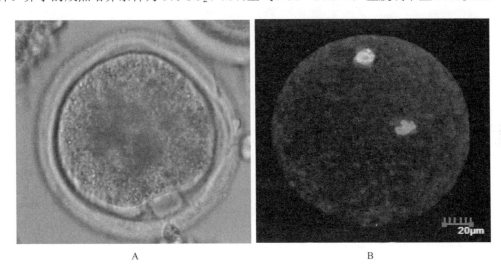

A	B

图 6-6 成熟培养后的牛卵子释放出第一极体（赛科星集团公司 2008 年拍摄）（彩图请扫封底二维码）
A：第二次成熟分裂中期卵子的光学照片；B：第二次成熟分裂中期卵子的荧光染色图

在对卵子进行成熟培养时要特别注意形态的选择。从卵巢中回收的卵子形态各种各样，根据其卵丘细胞覆盖程度、卵细胞质均匀状况可分为 A、B、C、D、E 五类，一般只把 A、B 类卵子用于成熟培养和体外受精。C、D、E 类卵子由于形态异常或卵变形，即使用于实验也得不到正确的数据，因此只在其他目的的研究试验使用或者废弃。卵子形态分类标准参照图 6-7。成熟培养时，每个微小滴的容量和培养卵子数量可根据实验灵活调整（10 个卵子/100μl 培养液）。在整个卵子操作和培养过程中，要特别注意保证所用器具和培养液的消毒、灭菌和无菌操作，一旦污染将导致整个实验失败。

2. 精子获能处理和体外受精

精子获能是哺乳动物受精时发生的普遍现象，这个过程包括精子的机能和形态上的一系列变化，但是精子是否获能在显微镜下不能确认，只有通过受精才能够检验。下面

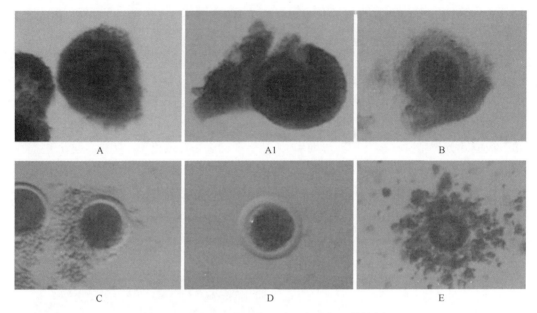

图 6-7　卵子的形态分类（2009 年李荣凤等拍摄）

A 和 A1：A 级卵子，细胞质均匀，卵丘细胞多而致密；B：B 级卵子，卵丘细胞少而疏松；C：C 级卵子，卵丘细胞半包被；D：D 级卵子，裸卵；E：E 级卵子，卵丘细胞扩散成蜘蛛网状的过成熟卵

介绍牛精子获能处理方法的概要。

（1）肝素（heparin）处理法

1）于 35～37℃温水浴内融化冷冻保存的细管精液（0.25ml 或 0.5ml 细管），切开封口，使精液流入离心管内。

2）离心管内添加 10ml BO-Caff（含 10mmol/L 咖啡因的 BO 液），充分混合后 5min 离心洗涤（1000r/min）。离心后去掉上清液，以同样的方法进行第二次离心洗涤。

3）精子浓度计测：把第二次离心洗涤后的上清液吸掉，加入 1ml 新鲜 BO-Caff 并混匀精液。准备 3% NaCl 盐水 4.95ml，添加 0.05ml 上述待计数精液制成精子计数液（充分搅匀）。取少量精子计数液滴入 3 或 4 枚血球计数板内（计数槽），在显微镜下计出每枚计数板 1mm^2 方格内的精子数。最后取各血球计数板计测精子数，平均值扩大 100 万倍即精液的精子浓度。

4）根据受精处理要求，计算出所用精子浓度的稀释倍数（500 万～1000 万/ml），然后用 BO-Caff 把精子浓度稀释至所需浓度的 2 倍，最后以等量添加含肝素（2IU/ml）的 BO-BSA 液把精子浓度调节到受精使用浓度范围。

5）体外受精处理：上述精液制成 0.5ml 的微小滴，覆盖液体石蜡后立刻将成熟培养卵子移入受精小滴内（移入前用受精液洗 2 或 3 次），放入 CO$_2$ 培养箱培养 5～6h 进行受精处理。

6）受精检查：受精检查对于体外受精处理并不是必须进行的程序，但是对于不同种牛精液来说，个体体外受精效果的差异很大，有必要进行受精检查。受精检查方法是把受精处理后 10～20h 的卵子去掉卵丘细胞，以 10 个左右为一组移到光学载玻片上（事先用甘油-凡士林做好 1cm^2 的四角格）、盖上盖玻片（厚度 0.15mm 左右），适度压下盖玻片使卵子处于固定状态后吹入固定液（乙醇∶乙酸=3∶1），然后将整个载玻片放入固定液内固定处理24h以上。固定后的卵子标本用1%地衣红-乙酸染色10～15min，再用乙酸-甘油（乙酸∶甘油∶水=1∶1∶3）洗去染色液，最后封起盖玻片在显微镜下观察精子穿入、原核形成情况。卵子标本的制作和检查操作模式参照图6-5。

7）发育培养：以胚胎移植为目的的体外受精胚胎需要培养6～8天，也就是使受精卵发育到桑椹胚～囊胚阶段。早期的研究一般使用HEPES缓冲后的TCM-199培养液(添加5%小牛血清或胎牛血清)培养牛体外受精卵。由于胚胎体外发育率低、活力差及移植后的妊娠率低等一系列问题，之后人们试图在培养液中添加各种营养成分或采用卵丘细胞、输卵管细胞共培养等方法尽量模拟胚胎在体内的生存环境，以期获得更为理想的胚胎发育效果。随着体外受精相关基础研究的不断深入，以及生产应用过程中胚胎冷冻保存和胚胎移植结果的信息反馈，目前，牛胚胎的发育培养多采用简单的化学合成培养基SOF或CR1等无血清培养系统。正常受精处理的卵裂率为60%～80%，其中20%～40%在体外条件下可发育到桑椹胚～囊胚阶段。牛体外受精过程中卵子的受精时间、初期胚胎发育时间，以及笔者早期和近期开展体外受精的试验结果见图6-8和表6-2～表6-4。

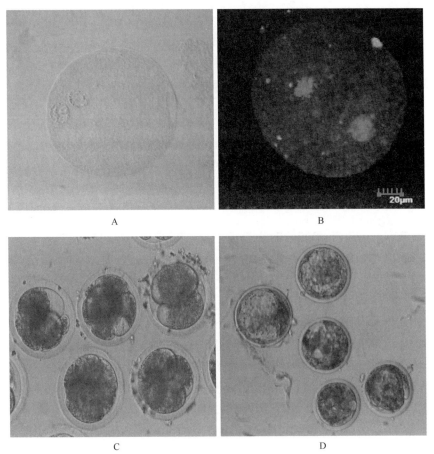

图6-8　奶牛性控冻精体外受精处理后的原核形成和胚胎发育（赛科星集团公司2008年拍摄）

（彩图请扫封底二维码）

A，B：原核形成；C，D：胚胎发育

表6-2 牛卵子的体外受精初期胚发育时间（旭日干，2004）

受精处理时间/h	初期胚胎发育阶段	受精处理时间	初期胚胎发育阶段
2～3	卵细胞质内精子侵入	68～76h	16细胞期
4～8	精子头部的膨大	5～6天	桑椹胚期
8～10	前核形成的开始	6～7天	囊胚期
24～28	2细胞分裂开始	7～9天	扩张囊胚期
38～44	4细胞期	9～10天	孵化囊胚期
48～53	8细胞期		

表6-3 成熟用培养基内添加不同激素、新鲜精子或冷冻精子
及牛品种间差异对牛体外受精效果的影响（旭日干等，1989）

组 别	检查卵子数/个	精子穿入卵子数/个				多精子穿入卵子数/个
		合计	单精子穿入卵子数			
			ESH	PN	2～8细胞胚	
hCG	220	175（79.54）	14（8.00）	51（29.14）	46（26.29）	64（36.57）
LH+E₂	159	152（95.59）	20（13.16）	93（61.18）	9（5.92）	30（19.74）
新鲜精子	379	327（86.28）	34（10.40）	144（44.03）	55（16.82）	94（28.75）
冷冻精子	159	48（30.18）	13（27.08）	30（62.50）	2（4.17）	3（6.25）
蒙古牛	290	265（91.38）	28（10.57）	99（37.36）	52（19.62）	86（32.45）
黑白花牛	89	62（69.66）	6（9.68）	45（72.58）	3（4.83）	8（12.90）

注：ESH.膨大的精子头部；PN.雌雄原核形成；括号内数据表示该类卵子占合计的百分数

表6-4 添加牛输卵管液和子宫液浓度的氨基酸对牛体外受精胚胎发育的影响（Li et al., 2006）

发育液	IVF的卵子数/个	卵裂数/个	8细胞胚胎数/个	囊胚数/个	孵化囊胚数/个
EOAA	90	63（70.0）	49（54.4）	22（24.4）	15（16.7）
LUAA	87	60（69.0）	44（50.6）	21（24.1）	12（13.8）
EOAA-LUAA（48h）	92	69（75.0）	44（47.8）	17（18.5）	10（10.9）
EOAA-LUAA（72h）	91	70（76.9）	48（52.7）	27（29.7）	16（17.6）
EOAA-LUAA（96h）	92	68（73.9）	52（56.5）	22（23.9）	15（16.3）
EOAA-LUAA（120h）	92	67（72.8）	47（51.1）	21（22.8）	14（15.2）

注：EOAA.添加牛输卵管液浓度氨基酸的SOF液（输卵管液中氨基酸浓度由日本学者Elhassan分析测定）；LUAA.添加牛子宫液浓度氨基酸的SOF液（子宫液中氨基酸浓度由李荣凤等分析测定）；EOAA-LUAA（48h）.胚胎首先在EOAA中培养48h，然后转入LUAA中继续培养；同样的解释适用于EOAA-LUAA（72h）、EOAA-LUAA（96h）和EOAA-LUAA（120h）。后四列括号内数据分别表示该类胚胎占IVF的比例，单位为%

（2）钙离子载体处理法（钙离子Ionophore A23187）

精液离心洗涤与肝素处理法完全相同，不同的是以Ionophore A23187来代替肝素诱导精子获能。解冻后的精液经BO-Caff离心洗涤两次后，加入新鲜BO-Caff，调节精子浓度至所需浓度后，取995μl精液加入小试管内，加入预先配好的钙离子载体浓储液5ul，立即混匀供授精处理使用。在这里要特别注意Ionophore浓度和处理时间的准确计算。根据种牛个体差异，Ionophore精子获能诱发的有效浓度控制在0.2～0.5μmol/L，处理时间为1min，研究者可根据自己的实验情况进行对照，找出供试种牛的最佳处理条件。

四、奶牛性控冻精体外受精研究

1. 卵母细胞的成熟培养

本试验应用抽吸采卵法从 47 个卵巢共收集各等级牛卵母细胞 310 个（A 级：卵丘细胞层完整且致密，一般为 4～6 层，细胞质均匀；B 级：卵丘细胞层较少，一般为 2～4 层；C 级：卵丘细胞层不全），平均每个卵巢能采集可培养的卵母细胞 6.6 个。各级别的卵母细胞成熟率见表 6-5。结果显示，A 级别卵母细胞的成熟率高于其他两组。

表 6-5　牛各等级卵母细胞的成熟率比较

卵母细胞等级	卵母细胞数/个	第一极体释放卵母细胞数/个	卵母细胞成熟率
A	123	116	94.3%[a]
B	114	97	85.1%[b]
C	73	49	67.1%[c]

注：赛科星集团公司 2008 年收集整理。a 与 b 对比：$P<0.05$；a 与 c 对比：$P<0.01$；b 与 c 对比：$P<0.01$

2. BO 液和 Percoll 法处理精子效果比较

分别用 BO 液法和 Percoll 法处理牛分离精子，比较这两种方法处理牛分离冷冻精液对卵母细胞卵裂率及囊胚率的影响，结果见表 6-6。结果显示，用 BO 液和 Percoll 法处理牛分离冷冻精液后，牛卵母细胞卵裂率分别为 45.2%、50.3%，囊胚率分别为 10.2%、12.8%，均无显著差异。

表 6-6　不同精子处理方法对卵裂与胚胎发育的影响

处理方法	卵母细胞数/个	卵裂卵数/个（卵裂率）	囊胚数/个(囊胚率)
BO 液处理法	177	80 (45.2%)[a]	18 (10.2%)[a]
Percoll 处理法	195	98 (50.3%)[b]	25 (12.8%)[b]

注：赛科星集团公司 2008 年收集整理。同列 a 与 b 对比：$P>0.05$

3. 分离和未分离精子体外受精后的原核形成率与受精效果的比较

分离和未分离精子体外受精后的原核形成率、卵裂率、8 细胞胚率及囊胚率等试验结果见表 6-7。分离精子的原核形成率、卵裂率与未分离精子组比较都显著降低，但 8 细胞胚率与未分离精子组相比有显著差异。

表 6-7　分离和未分离精子体外受精后的原核形成率与受精效果的比较

精子类型	卵母细胞数/个	形成原核的胚胎数/个（原核形成率）	卵裂卵数/个（卵裂率）	8 细胞胚数/个（8 细胞胚率）	囊胚数/个（囊胚率）
未分离	360	287(79.7%)[a]	271(75.3%)[c]	140(38.9%)[c]	82(22.8%)[e]
分离	375	254(67.7%)[b]	253(67.5%)[d]	117(31.2%)[d]	69(18.4%)[f]

注：赛科星集团公司 2008 年收集整理。同列 a 与 b 对比：$P<0.01$；c 与 d 对比：$P<0.05$；e 与 f 对比：$P>0.05$

4. 来自不同种公牛不同类型精子受精后的卵裂率与胚胎发育情况

表 6-8 显示了不同种公牛不同类型精子受精后的卵裂率与囊胚率。3 头种公牛分离冻精的卵裂率极显著低于未分离冻精的卵裂率（$P<0.01$）。用分离冻精受精后 2 号种公牛受精卵的卵裂率均显著高于 1 号和 3 号种公牛（$P<0.05$），但 1 号和 3 号之间的卵裂率无差别。用分离冻精受精后 2 号种公牛受精卵的囊胚率显著高于 1 号种公牛的囊胚率，但 1 号与 3 号、2 号与 3 号之间的囊胚率无差别（$P>0.05$）。上述统计分析说明，来自不同种公牛分离冻精的体外受精效果存在个体差异（表 6-8）。

表 6-8 不同种公牛不同类型精子受精后的卵裂率与胚胎发育情况

公牛	精子类型	卵母细胞数/个	卵裂卵数/个（卵裂率）	囊胚数/个（囊胚率）
1	未分离鲜精	120	86(71.6%)	22(18.3%)
	未分离冻精	197	126(64.0%)[*]	33(16.8%)
	分离鲜精	212	73(34.4%)	17(8.0%)
	分离冻精	210	87(41.4%)[a]	16(7.6%)[a]
2	未分离鲜精	179	144(80.4%)	49(27.4%)
	未分离冻精	136	91(66.9%)[*]	26(19.1%)
	分离鲜精	206	149(72.3%)	41(19.9%)
	分离冻精	258	135(52.3%)[b]	35(13.6%)[b]
3	未分离鲜精	132	90(68.2%)	27(20.5%)
	未分离冻精	209	126(60.3%)[*]	34(16.3%)
	分离鲜精	184	108(58.7%)	32(17.4%)
	分离冻精	219	94(42.9%)[c]	28(12.8%)[c]

注：赛科星集团公司 2008 年收集整理。同一种公牛卵裂率*与 a、*与 b、*与 c 对比：$P<0.01$。不同种公牛卵裂率 a 与 b 对比：$P<0.05$，a 与 c 对比：$P>0.05$，b 与 c 对比：$P<0.05$；不同种公牛囊胚率 a 与 b 对比：$P<0.05$，a 与 c 对比：$P>0.05$，b 与 c 对比：$P>0.05$

5. 分离与未分离精子体外受精囊胚的细胞数比较

以细胞数为指标，对两种胚胎的囊胚质量进行评价，所用胚胎均为早期囊胚。来自分离精子的性控囊胚与来自未分离精子的普通囊胚的内胚团细胞数分别为 29.5 个、35.8 个，细胞总数分别为 105.6 个、111.4 个，两者之间在细胞总数与内胚团细胞数上无显著差异，见表 6-9 和图 6-9。

表 6-9 分离与未分离精子体外受精囊胚的细胞数比较

胚胎类型	胚胎数/个	胚胎细胞总数/个	内细胞团细胞数/个	滋胚层细胞数/个	内细胞团细胞数占总数的比例/%
性控胚胎	29	105.6±20.4[a]	29.5±10.5[a]	76.1±15.9	27.9±7.0
普通胚胎	36	111.4±19.2[b]	35.8±9.3[b]	75.6±18.3	32.1±9.1

注：赛科星集团公司 2008 年收集整理。同列 a 与 b 对比：$P>0.05$

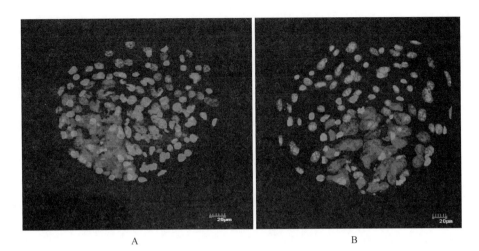

图 6-9　双重荧光染色测定牛体外受精囊胚的细胞数（彩图请扫封底二维码）

A：普通冻精-体外受精发育囊胚；B：性控冻精-体外受精发育囊胚

（蓝色：内胚团细胞；红色：滋胚层细胞）

第三节　羊性控胚胎的体外生产技术

一、研究概况

绵羊是人们最早开展体外受精研究的家畜。1959 年，Dauzier 等利用从交配后母羊生殖道采集的精子和排卵卵子进行体外受精，得到了原核期受精卵。20 世纪 80 年代初期，绵羊和山羊的体外受精研究大量涌现。1984 年，旭日干和花田章在绵羊、山羊射出精子体外诱导获能研究中取得重大突破，并成功培育出世界第一例试管山羊。此后不久，英国和法国等在绵羊的体外受精研究中也相继获得产羔结果。经过 20 年的发展，山羊、绵羊体外受精及其相关技术已经比较完善，在畜牧养殖业中发挥了重要作用（表 6-10 和表 6-11 列举了国际上羊体外受精研究的早期结果）。下面以目前采用较多的屠宰后卵泡卵子的体外受精操作为例，介绍羊体外受精的处理方法。

表 6-10　绵羊卵泡卵子的体外成熟培养早期研究结果

研究者/年份	培养液	培养时间/h	成熟率/%
Edwards/1965	Maymouth TCM-199	46	57
Quirke/1971	Growth 绵羊卵泡	4～47 19～51	30 4
Crosby/1971	Growth 绵羊卵泡 绵羊卵泡 绵羊卵泡	24 25～27 28～30 48	18 36 46 50
Moor/1977	TCM-199+15%FCS	24	52
Snyder/1988	Ham F-10	—	50
Dahlhausen/1980	修正 Ham F-10	28	54
Moor/1985	TCM-199+10%FCS +FSH+LH+E$_2$	24 26	58 81
Cheng/1985	TCM-199+10%FCS +FSH+LH+E$_2$	24～30 24～26	82～89 91～95

表 6-11　绵羊卵泡卵子的体外受精早期研究结果

研究者/年份	卵子	精子获能处理	培养法	结果
Thibault/1961	排卵卵子	子宫内	Kreba-Ringer 液+血清	2 细胞
Kraemer/1966	排卵卵子	输卵管内	Kreba-Ringer 液	精子侵入确认
Bondioli/1980	排卵卵子	体外	合成培养液	精子侵入，分裂
Dahlhausen/1980	体外成熟	体外	Ham F-10+15%血清	第二极体放出
Bondioli/1981	排卵卵子	HIS	—	精子侵入确认
Bondioli/1982	排卵卵子	家兔子宫	—	精子侵入，分裂
Bondioli/1983	卵泡卵子	体外	—	精子侵入，分裂
Cheng/1985	体外成熟	体外（高 pH）	BMOC-2	分裂，移植产子
Hanada/1986	排卵卵子	体外（钙离子载体）	—	分裂，移植产子
Fukui/1991	体外成熟	体外（高 pH）	TCM-199+10%FCS	2～16 细胞
Shorgan/1989	体外成熟	体外（钙离子载体）	合成培养液	分裂，移植产子
Pugh/1991	体外成熟	冻结融解精子	修正 Brackett 液+20%血清	分裂，移植产子

二、药品试剂和器材设备

1. 药品试剂

生理盐水，PBS，发育培养系统（TCM-199、BPM-G、BMOC-3、SOF），BO 液，FCS，BSA，抗生素（青霉素、链霉素），FSII，LH，液体石蜡。

2. 器材设备

使用的仪器、设备与小鼠和牛体外受精所需基本相同。

三、技术流程

下面从活体超数排卵采卵和屠宰采卵两种方式简要介绍山羊、绵羊体外受精技术的操作流程要点。

1. 羊的超数排卵和体外受精

（1）超数排卵处理

选择 45～110 日龄的羔山羊作为超排供体。超数排卵处理采用 FSH+LH 法，连续三天早晚各一次以递减方式注射 FSH（总剂量 40～70IU）。

（2）卵母细胞的采集

第 6 次注射 FSH 后 48h 左右进行采卵处理。先将供体羔羊空腹 16h 后，用戊巴比妥钠（0.02mg/kg 体重）进行麻醉，以常规手术法采卵。采卵液为 PBS+1IU/ml 肝素，用装有 18＃针头的注射器从 2～5mm 的发育卵泡内吸取卵母细胞。

（3）卵母细胞的体外培养

将带有完整卵丘细胞的卵母细胞于 39℃、5% CO_2 培养箱内培养 20～28h。成熟培养液为 TCM-199，并添加 5IU/ml 的 hCG、1μg/ml 雌二醇（E$_2$）和 10% FCS。

（4）精子获能和受精处理

精液可采用新鲜或冷冻两种，处理方法基本相同。先将含有 2mmol/L 咖啡因的 BO 液稀释并两次离心洗涤（2000r/min，5min），然后将精子浓度调至 20×10^6～30×10^6 个/ml 使用。获能处理用 0.5μmol/L Ionophore A23187（IA）处理 1min 或在添加 50mg/ml 肝素的获能培养液中处理 6～8h。受精处理时先将成熟培养的卵子移到含有 2mmol/L 咖啡因、20mg/ml BSA 的微小滴（50μl）中，再加上等量的获能处理精子（10 个卵子/50μl 微小滴）。

（5）受精卵的发育培养

受精处理 6～8h 后把卵子移入发育液内进行发育培养，培养条件与成熟培养相同（TCM-199）。根据实验目的可以在一定时间进行受精情况检查（10～20h）、卵裂检查（48h）或继续培养到桑椹胚～囊胚阶段。

根据研究人员各自的情况，上述山羊体外受精的处理方法有所不同，如获能处理（Ionophore A23187、肝素、高渗液等）、发育培养系统（TCM-199、BPM-G、BMOC-3、SOF 等），但从结果来看没有明显差别。表 6-12 为羔山羊受精卵发育及体外受精的部分结果。目前，笔者的研究组利用体外受精和胚胎移植技术在内蒙古实施绒山羊的繁殖和育种试验，并取得了较好的结果。

表 6-12　羔山羊卵泡卵子的成熟培养和体外受精（旭日干等，1996）

成熟培养时间/h	供试卵数/个	分裂卵数/个	2～4 细胞数/个
12	40	5（12.5%）	4（10.0%）
16	62	23（37.1%）	23（37.1%）
18	60	30（50.0%）	30（50.0%）
20	51	21（41.2%）	21（41.2%）
24	40	12（30.0%）	10（25.0%）

注：后 2 列括号内数据表示该类卵数或细胞数占供试卵数的比例

2. 屠宰绵羊卵巢卵子体外受精

（1）卵巢卵母细胞的采集和成熟培养

从当地屠宰场回收屠宰母羊的卵巢，并放入保温（35～37℃）生理盐水内带回实验室（2～6h）。用 18# 注射针头从卵巢表面的卵泡（直径 2～5mm）中抽取卵泡液和卵子，集中后用于成熟培养。卵子回收液通常使用添加 3mg/ml BSA 的 PBS（加少量的肝素防止采卵时出血导致的卵泡液凝集）。卵子的成熟培养使用含有 10mmol/L HEPES 的 TCM-199 培养液，使用前加入 10% FCS、20μg/ml hCG 和 1μg/ml E$_2$，做成 500μl 的微小滴，每个微小滴中移入 50 个卵子。成熟培养条件为 39℃、5% CO$_2$，培养时间为 24～26h。

（2）精子获能及受精处理

精液可使用冷冻和鲜精两种，获能处理方法相同。将新鲜或解冻精液用含有 10 mmol/L 咖啡因的 BO 液（不含 BSA）稀释后，离心洗涤 2 次（2000g、3min），然后把精子浓度

调至 $20 \times 10^6 \sim 30 \times 10^6$ 个/ml,并用含 0.2μmol/L 的 Ionophore A23187 处理 1min 后用于受精。选择成熟培养后形态正常的卵子用于体外受精处理。其方法是先把卵子移入含有 0.5mmol/L 咖啡因、20mg/ml BSA 的 BO 液微小滴内(10 个卵/50μl),再加入等量的获能处理精子,然后放回 CO_2 培养箱内培养 6~10h。

（3）受精卵的发育培养和移植

受精处理后的卵子移入发育培养液内进行 6~8 天的发育培养。发育培养液仍为含有 10mmol/L HEPES 的 TCM-199 添加 10% FCS(NSS)、120μg/ml 丙酮酸钠,培养条件与成熟培养相同。如果观察受精情况,可在受精处理后 10~20h 把卵子固定、染色,处理方法参照上述章节。发育培养 6~8 天时可观察到囊胚出现。进行胚移植时,2~8 细胞阶段的胚胎采用手术输卵管移植,桑椹胚-囊胚采用手术子宫移植。在笔者的研究中,屠宰绵羊卵巢卵母细胞的体外受精开始于 1986 年,对受精和受精卵的培养等各种基础条件进行了探讨,并建立了较为完整的体外受精技术流程,1989 年成功地诞生了我国首例试管绵羊。

第四节　应用情况、存在的问题及发展前景

体外受精是生物技术的重要组成部分,是以动物生殖细胞和胚胎为主要研究对象,结合卵母细胞成熟、受精与胚胎体外发育机制研究的生殖生物技术。随着现代生物技术的发展,体外受精、胚胎移植和性别控制等一系列高新生物技术的应用使得动物生产速度更快、性能更好、准确性更高,给畜牧业带来了巨大的经济效益和社会效益,为其产业化发展提供了强大的动力和竞争力。另外,随着试管婴儿生产技术的日益成熟,体外受精技术也被广泛应用于人类的不孕症治疗领域。下面就体外受精技术的应用情况、存在的问题和发展前景加以简单论述。

一、体外受精技术的应用情况

1. 生殖机理研究

体外受精是在生殖生物学理论不断发展与完善的基础上成熟起来的生殖生物工程技术。体外受精技术由卵母细胞体外成熟、精卵结合和胚胎体外发育等几项核心技术组成,所以该技术成为受精和早期胚胎体外发育机理研究的具体有效的实验手段。利用这一手段,人们对动物生殖机理有了更加深入的了解,如卵母细胞发生过程中的核质成熟机制、颗粒细胞与透明带在阻止多精受精过程中的作用,以及多种细胞因子在胚胎发育过程中的互作等。

2. 促进其他胚胎生物工程技术的发展

体外受精技术与其他胚胎生物工程技术之间存在相辅相成的关系。就整个配子与胚胎生物工程技术的发展而言,体外受精技术已成为一项最为基本而又核心的关键技术,它可为核移植、转基因和胚胎性别控制等技术提供丰富的实验材料和必要的实验手段,

为其研究和开发创造必要的条件。反过来，这些技术的发展又为体外受精技术的开发应用创造更为广阔的前景。

3. 加快家畜的良种化进程和动物资源保存

体外受精技术是规模化生产良种胚胎的一项非常有效的技术。通过体外受精技术，充分利用从屠宰场收集的优良品种资源，可以低成本和高效地生产胚胎。另外，结合活体采卵技术，可反复从良种动物体内采集卵母细胞生产胚胎，使良种动物的繁殖潜力得到充分发挥，还可以缩短其繁殖周期，加快品种改良的速度。体外受精为胚胎生产的商业化提供了保证。体外受精技术结合超数排卵技术，还能使性成熟前的幼龄动物繁殖后代，这将大大地缩短世代间隔，加快动物的育种进程。随着研究的进一步深入，体外受精技术对于一些濒危动物和优良家畜品种的后代扩繁、国际品种交流、品种资源保存均有重要的应用价值。

4. 人类生殖不孕治疗

"试管婴儿"的诞生为人类不孕症患者带来了福音。这项技术现已成为临床治疗不孕症的一项常规技术。人们发现，人卵巢中许多小卵泡卵母细胞在一定条件下仍具有发育、成熟及受精的潜能。通过模拟卵母细胞体内成熟环境进行受孕操作，体外受精技术可以用于治疗由多囊卵巢综合征导致的不孕不育。同时，体外受精也是解决精子稀少不孕症的有效技术手段。

二、体外受精技术存在的问题

1. 卵母细胞来源及质量

体外受精技术遇到的第一个问题便是卵巢卵母细胞的来源及质量。如何将更多具有优良发育潜能的未成熟卵母细胞用于体外受精，是体外受精操作中首先要解决的问题。除母牛品种、个体差异及操作者取卵的熟练程度等因素外，研究者必须在卵子培养之前，对所回收的卵巢卵母细胞进行质量筛选和分级。目前卵丘细胞的存在对于卵母细胞成熟的重要性已获得普遍共识，但胚胎生产中在选择优质卵母细胞的具体外观形态标准上仍存有争议，如卵丘细胞层数、卵母细胞细胞质不均质等形态指标与发育能力的关系的认识上等。不仅如此，如果能再开发利用腔前卵泡卵母细胞，就可能从一头家畜卵巢中获得上百枚卵子。目前国内外已有研究者着手进行这方面的研究。

2. 卵母细胞成熟培养

卵巢卵母细胞必须经过体外成熟培养后才能用于体外受精。在哺乳动物卵巢表面可见卵泡中回收的卵母细胞在体外条件下的自发核成熟过程，这可以被明显地观察和记录。但卵母细胞的细胞质成熟就要复杂得多，在这一过程中不仅有多种细胞器、皮质颗粒和放射冠细胞位置等细胞超微结构的改变，还发生了诸多渐变的细胞质内部的生理生化变化，这些变化很难被直观地标记出来，所以细胞质成熟鉴定较为困难。而要使卵母细胞在体外成功地受精并发育至可移植胚胎阶段，卵母细胞仅仅发生核成熟是不够的，因为体外核成熟的完成并不能保证细胞质的正常成熟。众多学者认为，卵母细胞在成熟培养过程中的退化及细胞质的不完全成熟是造成体外受精胚胎生产效率较低的主要原因。尽管多年来在牛、羊卵母细胞体外成熟、体外受精与受精胚胎发育培养系统的优化研究方面已取得很大进展，所采用的培养系统能使 90%以上的卵母细胞发育成熟，有 80%的卵子完成正常受精和卵裂，但其中仅有 30%～40%来源于屠宰场卵巢的卵母细胞能发育到可供移植的囊胚阶段，这可能与卵细胞质的成熟不充分有关，因此尚需我们在认真认识和探索卵母细胞核质同步成熟的基础上，对目前的成熟培养系统做进一步改进和完善。

3. 体外受精过程中的问题

体外受精过程中最常遇到的问题就是精子的迁移和获能问题。一般 IVF 中使用的精子是经过几次离心洗涤获得的，而在洗涤过程中难免会造成精子的流失。而分离洗脱等操作不但会降低精子细胞膜的稳定性而导致提前获能，从而降低精子的活率和活力，而且会给精子带来一定的机械物理损伤，从而导致分离以后精子的活率和直线运动能力降低。此外，由公牛品种、季节、个体遗传及体质所引起的个体差异也是体外受精时不容忽视的一个因素。许多研究反复证明，精液的个体差异对体外受精率及胚胎的早期发育均有一定影响，因此，在工厂化生产 IVF 胚的过程中，对种牛精液进行受精力的测定是非常必要的。

4. 胚胎体外培养过程中的问题

目前对卵母细胞和早期胚胎的发育调节机制还不是很清楚，体外受精生产胚胎的效率仍然偏低。首先是囊胚发育率低，目前有记录的牛羊体外受精胚胎的囊胚发育率为20%～40%，其次是胚胎细胞数量较少，这可能与体外培养条件不够完善有关。进一步优化胚胎体外培养条件有助于生产高质量的桑椹胚或囊胚，目前主要采用以下方法：一是与体细胞（卵丘细胞、颗粒细胞）或体细胞条件化培养液共同培养；二是改进培养液成分，如在培养液中添加生长因子、营养物质（如丙酮酸和乳酸、牛磺酸和亚牛磺酸等），调整无机盐离子浓度及不同血清种类，或者使用合理的氨基酸配比。近年来，有的学者报道利用活性氧（ROS）克服胚胎发育阻滞，但这一课题还有待进一步研究。

与体内回收胚胎相比，体外受精胚胎移植后存在母畜产犊率低和胎儿出生体重偏高等问题，这些问题可能与上面所述的体外受精技术本身存在的问题直接相关。

三、体外受精技术的发展前景

利用体外受精技术可以深入地研究卵母细胞成熟和胚胎发育的分子机制，通过加强对腔前卵泡培养、家畜活体采卵（OPU）技术的研究，有效地利用优良母畜的遗传资源。此外，随着对牛早期胚胎体外发育过程中基因组的变化、细胞周期的调节及能量代谢机制等的深入研究，将为进一步改进体外培养系统、提高囊胚的体外发育率和胚胎质量等提供可靠的理论依据。因此，今后研究的重点仍然是进一步改进卵母细胞及早期胚胎的体外培养系统，从而提高卵母细胞体外成熟培养的质量，提高受精率及体外受精胚胎的发育率，为体外受精技术的商业化应用奠定坚实的基础。

体外受精技术可以推动优良家畜品种的商业化。该技术可以根据市场需求定向生产奶牛或肉牛。在利用高性能公畜方面，体外受精技术也能够得心应手。体外受精成本非常低，在胚胎移植时根据受体的黄体检查，实施双侧子宫角胚胎移植而使母畜产下双胎，这在实际生产中能够产生更大的经济效益。

探讨生命起源、个体发生机理一直是生命科学研究的重要课题，同时也是促进人类健康的终极目标。随着近 10 年生物技术手段的不断进步，可以重新探讨、认识这些生命科学老话题，目前世界各国科学家对受精、早期胚胎发育的研究已进入以分子手段、遗传调控为主的新阶段。在家畜卵母细胞体外成熟培养、体外受精及早期胚胎体外发育等领域所取得的进展，为该技术在畜牧生产及其他生物技术研究中的应用打下了良好的基础，体外受精技术不但能够为家畜的转基因技术提供大量的低成本胚胎，而且促进了相关生物技术（如动物克隆技术）的发展。作为受精生物学、细胞生物学和发育生物学等基础科学研究，以及家畜育种改良和良种扩繁的重要手段，体外受精技术将在理论研究和生产实践中发挥越来越重要的作用。另外，随着干细胞技术的不断进步，以胚胎或成体干细胞、基因编辑、动物克隆为技术手段的家畜育种新技术已经显示出非常明显的技术优势与广阔的产业应用前景。例如，赛科星集团公司正在进行的"性别控制家畜培养项目"，就是面向性别控制技术的产业升级，采用体外受精胚胎或成体细胞诱导干细胞，通过基因编辑技术选择性调控、克隆培育只有 X 或 Y 精子具有受精能力的"性别控制家畜"，这项研究目前已经取得了关键性技术进展，有希望在未来 2 年内率先在奶山羊上进入产业示范应用阶段。

参 考 文 献

陈大元. 2000. 受精生物学. 北京: 科学出版社.

冯怀亮. 1994. 哺乳动物胚胎工程. 长春: 吉林科学技术出版社.

花田章, 旭日干. 1984. 日本畜产学会第 75 回大会演讲要旨.

花田章, 旭日干. 1985. 日本畜产学会第 77 回大会演讲要旨.

李荣凤, 细江实佐, 盐谷康生, 等. 2002. 牛体外受精胚抗冻性原因初探. 中国农业科学, 35(9): 1125-1129.

李荣凤, 于彦珠, 温立华, 等. 2002. 牛体外受精胚胎成分明确培养系统的建立. 内蒙古大学学报(自然科学版), 35(5): 563-566.

旭日干. 1990. 山羊绵羊卵子的体外受精. 呼和浩特: 内蒙古人民出版社.

旭日干. 2004. 旭日干院士研究文集. 呼和浩特: 内蒙古大学出版社.

旭日干, 张锁链, 刘东军, 等. 1996. 中国内蒙古若齢カシミヤ山羊の体外受精に関する研究. 日本胚移植研究会誌, 19: 1-6.

旭日干, 张锁链, 薛晓先, 等. 1989. 屠宰母牛卵巢卵母细胞体外受精与发育的研究. 畜牧兽医学报, 20(3): 193-198.

菅原七郎. 1986. 哺乳动物发生工学实验法. 东京: 日本学会出版社.

Austin C R. 1951. Observations on the penetration of the sperm into the mammalian egg. Sci Res, 4: 581-596.

Austin C R. 1952. The capacitation of mammalian sperm. Nature, 170: 326.

Austin C R. 1985. 4-Sperm maturation in the male and female genital tracts. Biology of Fertilization, 1985: 121-155.

Bondioli K R, Allen R L, Jr W R. 1982. Induction of estrus and superovulation in seasonally anestrous ewes. Theriogenology, 18(2): 209-214.

Bondioli K R, Jr W R. 1980. Influence of culture media on *in vitro* fertilization of ovine tubal oocytes. Journal of Animal Science, 51(3): 660.

Bondioli K R, Jr W R. 1983. *In vitro* fertilization of bovine oocytes by spermatozoa capacitated *in vitro*. Journal of Animal Science, 57(4): 1001-1005.

Brackett B G, Bousquet D, Boice M L, et al. 1982. Normal development following *in vitro* fertilization in the cow. Biol Reprod, 27(1): 147-158.

Brackett B G, Oliphant G. 1975. Capacitation of rabbit spermatozoa *in vitro*. Biol Reprod, 12: 260-274.

Chang M C. 1959. Fertilization of rabbit ova *in vitro*. Nature, 84: 466-467.

Cheng W T K. 1985. *In vitro* fertilization of farm animal oocytes. Agricultural & Food Research Council Cnaa, CNAA Ph D. thesis.

Crosby T F, Gordon I. 1971. Culture and fertilization of sheep ovarian oocytes: II. Timing of nuclear maturation in oocytes cultured in growth medium. Journal of Agricultural Science, 76(3): 373-374.

Dahlhausen R D, Dresser B L, Ludwick T M. 1980. *In vitro* maturation of prepubertal lamb docytes and preliminary report on fertilization and cleavage. Theriogenology, 13(1): 93.

Dauzier L, Thibault C. 1959. New data on the *in vitro* fertilization of rabbit and ewe ova. C R Hebd Seances Acad Sci, 248(18): 2655-2656.

Edwards R G. 1965. Maturation *in vitro* of mouse, sheep, cow, pig, rhesus monkey and human ovarian oocytes. Nature, 208(5008): 349-351.

Fukui Y, Mcgowan L T, James R W, et al. 1991. Factors affecting the *in-vitro* development to blastocysts of bovine oocytes matured and fertilized *in vitro*. Journal of Reproduction & Fertility, 92(1): 125.

Hanada A. 1985. *In vitro* fertilization in sheep. Jpn J Anim Reprod, 31(5): 21-26.

Hanada A, Enya Y, Suzuki T. 1986. Birth of calves by nonsurgical transfer of *in vitro* fertilized embryos obtained from oocytes matured *in vitro*. Jpn J Anim Reprod, 32(4): 208.

Hanada M, Shimoyama M. 1986. Influence of fetal calf serum on growth-inhibitory activity of human recombinant gamma-interferon (GI-3) *in vitro*. Japanese Journal of Cancer Research Gann, 77(11): 1153.

Iritani A, Niwa K. 1977. Capacitation of bull spermatozoa and fertilization *in vitro* of cattle follicular oocytes matured in culture. Reprod Fertil, 50(1): 119-121.

Leibfried-Rutledge M L, Crister E S, First N L. 1986. Effects of fetal calf serum and bovine serum albumin on *in vitro* maturation and fertilization of bovine and hamster cumulus-oocyte complexes. Biol Reprod, 35(4): 850-857.

Li R, Wen L, Wang S, et al. 2006. Development, freezability and amino acids consumption of bovine embryos cultured in synthetic oviductal fluid (SOF) medium containing amino acids at oviductal or uterine fluid concentrations. Theriogenology, 66: 404-414.

Li X H, Hamano K, Qian X, et al. 1999. Oocyte activation and parthenogenetic development of bovine oocytes following intracytoplasmic sperm injection. Zygote, 7: 233-237.

Miyamato H, Chang M C. 1973. *In vitro* fertilization of rat eggs. Nature, 241(2584): 50-52.

Moor R M, Crosby I M. 1985. Temperature-induced abnormalities in sheep oocytes during maturation. Journal of Reproduction & Fertility, 75(2): 467.

Moor R M, Trounson A O. 1977. Hormonal and follicular factors affecting maturation of sheep oocytes *in vitro* and their subsequent developmental capacity. Journal of Reproduction & Fertility, 49(1): 101.

Mukerji S, Mukherjee S, Bhattacharya S K. 1978. The feasibility of long term cryogenic freezing of viable human embryos—a brief pilot study report. Indian J Cryogenics, 3(1): 80.

Newcomb R, Christie W B, Rowson L E. 1978. Birth of calves after *in vivo* fertilisation of oocytes removed from follicles and matured *in vivo*. Vet Rec, 102(21): 461-462.

Parrish J J, Susko-Parrish J L, Leibfried-Rutledge M L, et al. 1986. Bovine *in vitro* fertilization with frozen-thawed semen. Theriogenology, 25(4): 591-600.

Pugh P A, Fukui Y, Tervit H R, et al. 1991. Developmental ability of *in vitro* matured sheep oocytes collected during the nonbreeding season and fertilized *in vitro* with frozen ram semen. Theriogenology, 36(5): 771-778.

Quirke J F, Gordon I. 1971. Culture and fertilization of sheep ovarian oocytes: III. Evidence on fertilization in the sheep oviduct based on pronucleate and cleaved eggs. Journal of Agricultural Science, 76(3): 375-377.

Rock J, Menkin M F. 1944. *In vitro* fertilization and cleavage of human ovarian eggs. Science, 100(2588): 105-107.

Shettles L B. 1954. Studies on living human ova. Trans N Y Acad Sci, 17(2): 99-102.

Shorgan B, Zhang S, Xue X, et al. 1999. *In vitro* development of ovine oocytes matured and fertilized *in vitro* and lambing after embryo transfer. Japanese Journal of Animal Reproduction, 36: 225-230.

Shorgan B. 1984. Fertilization of goat and ovine ova *in vitro* by ejaculated spermatozoa after treatment with Ionophore A 23187. Nippon Veterinary and Zootechnical College Ph D. thesis.

Snyder T, Delcastillo J, Graff J, et al. 1988. Heterotopic pregnancy after *in vitro* fertilization and ovulatory drugs. Annals of Emergency Medicine, 17(8): 846-849.

Steptoe P C, Edwards R G. 1978. Birth after implantation of a human embryo. Lancet, 2: 366.

Thibault C, Dauzier L, Gérard M, et al. 1961. Analyse des conditions de la fecondation in vitro de l'oeuf de la Lapine. Annales De Biologie Animale Biochimie Biophysique, 1(3): 277-294.

Whittingham D G. 1968. Fertilization of mouse eggs *in vitro*. Nature, 220(5167): 592-593.

Wright R W, Grammer J, Bondioli K, et al. 1981. Protein content of porcine embryos during the first nine days of development. Theriogenology, 15(3): 235-239.

Yanagimachi R, Chang M C. 1963. Fertilization of hamster eggs *in vitro*. Nature, 200: 281-282.

Yanagimachi R, Chang M C. 1964. *In vitro* fertilization of golden hamster ova. Exp Zool, 159: 361-376.

第七章　其他生殖生物工程技术

第一节　动物克隆技术

简单理解，克隆动物就是一种动物个体的复制品。这种动物复制品不经过生殖过程产生，在遗传上与原来的个体完全相同。其实"克隆"现象在植物中产生的例子很多，如我们常见的树木"扦插"，以及土豆、花蕊等球茎、块根类植物品种的生产等。这些植物品种可以通过正常方式繁殖，同时也可以通过"克隆"来产生。但是对于动物来说，特别是高等的哺乳动物在自然情况下是不发生"克隆"现象的，这也是成功地进行动物克隆的惊人之处，也是多年来科研工作者苦苦探索、追求的梦想。

1997 年春天，英国北部苏格兰境内的罗斯林研究所（Roslin Institute）诞生了一只不同寻常的绵羊，它就是起名为多利（Dolly）的雌性克隆绵羊（图 7-1）。多利有三个母亲，第一个是提供其遗传物质的母体（母体乳腺细胞），第二个是接受这个细胞遗传组成的卵子细胞质（卵子本身的细胞核被人为除去），第三个就是供这个组合成的卵子——胚胎发育的母羊子宫，多利就是在母羊子宫生长、发育并诞生的。那么克隆羊多利诞生的意义究竟在哪里？它与以往的研究有什么不同之处？为了理解这些疑问，下面我们就从克隆技术的研究历史谈起。

图 7-1　世界首例体细胞克隆动物"Dolly"（李喜和 1997 年拍摄）

一、动物克隆的研究历史

1. 动物克隆技术研究背景

在其他章节中我们介绍了动物的生殖机制，在这种情况下动物个体的正常生产必须经过精子和卵子相结合的受精过程。精子和卵子所携带的遗传信息量各为体细胞的一半，如人体细胞的染色体数为 46 条，其中 44 条为常染色体，另外 2 条为 X 和 Y 的性染色体。卵子所含的染色体数为 23 条（22 条常染色体加 1 条 X 性染色体），精子所含染色体数为 23 条，性染色体为 X 或 Y。受精后的卵子（XX 为雌性，XY 为雄性）经过一定过程（20～24h）分裂为两个细胞，继而重复分裂，细胞数增加到 4 个、8 个、16 个……大部分哺乳动物胚胎的细胞数增加到 150～200 个时，形成囊胚，这时的胚细胞首次分化，外围细胞为滋养层，将来着床后发育为胎盘，内部紧缩的一团细胞称为内胚团，这是真正发育为个体的胚细胞部分，并随着胚胎着床后的进一步发育分化为个体的各种组织、器官。

在哺乳动物中，把分裂为 2 细胞时期的胚细胞分离后进一步培养，可以得到单卵双生的胎儿，但是分裂为 4～8 细胞时期的单一胚细胞经过培养很难形成正常个体。究其原因，一种解释认为在 4～8 细胞时期的单一胚细胞形成的囊胚细胞数太少，不能构成完整的内胚团，所以不能发育成正常的个体。哺乳动物早期生殖细胞或单一胚细胞这种可以分化为个体各种组织、器官的能力称为细胞全能性（totipotency）。胚细胞分化研究的早期结果进一步证明，哺乳动物 16 细胞时期的单一胚细胞仍然具有细胞全能性，这一点在小鼠、家兔和牛等的研究中均有报道。但是随着对哺乳动物生殖生物学研究的不断深化和显微操作技术的不断完善，又逐渐证实了 16 细胞以上直至囊胚阶段的单一胚细胞仍具有形成正常个体的能力。这就使科研工作者不得不考虑一个长期以来似乎已成定论的问题，即细胞全能性在哺乳动物个体发育中究竟保持到什么阶段？已经完全分化的个体细胞是否可以恢复全能性重新产生新个体？

2. 克隆操作技术研究进展

细胞核移植技术是指把一个细胞核移入另一个已经去掉自身核物质的卵细胞质内，这是进行动物克隆研究的关键技术之一，其操作流程如图 7-2 所示。1952 年，Briggs 和 King 两位博士把青蛙的一个胚细胞移入去掉雌、雄原核的受精卵内，首次在脊椎动物上取得了核移植的成功。1981 年，Illmensee 和 Hoppe 两位博士利用小鼠卵子进行了哺乳动物的核移植试验。进入 20 世纪 80 年代，生殖细胞的体外培养技术取得了长足进展，多种实验动物、家畜乃至人类的体外受精逐渐获得成功，这样就为核移植研究提供了大量的实验材料。实际上截至 1997 年克隆绵羊多利诞生以前，应用不同发育阶段的胚细胞生产的"克隆动物"已经很多，并且在此基础上积累了大量有用的科研成果，这为以后进行各种动物体细胞克隆研究提供了坚实基础。严格地说，利用未分化的胚细胞克隆的个体不能算是完整意义上的克隆动物，因为这时的胚胎不是一个具有各种器官特征的个体，因此笔者认为称为"一卵多胎"动物更合适，但从技术角度来看，核移植这一基本操作是相同的。截至笔者成稿时，利用体细胞克隆的哺乳动物除绵羊多利外，还有小鼠（美国）、大鼠（法国）、牛（日本、新西兰）、山羊（加拿大、中国）、猪（美国、日本）、骡子（美国）、马（意大利）、狗（韩国）、猫（美国）、鹿（新西兰），具体资料参照表 7-1。Yanagimachi 博士等的技术研究更为简单，采用了细胞核直接注射法，其效果相当不错。日本的研究人员重点在优质肉牛品种"和牛"的体细胞克隆方面做了大量工作，比较了取自不同组织细胞的结果，据统计总共受胎 100 余头，大部分得以产犊（包括部分产后死亡），从克隆的数量上看这个结果在大动物中可能算是最多的。

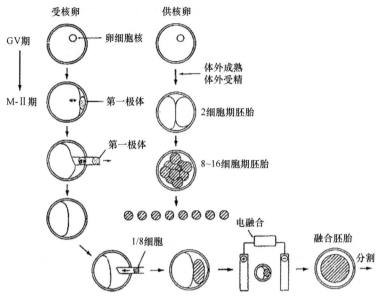

图 7-2 克隆操作技术流程模式图（1998 年 Kono 整理）

表 7-1 哺乳动物体细胞克隆技术研究成果

物种	年份	供体细胞	产仔情况	研究者
绵羊	1997	乳腺细胞	1	Wilmut 等
小鼠	1998	卵丘细胞	31	Wakayama 等
牛	1998	胎儿成纤维细胞	8	Kato 等
山羊	2000	皮肤成纤维细胞	1	郭继彤等
猪	2000	4 细胞胚胎	5	Polejaeva 等
马	2003	成体成纤维细胞	1	Galli 等
骡子	2003	胎儿成纤维细胞	1	Woods 等
狗	2005	皮肤成纤维细胞	2	Woo-Suk Hwang 等
鹿	2003	皮肤成纤维细胞	1	霍欣 等
兔子	2002	颗粒细胞	1	Chesne 等
狼	2005	成体耳成纤维细胞	2	Min Kyu Kim 等
猫	2003	成体成纤维细胞	1	Shin 等
大鼠	2003	胎儿成纤维细胞	1	Qi Zhou 等
水牛	2004	皮肤成纤维细胞	1	石德顺
Gaur	2000	成纤维细胞	0（5）	Lanza 等
Mouflon	2001	颗粒细胞	1	Loi 等
Banteng	2003	成纤维细胞	2	M. J. Sansinena
猴子	2017	成纤维体细胞	2	Zhen Liu 等
鹿	2009	成纤维体细胞	3	孙伟、李喜和等
奶牛种公牛	2011	成纤维体细胞	8	孙伟、李喜和等
奶山羊	2018	成纤维体细胞	2	赵高平、李喜和等

　　在目前所得到的克隆动物中，与人类亲缘关系最近的是美国科学家所克隆的猴子，这个实验使用的仍是处于早期发育阶段的未分化胚细胞，虽然技术难度不大，但由于猴子与人类的亲缘关系较近，同样引起了社会舆论的关注（图7-3A）。来自中国上海的研究人员在世界上率先利用一种经过改进的体细胞核转移（somatic cell nuclear transfer，SCNT）技术克隆出第一批非人灵长类动物——食蟹猴（*Macaca fascicularis*，图7-3B），他们希望利用这种改进技术培育出遗传上相同的灵长类动物群体，以便提供更好的癌症等人类疾病的动物模型。这种技术也可能与CRISPR/Cas9等基因编辑工具组合使用，以便研制出经过基因改造的帕金森病等人类疾病的灵长类动物模型。相关研究结果于2018年1月24日在线发表在 *Cell* 期刊上，论文标题为 *Cloning of Macaque Monkeys by Somatic Cell Nuclear Transfer*。被称为"中中"的克隆猴图片来自 Qiang Sun 和 Mu-ming Poo，CAS。在中科院上海神经科学研究所研究脑部疾病的神经科学家熊志奇说：这篇论文确实标志着生物医学研究新时代的开始。

图7-3　世界首例胚胎细胞来源、体细胞来源的灵长类克隆动物——猴子
A：胚胎细胞来源克隆猴子，美国俄勒冈国家灵长类动物研究中心，2000；
B：体细胞来源克隆猴子，中科院上海神经科学研究所，2017

　　除上述介绍的几种动物克隆成果以外，作为人类脏器移植的最佳候选，克隆猪的研究也在世界范围内开展，尤其是美国的几个大型药物生产公司资助了一个综合性的"猪转基因-克隆-人类移植用器官生产"系列性研究项目，以多国合作形式来推动其进程。据公开资料显示，目前虽然得到了部分转基因的猪，但是这种猪的脏器究竟能否用于人类，尚需一段时间来验证。如果这种转基因猪的脏器确实可用于人类，那样就可以通过克隆技术进一步扩大种群，最终为患者提供可用于移植的各种脏器。另外，笔者在2002~2004年进行了马的克隆研究，由于马的实验材料有限，再加上马的早期生殖细胞和胚胎的体外培养系统尚不完善，取得胚胎比较困难。2002年笔者通过核移植率先获得发育到囊胚阶段的克隆马胚胎，但是由于该研究一直未获得英国政府可移植的许可，最后停止研究。我国在前几年宣布开展国宝大熊猫的克隆研究（中国科学院动物研究所陈大元研究员），这是一个很有意义的课题，但是同样存在实验材料不足等问题，如卵子来源、可供移入胚胎的受体等。2009 年 6 月 26 日,克隆马鹿蒙元 1 号在健元鹿业诞生(图 7-4),该研究由赛科星集团公司李喜和的研究团队完成。2011 年,该团队经过三年的努力,获得了 3 头高产奶牛的克隆牛犊和 1 头 CPI 值为 1451 的澳大利亚进口验证种公牛的克隆牛犊(图 7-5)。目前,仍有 6 头妊娠克隆牛有待诞生。

图 7-4　克隆马鹿蒙元 1 号及其代孕母亲(赛科星集团公司及健元鹿业 2009 年拍摄)

图 7-5　克隆种公牛(左一)及克隆奶牛(右二至四)

二、动物克隆研究的生物学意义

1. 细胞内生命调节研究的新技术

克隆的基本技术是核移植,这项技术产生的最初目的是探讨细胞中细胞核(nucleus)

和细胞质（cytoplasm）的相互关系。例如，实验动物小鼠有多个品系，各个品系都有其自身的表型特点，利用核移植技术可以进行不同品系小鼠间的核置换，观察核内遗传信息和细胞质在个体发育中的作用。在其他章节中我们已介绍过哺乳动物的受精过程，当精子进入卵子内不久便在卵细胞质内形成雄性原核，卵子方面也相继完成第二次成熟分裂后形成雌性原核。如果把一个白色小鼠的原核去掉，通过核移植法置入一个黑色小鼠的原核，这时就可以观察黑色小鼠细胞核在胚胎发育过程中的作用。这是同一发育阶段、不同品系间的细胞核置换，另外可以在不同发育阶段的细胞核之间设计类似的实验来探讨细胞分化的有关问题。把一个未受精卵本身的细胞核除去，移入一个 2 细胞、4 细胞或 8 细胞时期的胚细胞核，或者是已经分化的单一细胞核，通过这样的实验设计可以探讨细胞内遗传信息在卵细胞质内的重新程序化，以及重组胚胎个体发育的能力，这是目前克隆动物研究中最常见的核移植方式。

核移植后形成的"重组胚胎"有没有发育能力，在这里的关键问题是移入的细胞核能否在卵细胞质内经过重编程恢复其全能性，启动类似正常受精时的细胞分裂等一系列发育程序。供体细胞核在卵细胞质内恢复全能性的这一过程称为重编程（reprogramming）。卵子在受精后从 2 细胞、4 细胞、8 细胞逐渐向个体发育，在这个过程中胚胎不仅细胞数和形态发生变化，而且不同发育阶段在细胞内合成了多种多样的蛋白质生理活性物质，这些蛋白质是在受精后启动的母性和父性遗传基因共同调控下合成的，并不只依赖于母性一方。可以这样想象，受精的发生就像推倒了多米诺骨牌的第一张，由此引发了一系列的细胞分裂、分化和去分化事件，合成不同的特定的蛋白质。细胞的重编程就像把推倒了的多米诺骨牌重新再摆一次。2 细胞至囊胚期的胚细胞在一定条件下可以重编程，恢复细胞全能性，而成体动物已分化的体细胞被普遍认为已失去了重新再来的机会。克隆绵羊多利诞生的划时代生物学意义在于它证明了体细胞或者说体细胞内遗传信息的分化是可逆的，这种分化细胞经过重编程后可以恢复到受精时的生命起点状态，并可形成与原来个体在遗传组成上完全相同的克隆个体。实际上在多利诞生的前一年，罗斯林研究所的 Campbell 博士成功地利用培养的羊类胚性干细胞（embryonic-like stem cell）经过核移植产出了正常个体，这个结果发表在英国杂志 *Nature* 上，后使行内研究人员十分震惊，在某种程度上意义要大于多利的诞生。因为 Campbell 博士使用了体外培养的细胞，这就意味着这样的细胞可以在体外条件下大量获得，甚至保存后用于核移植，也可以说从这时起体细胞克隆动物的诞生只是一个时间早晚的问题。

2. 干细胞和转基因研究的辅助技术

早期的干细胞和转基因研究主要借助于体外受精技术，胚胎干细胞主要来源于体外受精胚胎，而转基因则通过体外受精胚胎原核注射来实现。随着干细胞技术在临床上的应用及治疗性克隆技术的产生，体细胞克隆已经成为获取患者特异性胚胎干细胞的最有效的技术手段。对体细胞或干细胞进行基因转染和打靶，再以经筛选得到的转基因阳性细胞为核供体，通过细胞核移植来生产转基因克隆动物的方式，正在逐渐取代传统的原核显微注射转基因技术。动物克隆技术已经成为干细胞和转基因研究的强有力的辅助技术。

三、动物克隆技术的应用前景及存在的问题

1. 可供人类移植的脏器制作

由于疾病、事故等，人的脏器损伤或功能低下，在这种情况下就需要更换脏器，即施以脏器移植，或称器官移植（organ transfer）。目前，由于人工还不能生成一种完整的人体器官，供体脏器主要来源于事故死亡者（脑死判定）或亲友。但无论哪一种途径都不能在数量和时间上满足大多数患者的需要。据统计，欧美每年实施脏器移植的患者大约为5000名，而目前等待手术的患者在50 000名以上，实际需要脏器的患者远在这个数据以上。因此许多患者得不到适时的治疗，多数人在等待中结束了自己的生命。

肾是人体血液循环和净化的场所，也是脏器移植中最多的病例。血液通过肾处理后，以尿的形式排出体内的代谢废物。肾功能出现问题时，必须定时对血液进行人工透析，但是如果症状严重则需要更换肾。当患者需要更换肾而没有供体时，能否在等待期间用一种动物肾暂时移入人体缓解机能的进一步恶化？科研工作者以猪的脏器为尝试对象，进行了各种各样的研究试验。之所以选择猪，是因为猪脏器的大小、神经系统、血管系统等与人类非常接近，因此一些人类外科手术也常常利用猪来进行训练或试验。我们知道，在进行脏器移植和输血时，经常遇到一个问题就是免疫排斥现象的发生，这是因为人体细胞表面存在称为人类白细胞抗原（human leucocyte antigen，HLA）的自身识别抗原系统，它的作用就是认识和接受自身组织，排斥浸入体内的异物。如果把猪的肾直接移入人体，由于HLA的作用，肾在人体内最长也只能维持1～2年，这当然不是一个理想的结果。于是研究人员设想，首先把人的某种基因导入猪的细胞内，并和猪的基因组进行组合后正常表达，这个基因表达的目的是使人体HLA的识别功能发生错觉，不对这类细胞组织产生排斥现象，这样转基因猪的脏器就可以移入人体内发挥正常生理功能。下一步就是通过克隆技术大量繁殖这种转基因猪，为患者提供更多的可供移植的各种脏器。

当然，现在转基因猪的脏器用于人的器官更换还存在许多理论上和实际上的问题。诸如猪脏器移入人体后究竟能否在较长时间内保持生理机能，这个时间有多长，是否和人体整体机能年龄相随等。另外，由于猪的染色体数和人不同，是否诱发其他病症的发生、是否带入新病毒等，当然也包括社会伦理道德问题。我们相信转基因-体细胞克隆技术为人类脏器移植带来的福音，但这不仅仅是技术问题，还需要社会的理解和支持、相关法律的健全，期待这种半人工的脏器早一天用于临床，去挽救更多垂危的生命。

2. 优良家畜的育种和繁殖

动物克隆技术在农业领域的应用，主要围绕家畜育种和优良家畜扩繁两方面的内容进行。以奶牛来说，由于个体差异，产奶量相差很大。一般平均每头奶牛年产奶量为6000～8000kg，但是极个别奶牛的产奶量可达20 000kg，几乎是正常奶牛的2.5倍。我们称这样的奶牛为超级奶牛（super cow）。自20世纪70年代以来，由于人工授精技术

的普及，奶牛品质的改良主要是选择优秀的种公牛，以冷冻精液的形式与母牛配种，这无疑是家畜改良的一次革命。但是任何技术都有它的局限性，人工授精对于超级奶牛的复制就显得无能为力，这是因为决定奶牛品质的因素来自父母双方，而超级奶牛的出现往往只限于一代，当它繁殖时由于雄性遗传信息的参与改变了子代的形状，很难达到同等的产奶水平。体细胞克隆技术的特点是不改变供体原有的遗传特征，用超级奶牛提供的体细胞克隆出的子代牛犊在遗传特征上与超级奶牛完全相同，这样就可以大大地提高复制超级奶牛的可能性。在肉牛生产上，对于一些品质特别优良的种公牛个体，也可以通过体细胞克隆扩大繁殖，这样既保证了原种牛的遗传性能，又可以缩短鉴定年限，降低生产成本，其应用前景广阔，很有可能成为将来种公牛生产（包括奶牛种公牛在内）的主要技术手段之一。自 2003 年以来，由于欧美许多国家发生了疯牛病，因此我国目前只能从澳大利亚和新西兰进口活体家畜。这一结果造成我国奶牛种公牛在近几年进入"青黄不接"的阶段，尽管可以进口一些种用胚胎来进行繁殖，但没有经过后裔测定的确认，作为种公牛使用风险还是较大。在这种情况下，直接克隆国外现有优良种公牛成为我国引入优良家畜遗传资源的重要手段。目前，赛科星集团公司与澳大利亚凯斯特拉研究公司合作，正在进行这项业务的尝试。该公司是由世界著名生物技术专家 Mal Brandon 教授和廑洪武博士于 1998 年主持成立，公司坐落于离墨尔本市 30 km 处的 Werribee 市，拥有一个现代化实验室及先进的仪器设备，在体外受精、活体采卵及克隆技术等方面处于世界先进水平，还拥有一个占地 4000 多英亩[1 英亩(acre)=0.404686hm^2]的种畜牧场，该牧场是经过澳大利亚动植物检疫局认证的全封闭的无任何疫病的牧场，牧场中现有高产荷斯坦奶牛、纯种肉牛（安格斯、海福特）；纯种肉用绵羊（无角多赛特、白萨福克、德克赛尔、杜波）和肉用山羊（波尔山羊），以供生产种畜胚胎。澳大利亚凯斯特拉研究公司主要从事牛、羊等家畜繁殖新技术的研究与开发，包括胚胎移植技术、体外受精技术、活体采卵技术、转基因技术和核移植（克隆）技术等，以及相关技术的培训、服务和产品的出售（出口）等业务。自 1995 年以来，Brandon 教授一直与以中国著名生物工程专家旭日干教授为首的内蒙古大学合作，共同研究与开发牛、羊体外受精技术。目前，旭日干教授已为内蒙古大学培养了数名高级研究人员，并将体外受精技术提高到国际先进水平，现在正在应用于生产。在过去的几年中，在内蒙古自治区、大连市、上海市、无锡市等地进行了大量的胚胎移植。同时，在中国举办了多期胚胎移植培训班，为当地的胚胎移植事业培养了大量的专业技术人才。凯斯特拉研究公司于 2004～2007 年培育出 6 头体细胞克隆种公牛（图 7-6），为中国的奶牛种公牛缺乏现状提供了有效缓解的技术途径。

3. 种用性控家畜培育

通过 X、Y 精子分离生产性控精液并用于人工授精，是目前家畜性控产业化应用的主流技术。该技术由赛科星集团公司进行升级改造后，生产效率提升 2～3 倍，生产成本降低 70%，并且建立了生产技术、产品的国家标准，提升了以奶牛、肉牛为主的家畜性控冻精产品的质量，在中国实现了规模化产业应用，对于促进奶牛良种化、奶源基地建设发挥了重要作用。但是，在近几年的产业推广应用过程中，我们发现目前的家畜

| A | B |

图 7-6　澳大利亚凯斯特拉研究公司培育的世界顶级克隆种公牛（廉洪武博士 2008 年提供）

A：澳洲系顶级克隆种公牛；B：欧洲系顶级克隆种公牛

性控冷冻精液仍然存在受胎率偏低、产品价格偏高、应用对象受限的主要问题，特别是把性控冷冻精液应用到肉羊、奶山羊产业时，这些问题显得更加突出。因此，研究开发效果更好、价格更便宜的家畜性控产品，具有非常广阔的产业应用前景，同时也是我国奶牛、肉牛、奶山羊等畜牧产业转型升级的重要技术支撑。为此，我们 4 年前提出以干细胞、基因编辑、动物克隆为系列技术手段的性控家畜培养的设想，并且从 2016 年开始以小鼠为模型开展基础研究，2017 年进入奶山羊试验阶段，目前已经完成前期主要技术开发，预计在两年内诞生首例"种用性控奶山羊"。

4. 生物药品生产

糖尿病是现代人的一种常见病，是由人体内的一种激素——胰岛素分泌不足而引起的，目前的医疗水平还不能完全治愈糖尿病，一旦发病终生需要进行食物和运动调养，同时辅以胰岛素的人为补充。传统的胰岛素制剂是从牛和猪的脏器中提取、精制后用于糖尿病患者的。但是人的胰岛素结构与猪的胰岛素有一个氨基酸的差别，与牛的胰岛素有两个氨基酸的差别，因此把动物脏器提取的胰岛素用于人的糖尿病治疗时，常常引起过敏症（allergy）的发生，其效果也不是十分理想。随着近年来糖尿病患者的不断增加，从动物脏器中提取胰岛素已在原料上明显不足，现在胰岛素的主流生产方法已从生物脏器提取转向细菌生产。其方法是把人胰岛素基因组合到大肠杆菌中，通过大肠杆菌来生产人胰岛素。另外，除胰岛素外，通过这种方法还可以生产其他人体生命活动中的多种激素。

随着动物转基因-体细胞克隆技术的研究开发，研究人员把目光转向利用动物生产更廉价的生物药品。这个计划的基础技术是把人体所需要的某种激素基因转入牛（或羊）的细胞（胚细胞或体细胞）中，建立这种细胞的干细胞培养系统，然后通过克隆技术生产这种转基因牛（或羊），最终从乳汁中提取人类所需要的目的激素（转入的激素基因和动物泌乳基因同时表达）。利用动物生产的激素药品在数量上潜力大、成本低，同时与用细菌生产的相比，药物的安全性高。最近，GTC 生物技术公司通过转基因羊奶生产的抗凝血酶在美国首次上市，这个报道标志着转基因药物生产的实质性开始。但是总的来说，目前这项技术还没有达到普遍性的生产水平，先是转基因效率和体细胞克隆成功率非常低（牛转基因效率 0.01%～0.1%，牛体细胞克隆成功率 1%～5%），另外牛（或羊）干细胞培养系统的建立也比较困难，从总体水平来看，达到大规模化还需要较长一段时间来进一步探索，也许 5 年是个可能的时间界限，或者更长。图 7-7 为转基因-体细胞克隆技术生产药品的模式图。

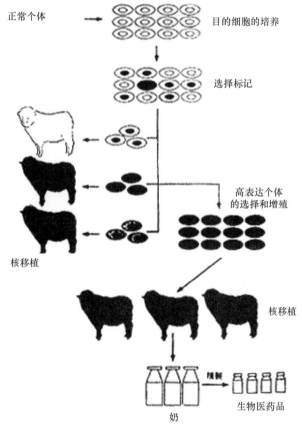

图 7-7　转基因-体细胞克隆技术生产药品的模式图

5. 克隆人的伦理道德

自 1997 年 2 月 23 日英国罗斯林研究所报道了克隆绵羊诞生以来，欧美一些生物技术公司企业家对于这项技术的兴趣顿时高涨，同时也诱发了世界范围内克隆人的热门话题。之后不久，美国某州的灵长类研究中心公布了两只克隆猴子的诞生，更使人们联想到克隆人的出生似乎就在眼前。虽然已经知道克隆人从技术理论上可能，但并不会造就出行为、性格完全相同的两个个体，因为人类的行为特征除遗传外，更要受生长环境、时代背景和教育等诸多因素的影响，而这些历史的因素是不会再现一次的。

从技术角度来说，克隆人似乎不存在什么大的问题。但人具有特殊性，人有语言、家庭、意识，处在由家庭组成的社会中。尽管民族、家庭观念和社会制度不同，但无论哪个民族的后代繁衍都遵循有性生殖这一哺乳动物的生殖方式。也就是说，孩子有父母，父母有责任把孩子培养成一个心理和生理健康的人类社会的一份子。假如说一个孩子由父亲或母亲一方克隆而来，那么这个孩子的家庭组成中只有单亲，将来他（她）在社会上如何认识自己的身份，社会又如何接纳这样的人？这就涉及一个人伦理道德观念的问题。其实生殖伦理问题早在试管婴儿技术应用时代开始，就已经成为一个棘手的现代社会问题，业已引发多起纠纷。生殖和繁殖后代本身是人类的一种神圣使命，其实除上述社会问题之外，生殖伦理还包含另一层意思，即怎样认可人为干涉生殖这一人类神圣使命，做到什么程度可以认可？如果一对夫妻由于生殖缺陷均无正常生育能力，那么他们是否可以从母亲或父亲克隆一个孩子？

目前，多数国家禁止或不资助进行人的克隆研究试验，中国政府也申明采取同样的立场。表 7-2 为几个国家对人克隆试验的立场和有关规定。1997 年 Wilmut 博士在英国议会的科学技术特别委员会上重申应该制定相关国际法来约束人的克隆研究，实际上英国在其后也采取了相应的措施。当时的美国总统克林顿也在同一时期表示联邦预算不资助克隆人的研究项目，不过对某些与人疾病治疗相关的胚胎阶段的克隆基础研究予以认可。世界卫生组织（WHO）的科学伦理委员会对克隆技术的走向提出了一个基本观点，即希望制定一个国际公约，不禁止利用动物克隆技术进行与人类疾病治疗有关的研究，但同时必须设法避免引发有害人类健康的反面效果。看来克隆人的诞生并不是一件遥远的新闻，如果这也属于疾病治疗范围。

表 7-2　几个国家对人克隆试验的立场和有关规定（王瑞恒和刘庚常，2007）

国家名称	人克隆许可	人受精卵的试验使用	专门管理机构	伦理委员会
英国	受精卵阶段禁止	认可制度	有	有
美国	禁止联邦预算资助	禁止联邦预算资助	没有	有
德国	禁止	禁止	没有	没有
日本	禁止	认可制度	有	有
法国	不明	禁止	没有	没有
丹麦	禁止	认可制度	有	有
中国	政府资金不资助	禁止	没有	没有
韩国	不明	不限制	没有	没有

第二节　动物干细胞技术

一、干细胞的研究历史

1. 干细胞的概念

分化后的细胞往往由于高度分化而完全丧失了再分化的能力，这样的细胞最终将衰老和死亡。然而，动物体在发育过程中，体内始终保留了一部分未分化的细胞，这就是干细胞。干细胞是指来自胚胎、胎儿或成体的有持久或终身自我更新能力的细胞，它能产生特异的细胞类型并形成动物体组织和器官。干细胞根据其分化潜能的大小，可以分为两类：多能干细胞（pluripotent stem cell）和成体干细胞（adult stem cell）。前者可以分化、发育成完整的动物个体，后者则是一种或多种组织器官的起源细胞。

多能干细胞来自胚泡内细胞团或胎儿生殖嵴，具有自我更新能力，能产生构成个体生长的所有细胞类型。胚胎干细胞和胚胎生殖细胞都属于多能干细胞，但有所差异。胚胎干细胞来自动物胚泡的内细胞团，而生殖细胞则来源于受精后5～9周胎儿的生殖嵴。前者从胚泡分离后可培养成胚胎干细胞；后者从原始生殖细胞（primordial germ cell）发育成为卵子或精子。但二者都显示出多能干细胞的特性，可长时间自我复制且无染色体变异，在适宜培养的条件下均能分化成三层原发性胚层（内、中、外胚层）所需的所有细胞。

成体干细胞是一种具有自我更新能力的未分化细胞，在特定组织中可产生来源相同的特异细胞类型。目前研究认为，成体干细胞具有一定的可塑性（plasticity），但其不能产生构成人体所需的各种细胞，其数量较少且分离鉴定困难。可塑性是指某种组织的成体干细胞在一定条件下能衍生为另一种组织的特异细胞的能力。

2. 干细胞研究进展

1945年原子弹在日本广岛和长崎的爆炸造成人类历史上第一次大范围的辐射中毒灾难。核辐射会破坏人体造血系统，使人体内不能产生具有防御保护与凝血功能的白细胞和血小板。从19世纪开始，科学家就已经了解到干细胞的存在，但是广岛和长崎事件之后，干细胞研究才真正发展起来。核辐射试验同样摧毁了小鼠的造血系统，但是研究者发现脱离放射环境的骨头和脾的造血系统开始恢复。随后的试验又证实，注射骨髓细胞能使接受核辐射试验的小鼠免于死亡。1956年，研究者揭示骨髓干细胞可以再生造血系统，骨髓移植可以治疗被辐射损坏的造血系统。这一技术首先应用于单卵双胎孪生兄弟，因为它需要供髓者与患者白细胞抗原高度匹配。1973年，在无亲缘关系供患者间成功实现了骨髓移植。

随后1999年的一项研究报道再次引起人们的极大关注，Biorson等用X射线破坏了小鼠的骨髓系统，再将神经干细胞移植到该小鼠体内，经过一段时间后，这些神经干细胞显示出造血干细胞的某些特征，并重建了小鼠的骨髓系统。这一发现表明，成体干细胞仍具有较强的可塑性，其分化潜能远远超出了人们的想象。1998年，威斯康星州立大学的James Thomson等首次从人囊胚内细胞团中建立了人胚胎干细胞系（embryonic stem cell，ES cell）；John Gearhart则从流产胎儿生殖腺组织中分离并建立了胚胎生殖细胞系（embryonic germ cell，EG cell）。这两类细胞可以在体外进行自我更新，并分化为包括多能干细胞在内的多种细胞类型。这些人多能干细胞系的建立成为干细胞研究史上的重要转折点。在这之前，胚胎干细胞系主要用于构建转基因小鼠；在这以后，研究者开始将研究重点转移到如何使干细胞发生定向分化的方向上来，这使得利用细胞移植来治疗多种疾病甚至在实验室制造人体器官成为可能。

在干细胞技术发展的同时，生物技术也在20世纪70年代迈入重组DNA（recombinant

DNA）技术快速发展时期。重组 DNA 技术也被称为基因拼接或基因工程技术，通过切割与拼接 DNA 片段来创造新基因。20 世纪七八十年代，基因组学（genomics）开始兴起（研究生物体的全部基因结构）。随着测序、制作基因组图谱、数据存储（或称为生物信息学）等技术的发展，研究者能够根据研究目的改造基因序列信息。重组 DNA 技术与生物工程学相结合，为干细胞研究与再生医学的进一步发展带来了新机遇。2007年底，威斯康星州立大学 James Thomson 研究小组和日本京都大学 Shinya Yamanaka 领导的科研团队分别宣布已成功将成人皮肤细胞诱导成干细胞，这种细胞被称为诱导多能干细胞（induced pluripotent stem cell，iPS 细胞，图 7-8），这一发现揭开了干细胞研究的新篇章。先前研究发现，在肿瘤发生过程中，逆转录病毒有时与细胞染色体的遗传改变有关。James Thomson 研究小组利用逆转录病毒将 Oct4、Sox2、NANOG 和 LIN28 四个基因导入人皮肤细胞 DNA 中，成功地将成体细胞重编程为 iPS 细胞。Shinya Yamanaka 科研团队导入 Oct4、Sox2、c-Myc 和 Klf4 四个基因，也得到了相同的结果。随后，Zwaka T 博士发现 Ronin 基因也可以代替 Oct4 基因，这说明或许还有其他基因也具有诱导多潜能干细胞的潜在作用。Oct4、Sox2、Nanog 已被认为是胚胎干细胞的主要调节者。根据 Zwaka T 博士的发现，Ronin 可能与上述三种基因一样重要。2008 年 8 月，研究者又发现了一种新的信号分子——Wnt3a，该种蛋白质也可以引起成体细胞重编程，使其转变成 iPS 细胞。干细胞研究先驱 James Thomson 相信这一体细胞实现重编程的新方法，推动了干细胞系的建立，将替代传统的医疗手段治疗各种疾病和基因异常。笔者以前也进行了相关研究，现在正在进行干细胞的相关研究。2006 年笔者发表了关于马胚胎干细胞研究的相关内容，成功建立了马的类胚胎干细胞系，发现了与其他物种的不同点（图 7-9）。2009 年，笔者与剑桥大学 Gurdon 发育生物学研究所 Bao SQ 博士、Surani A 教授等合作研究，建立了与前人不同的外胚层干细胞（epiblast stem cell）培养方法，研究成果发表在国际知名科学杂志 Nature 上，并且证明该干细胞系与 ES 和 iPS 细胞具有很多不同点，特别是对胚胎发育分化的贡献，这项研究 2012 年进一步推进到生殖干细胞（germline stem cell，GSC）领域，其成果发表在 Cell Stem Cell 上（图 7-10），这将对干细胞及其分化的基因调控研究及临床医学具有指导意义。

Cell

Induction of Pluripotent Stem Cells from Adult Human Fibroblasts by Defined Factors

Kazutoshi Takahashi,[1] Koji Tanabe,[1] Mari Ohnuki,[1] Megumi Narita,[1,2] Tomoko Ichisaka,[1,2] Kiichiro Tomoda,[3] and Shinya Yamanaka[1,2,3,4,*]
[1]Department of Stem Cell Biology, Institute for Frontier Medical Sciences, Kyoto University, Kyoto 606-8507, Japan
[2]CREST, Japan Science and Technology Agency, Kawaguchi 332-0012, Japan
[3]Gladstone Institute of Cardiovascular Disease, San Francisco, CA 94158, USA
[4]Institute for Integrated Cell-Material Sciences, Kyoto University, Kyoto 606-8507, Japan
*Correspondence: yamanaka@frontier.kyoto-u.ac.jp
DOI 10.1016/j.cell.2007.11.019

A

Sciencexpress　　　　Report

Induced Pluripotent Stem Cell Lines Derived from Human Somatic Cells

Junying Yu,[1,2]* Maxim A. Vodyanik,[2] Kim Smuga-Otto,[1,2] Jessica Antosiewicz-Bourget,[1,2] Jennifer L. Frane,[1] Shulan Tian,[3] Jeff Nie,[3] Gudrun A. Jonsdottir,[3] Victor Ruotti,[3] Ron Stewart,[3] Igor I. Slukvin,[2,4] James A. Thomson[1,2,5]*

[1]Genome Center of Wisconsin, Madison, WI 53706–1580, USA. [2]Wisconsin National Primate Research Center, University of Wisconsin-Madison, Madison, WI 53715–1299, USA. [3]WiCell Research Institute, Madison, WI 53707–7365, USA. [4]Department of Pathology and Laboratory Medicine, University of Wisconsin-Madison, Madison, WI 53706, USA. [5]Department of Anatomy, University of Wisconsin-Madison, Madison, WI 53706–1509, USA.

B

图 7-8　关于 iPS 细胞成功的最早报道

A：Takahashi et al.，2007；B：Yu et al.，2007

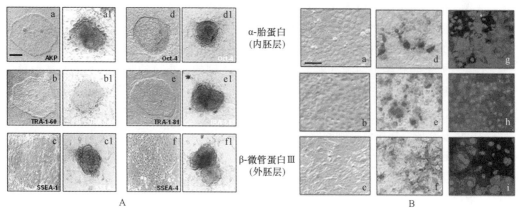

图 7-9　马的类胚胎干细胞系染色鉴定和多能性测试（彩图请扫封底二维码）

A：马的类胚胎干细胞及其特性染色；B：马的类胚胎干细胞体外分化

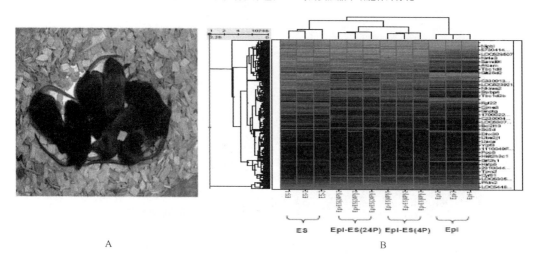

图 7-10　小鼠外胚层（epiblast）干细胞的建立及其特性等（Bao et al.，2009）（彩图请扫封底二维码）

A：epiblast 干细胞嵌合体小鼠；B：epiblast 干细胞部分特性基因测定

　　虽然如此，但干细胞研究与再生医学真正应用到临床中仍有些遥远。目前开始应用到临床的也只是来自骨髓或脐血的造血干细胞。针对造血干细胞研究尚未解决的一个主要问题是，我们仍不了解是什么关键信号促使它们显示出令人惊讶的自我更新能力，因为目前还很难实现血液干细胞的体外培养，这限制了它们在治疗中的直接应用。没有研究者能够预测新的干细胞治疗技术会在什么时候取得突破性进展，并被应用到医学领域中。但是毫无疑问，干细胞研究的逐步深入将会带来生物医学上的一次重大革命。

另外，关于干细胞向精子、卵子方面的诱导分化也是近几年干细胞研究的热点。早在 2012 年，日本京都大学干细胞生物学家 Mitinori Saitou 及其同事便培育出第一批人造原始生殖细胞（PGC），这些特化的细胞在胚胎发育过程中出现，并最终形成精子或卵子，Saitou 利用 iPS 细胞技术，通过将皮肤细胞再编程为与胚胎类似的状态，从而最终在表面皿中培育出这些细胞（图 7-11）。研究人员同时还能够利用胚胎干细胞培育出类似的原始生殖细胞。2012 年 1 月 27 日消息，不孕不育一直都是困扰全世界几千万男女的一大难题。如今，英国剑桥大学 Azim Surani 和以色列魏茨曼科学研究所 Jacob Hanna 率领的研究团队利用人体皮肤细胞在实验室中培育出人类精子与卵子的前体细胞。此次生物学家成功的关键在于找到了正确的起始点。在人类中重复这项技术的最大障碍在于，小鼠与人类的胚胎干细胞从根本上说是完全不同的。小鼠的胚胎干细胞是"简单"的——很容易引入任何分化路径，而人类的胚胎干细胞则要"复杂"得多——这就导致其适应性较差。研究组在人类皮肤细胞中注入可让细胞分阶段发育的基因，这样就使皮肤细胞变成可以发育成人体所有细胞的诱导多能干细胞（iPS 细胞），可以说皮肤细胞实现了返老还童。Jacob Hanna 研究组成功在细胞中注入可以诱导其分化为生殖细胞的蛋白质等物质，使其可以分化发育为精子和卵子。科学界期待这项研究取得成果后，人类即使因接受癌症治疗、绝经等无法生成精子和卵子，也可利用自身皮肤细胞随时拥有孩子。但是，如果利用同一个人的细胞同时获得精子和卵子，可能会有人试图制造法律上禁止的克隆人。

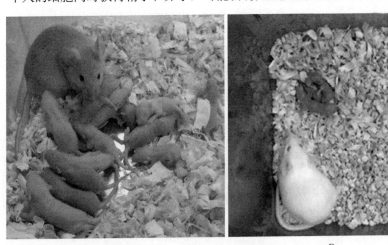

A   B

图 7-11   以小鼠为模型的新型干细胞诱导技术研究

A：Mitinori 等 2012 年研究；B：Zhou et al.，2016

据英国广播公司（BBC）、路透社等报道，英国爱丁堡大学生殖生物学家 Evelyn Telfer 的团队首次在实验室内将人类卵子细胞从早期阶段培育成熟，成功率约 10%。这意味着人类卵子成熟不再单纯依靠女性本体，该成果对于理解人类的生殖发育过程具有重要意义，同时意味着可能出现女性不孕症的新的治疗方案。这一结果在《分子人类生殖》上在线发表。该研究结果引起同行专家的广泛关注，同行专家在认可其取得重大突破的同时，也质疑其培育的成熟卵子是否具有完全的生物学功能，并认为要开展进一步的精卵受精实验来证明能否形成健康的胚胎。此外，该技术卵子体外培养成熟所用时间（22天）比体内自然成熟时间（5个月）大大缩短，且实验过程中减数分裂形成的极体细胞异常大，均需进一步研究其原因和影响。

中科院周琪院士研究组还成功建立了单倍体胚胎干细胞，开拓了干细胞研究的新领域，具有重要的科学价值（图7-11）。内蒙古大学包斯琴研究组近几年开展了以小鼠为模型的新型干细胞诱导技术研究，特别是干细胞功能向胚胎内外的潜能拓展、2～4细胞阶段的胚胎干细胞诱导建系，也取得了一些具有重要科学价值的成果（图7-12）。内蒙古大学李喜和研究组与英国Sanger研究所Liu研究组、内蒙古农业大学曹贵方研究组、赛科星研究院合作，面向家畜育种新技术开发应用，目前正在进行牛、鹿、奶山羊、肉羊及骆驼的干细胞诱导技术开发，在此基础上进一步尝试结合基因编辑、动物克隆技术培育只有单性受精能力的"种用性控家畜"，促进家畜性控技术升级换代。

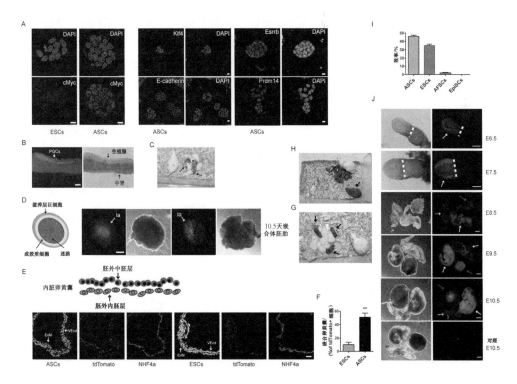

图7-12　小鼠潜能拓展的新型干细胞（Bao et al.，2018）

ASCs：潜能拓展的新型干细胞（advanced pluripotent stem cells）；A：免疫荧光（immunofluorescence）染色分析检测Klf4、E-cadherin、Essrb和Prdm14在ASCs中的表达，比例尺为10μm；B：发育至12.5天的小鼠嵌合胚中ASCs出现在生殖嵴中（GOF-GFP阳性），比例尺为100μm；C：胚泡内注射ASCs形成的嵌合体小鼠（箭头所指）；D：示意图和照片表明ASCs（tdTomato红色荧光显示）参与了嵌合体小鼠胎盘的形成（白箭头所指），比例尺为1mm；E，F：示意图和照片表明ASCs（tdTomato红色荧光显示）参与了嵌合体小鼠卵黄囊中胚层的形成，比例尺为100μm；G：由4倍体宿主胚中的ASCs产生的幼鼠（箭头所指）；H：由ASCs-四倍体雄性（箭头所指）与ICR雌性交配产生的F1代幼鼠；I：几种干细胞克隆形成率的比较；J：由ASC形成的嵌合体（发育至6.5～10.5天的胚体），白色箭头指胚体，黄色箭头指卵黄囊，红色箭头指胎盘，E6.5～E7.5的比例尺为200μm，E8.5～E10.5的比例尺为2mm

二、干细胞研究的生物学意义

细胞生物学的发展使干细胞研究成为生命科学界的一个热点。生物学家认为，生命个体发育中的调控、生命起源与意识产生是生命科学中的三大难题。科学家如能将囊胚中的胚胎干细胞取出在体外培养，探索胚胎干细胞的细胞分化规律和生长过程，对揭开人体的个体发育之谜具有极其重要的生物学意义。同时科学家还发现人类干细胞的许多新特点，不但可以体外培养、不断更新，而且经诱导分化可以定向培育成神经细胞、血液细胞、心肌细胞等，这就可以为人类疾病的细胞治疗、器官移植提供基础条件。

1. 干细胞是研究人类疾病的良好模型

目前，对很多人类疾病而言，人们尚未建立相应的动物模型。而已建立的某些疾病的动物模型，如帕金森病等，只能部分地模拟疾病进程。从理论上讲，干细胞具有分化为体内各种细胞的潜能，因此人们可根据不同疾病的发生机制，利用干细胞建立相应的疾病模型。同时，由于人体的多种组织和器官中都存在终生与自己相伴的干细胞，如果能够获取干细胞，就可以在体外诱导分化产生不同的组织细胞甚至器官，供临床细胞治疗及器官移植之用，以缓解目前移植器官的极度匮乏，而且解决了器官移植中的排异反应。届时，白细胞、脑细胞、骨骼和内脏器官都将可以更换，为患白血病、帕金森病、糖尿病、心脏病和癌症等的患者带来康复的希望。

2. 干细胞是研究早期胚胎发育的良好模型

胚胎干细胞无疑是认识胚胎早期发育机制、解释遗传缺陷并预防和纠正遗传缺陷的重要研究手段。早在19世纪，发育生物学家就知道卵细胞受精后很快开始分裂，由1个受精卵持续分裂成16~32个细胞的细胞团，称为桑椹胚。桑椹胚中的细胞具有发育成一个完整个体的能力。随着胚胎干细胞建系与体细胞被重编程为iPS细胞方法的建立，研究者可以从基因和分子水平进行干细胞研究，弄清楚一些关键基因和分子的功能，将其用于干细胞培育，使干细胞向特定类型的细胞分化发育，如利用某些关键分子将发育早期胚胎中的一些细胞定向刺激分化成某一特定细胞类型。同时，利用胚胎干细胞进行研究，还可以使科学家能够观察到早期胚胎是通过什么机制使发育朝一定的方向进行的，机体组织器官是如何由胚胎有序分化而来的，如何从几个初始细胞分化成机体所需的多种类功能细胞等。

3. 干细胞与转基因动物模型

胚胎干细胞可用于转基因小鼠模型的建立，利用这项技术人们不仅可以将一些在发育过程中非必需的基因敲除（gene knock-out），进行体内功能缺失研究，还可以通过诱发基因突变，使特定基因在发育某一时期表达，进行该基因的功能研究。

4. 干细胞研究的其他意义

由于干细胞具有体外高度增殖和组织多向分化的特性，细胞因此成为生物医学领域中一种很好的研究材料。由于干细胞在理论上可以分化为体内的任何一种细胞类型，因此它可以作为药物、毒物等的检测系统，从而避免现在动物模型检测系统的高成本与物种差异问题；由于干细胞具有很强的增殖能力，植入体内后可自发迁移到相应病变部位，因此可作为某种药物或基因的靶向转运系统，用于肿瘤治疗或某些基因疗法。

三、干细胞技术的应用前景及存在的问题

1. 干细胞研究与基因治疗

基因治疗是将某些基因导入患病部位，以达到治疗疾病的目的。但这一技术的关键是如何使导入的目的基因长期有效表达。如果将目的基因转入干细胞后进行移植，就有可能克服上述难题。因为干细胞具有自我增殖的特点，从而减少或避免以往基因治疗必须不断重复进行的缺点，实现治疗性基因的持续有效表达。当然由于干细胞具有多向分化潜能，因此这一方法可能造成其他不同组织类型的肿瘤。因此，使用经过基因修饰、能够控制、较成熟的干细胞可能更为安全。

2. 干细胞研究与器官移植

胚胎干细胞定向分化后产生的器官可以为由疾病造成组织细胞缺损的患者提供一个可能的器官组织移植来源。通过胚胎干细胞移植能治疗的疾病包括糖尿病、帕金森病、脊髓损伤和肿瘤疾病等。目前，科学家已经能够在体外鉴别、分离、纯化、扩增和培养人体胚胎干细胞，并以这样的干细胞为"种子"，培育出一些人的模拟组织器官。另外，许多缩短寿命的疾病目前尚无有效的治疗方法，一种可能的途径是利用干细胞多向分化功能来补充自然过程中丧失的组织细胞。干细胞及其衍生组织器官的广泛临床应用，将产生一种全新的医疗技术，也就是再造人体正常的甚至年轻的组织器官，从而使人能够用自己或他人的干细胞或由干细胞所衍生出的新的组织器官来替换自身病变或衰老的组织器官。*New Scientist* 近期分析了干细胞的应用前景，预言在未来根据干细胞技术形成一个"人体器官工厂"，可以制造人类需要的所有器官（图 7-13）。

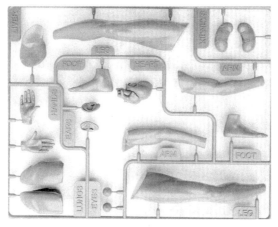

图 7-13　"人体器官工厂"模式图（*New Scientist*，2008 年）

3. 干细胞研究与细胞移植

脐带血富含造血干细胞（可衍生为各种血细胞）和间质前体细胞（可分化为除造血细胞外的其他类型细胞）。从根本上讲，脐带血干细胞的多潜能性比成体干细胞更接近胚胎干细胞。目前，造血干细胞移植技术已经逐渐成为治疗白血病、各种恶性肿瘤被化疗后引起的造血系统和免疫系统功能障碍等疾病的一种重要手段。由于脐带血自身固有的特性，用脐带血干细胞进行移植比用骨髓进行移植更加有效。科学家预言，用神经干细胞替代已被破坏的神经细胞，有望使因脊髓损伤而瘫痪的患者重新站立；不久的将来，失明、帕金森综合征、艾滋病、阿尔茨海默病、心肌梗死和糖尿病等绝大多数疾病的患者都有望借助干细胞移植手术获得康复。

4. 干细胞研究中的基本理论问题

当前研究认为，存在于某一组织中的干细胞可以生成另一组织中的特化细胞，在结构与功能上成为该组织的组成部分。大量试验证明，胚胎中的多能干细胞可以生成多种组织。但是干细胞生成特异组织、器官、细胞的确切机制目前人们仍不了解。细胞重编程一直是干细胞研究的一个难解之谜。研究者将某些基因导入一个细胞后，该细胞发生重编程，人们仍难以明了在基因导入和细胞重编程之间到底发生了什么。干细胞可以长期保持一种非分化状态，但其非分化状态的调控机制目前也未知。作为一种多潜能细胞，胚胎干细胞可以衍生为成体内的任何一种细胞。它们的无限自我更新能力意味着它们不会如其他细胞一样，在经历一定次数的分裂之后，走向死亡。多年来，研究者一直在努力寻找导致这种现象的原因。

5. 干细胞研究中的技术问题

胚胎干细胞极易分化为其他细胞，如何在体外培养时维持其未分化状态，也是干细胞研究和应用过程中的重要课题。虽然在防止干细胞分化方面已取得一定成绩，如在培养基中添加白血病抑制因子等可抑制干细胞分化，但对干细胞的培养条件仍需做进一步的优化探索。细胞分化是多种细胞因子相互作用而引起的细胞内复杂的生理生化反应过程，因此要诱导产生某种特异组织，需要了解各种细胞因子的相互作用机制。研究发现，只要将胚胎干细胞经初步诱导后形成的前体细胞移植到适宜的环境中就能产生目的细胞。因为细胞本身能够分泌指导其正确分化的细胞因子。胚胎干细胞定向分化后可以产生特异器官，但是即便是发育完整的来自健康个体的器官，要离体培养并维持其正常生理功能，目前也无法做到，器官的体外保存和维持仍是器官移植中的难题。一种可能的方法是将细胞注射到有免疫缺陷的动物器官中，使移入的干细胞逐步替代动物细胞，成为可供移植的器官。

6. 干细胞研究中的伦理问题

与胚胎干细胞相比，成人身体上的干细胞只能发育成20多种组织器官，而胚胎干细胞则能发育成几乎所有的组织器官。但是，如果从胚胎中提取干细胞，胚胎就会死亡。

因此，伦理道德问题就成为当前胚胎干细胞研究的主要问题之一。美国政府明确反对破坏新的胚胎以获取胚胎干细胞，美国众议院甚至提出全面禁止胚胎干细胞克隆研究的法案，美国的一些科学家则对此提出了尖锐的批评，他们认为将干细胞用于医学研究，在减轻患者痛苦方面很有潜力，如果错过这样一个绝好的机会，结果将是人类的悲剧。

7. 干细胞与生殖生物学国家重点实验室和人类干细胞国家工程研究中心

干细胞与生殖生物学国家重点实验室由中科院院士、中科院动物研究所所长周琪负责，主要研究方向包括：细胞重编程机制和命运调控、干细胞多能性获得与维持等，并致力于推动再生医学和干细胞的转化应用。周琪院士领导的研究组针对不同物种建立了稳定的体细胞核移植及 iPS 细胞等不同体细胞重编程技术平台，证明 iPS 细胞具有发育为健康小鼠的能力，与胚胎干细胞具有相似的多能性；针对同胚层及跨胚层转分化开展了一系列研究，并依托一系列技术平台尝试深入发掘体细胞去分化及转分化机制，阐明细胞命运转换过程中发生的事件及关键因子，首次发现并明确证实决定小鼠（哺乳动物）干细胞多能性的关键基因决定簇，并对其调控机制进行了探索；证明 iPS 细胞来源小鼠具有与胚胎干细胞来源小鼠相同的生理功能，但具有致瘤倾向性；探索了哺乳动物单倍体干细胞的建立及其在生殖发育和遗传修饰等方面的应用；利用基因修饰的单倍体胚胎干细胞开展了大鼠的遗传筛选，并成功获得转基因小鼠和大鼠，为哺乳动物的生殖和遗传学研究提供了新的重要工具；发现孤雌单倍体干细胞经过基因组印记修饰后可以替代精子，从而使两只雌性小鼠也能够产生后代，建立了"同性生殖"的新方法；首次创建了新型的异种杂合二倍体胚胎干细胞，为研究进化不同物种间性状差异的分子机制和 X 染色体失活提供了新型的有力工具；与其他研究者合作在体外获得功能性精子，揭示了 m6A 修饰在促进体细胞重编程为多能性干细胞中的重要作用；建立了包括小鼠、大鼠、猪和灵长类在内多个物种的基因修饰体系，包括建立具有种系嵌合能力的大鼠胚胎干细胞系、利用 CRISPR/Cas 基因修饰系统实现大鼠多基因的快速同时敲除；将 CRISPR 技术和胚胎注射相结合，不用杂交交配直接一步获得基因敲除猪和猴模型，为疾病动物模型的制备提供了重要基础。周琪研究组收集了几十种物种、不同发育级别的胚胎干细胞、成体干细胞及体细胞，包括一定数量的疾病来源细胞系及自建的转基因细胞系。依托于现有的细胞系资源及研究平台，周琪研究组致力于开展疾病动物模型及细胞模型的建立及研究工作，现已建立包括小鼠、大鼠在内的多个克隆研究平台；尝试利用基因定点修饰、诱变、药物处理等多种方式，依托重编程、核移植及动物嵌合等技术建立疾病动物模型及细胞模型；关注并开展了有关细胞治疗及药物筛选等临床前基础研究及安全性评估工作，以期推动基础研究在再生医学领域的应用。

人类干细胞国家工程研究中心（以下简称工程研究中心），是国家发展和改革委员会于 2004 年批准成立的国家级干细胞工程中心。湖南光琇高新生命科技有限公司（以下简称公司）承担了工程研究中心的整体运营。卢光琇教授担任工程研究中心主任。近年来，在以卢光琇教授为首的学术团队的领导下，工程研究中心于 21 世纪初构建了人类体细胞克隆囊胚，该研究先后被美国《华尔街日报》和英国《泰晤士报》专栏报道，引起国际同行的广泛关注。此外，工程研究中心还在国内较早建立了人类胚胎干细胞系，现已成为具有自主知识产权的胚胎干细胞库，库存 521 株人类胚胎干细胞，为再生医学提供了充足的种子来源。工程研究中心坚持以研究团队为主体，以科技创新为驱动，走"产学研"结合的路径，下设生产部门和研发部门，同时全额投资的附属湖南光琇医院也在为加快干细胞技术产业化进程创造条件，并为研究成果的临床转化打下基础。工程研究中心目前已获得授权专利 17 项，发表 106 篇论文；人胚胎干细胞系列研究成果获湖南省科学技术一等奖；光琇高新生命科技有限公司为湖南省科学技术厅认定的"高新技术企业"，并已被授牌组建了博士后科研流动站协作研发中心，拥有博士学位以上学历科研人员 37 人，占总人数的 35.9%，科技开发人员 102 人，占总人数的 82.9%以上。

第三节 动物转基因技术

一、动物转基因技术的研究历史

1. 动物转基因技术概念

动物转基因技术是指通过转移目的基因至动物受精卵或细胞内，或剪除、抑制部分目的基因，使目的基因在动物体内得以整合表达或抑制表达，以产生带有新的遗传特征或性状的转基因动物的技术。

2. 动物转基因技术研究进展

1971 年，Jaenisch 和 Mintzb 将 SV40 DNA 注射到小鼠囊胚，在发育的幼鼠体内检测到 SV40 DNA 序列的存在。1976 年，Jaenisch 又通过逆转录病毒感染小鼠胚胎，使病毒 DNA 整合到小鼠基因组并传递给后代。这还不是真正意义上的转基因动物，因为外源 DNA 只在小鼠的少数体细胞中存在，且遗传到下一代的概率很小。1980 年，Gorden 等首先将纯化的 DNA 注射到小鼠的受精卵原核内，获得了真正意义上的转基因小鼠。1982 年，Palmiter 等利用相同的方法，将大鼠生长激素基因注射到小鼠原核期胚胎，获得了体重为正常小鼠 2 倍的转基因"超级鼠"。这一结果发表在 *Nature* 上，引起了全世界同行业领域的轰动（图 7-14）。

图 7-14 生长激素基因制备转基因"超级鼠"（Palmiter et al.，1982）

因此，原核期显微注射法作为生产转基因动物的主要方法被确定，成为一种最可靠和最常使用的转基因动物制作方法，并很快在家畜上得到应用。1985 年，美国科学家 Hammer 等在 *Nature* 上发表文章，公布利用该方法培育出世界上第一只转基因绵羊。1990 年 12 月，美国 Genzyme Transgene 公司用酪蛋白启动子与人乳铁蛋白（hLF）的 cDNA 构建了转基因载体，通过显微注射法获得了世界上第一头名为 Herman 的转基因公牛，该公牛与非转基因母牛产生转基因后代，1/4 后代母牛乳汁中表达人乳铁蛋白。1992 年，荷兰 Genpharm 公司用同样的方法培育出牛奶中乳铁蛋白表达量为 1000μg/ml 的转基因牛。Berkel 等在此技术基础上进行改进，培育出的人乳铁蛋白转基因牛中牛奶乳铁蛋白表达量高达 2800μg/ml。分析小鼠体内试验的结果，发现转基因牛奶中的人乳铁蛋白与天然人乳中的乳铁蛋白具有相同的生理学功能，表明利用转基因动物乳腺生物反应器生产人乳铁蛋白可行。随着这些研究的不断进行，转基因动物研究于 20 世纪 90 年代进入蓬勃发展时期，其在生物医学领域及动物新品种培育方面显示出越来越广阔的应用前景（表 7-3）。

表 7-3　几种转基因药物研究的热点领域

国家/公司	药品	用途	预计市场	R&D 阶段
美国	抗凝血剂	动脉移植等	80kg/5 亿美元	完成临床，山羊 14g/L
Genzyme Transgene Corp	蛋白酶抑制因子	呼吸窘迫综合征等	9 000kg/8 亿美元	完成 II 期，山羊 20g/L
	蛋白酶原激活因子	肺栓，心肌梗死等	75kg/7 亿美元	完成前期，山羊 6g/L
	路易斯单抗	乳腺癌，肺癌等	800kg/5 亿美元	蛋白质纯化，山羊 14g/L
	抗癌抗体	结肠癌等	300kg/3 亿美元	提高表达量，山羊 0.5g/L
	可溶性受体 CD4	艾滋病等	50kg/6 亿美元	转基因鼠 8g/L
	胰岛素原	糖尿病	42kg/12 亿美元	转基因鼠 20g/L
英国	抗胰蛋白酶	肺纤维囊肿等	8 000kg/8 亿美元	临床 III 期完成，绵羊 12g/L
PPL Therapentics PLC	血纤维蛋白原	外科创伤等	750kg/5 亿美元	临床 I 期，绵羊 6g/L
	活性蛋白 C	深部静脉血栓等	50kg/5 亿美元	转基因鼠 5g/L
	凝血因子 VIII	A 型血友病	1.2kg/10 亿美元	转基因鼠 3g/L
荷兰	葡糖苷酶	肌肉糖原贮积病	5kg/1 亿美元	完成临床，转基因兔 5g/L
Pharming	酯酶抑制因子	心肌梗死等	15kg/3 亿美元	临床前期，转基因兔 3g/L
B.V 公司	胶原蛋白	类风湿等	24 000kg/10 亿美元	转基因奶牛 1g/L
	血清白蛋白	烧伤，血量扩积等	45 000kg/5 亿美元	转基因鼠 35g/L

注：美国商业交流公司，Genzyme 公司和 D&MD 医药投资发展公司报告，2006 年

随着原核显微注射技术在转基因动物生产中越来越广泛的应用，其中存在的问题也逐渐暴露出来。显微注射法明显存在两大弊端：一是基因整合效率低下；二是整合是随机和不可预测的，故难以控制转基因在宿主基因组中的行为。由于这两大弊端的存在，再加上人们对基因功能和基因表达调控等知识缺乏了解，所得的转基因动物大多与人们的预期目标相差甚远，甚至还表现出许多发育异常或疾病，致使转基因动物的研制停留在实验室研究阶段，无法应用于生产实践。多年来人们虽然也尝试了许多其他方法，如精子载体法、病毒载体法、电穿孔转移法等，但都不如显微注射法。因此转基因动物研究一度停滞不前。

20 世纪 80 年代初发展起来的小鼠胚胎干细胞技术，以及 80 年代末发展起来的基因定点整合技术，为一度低迷的动物转基因技术注入了新的生机。Mario R. Capecchi 1989

年成功对一只老鼠进行基因打靶,开辟了基因定点整合的先河。基因打靶(gene targeting)是通过外源 DNA 与染色体 DNA 之间的同源重组,精细地定点修饰和改造基因 DNA 片段的技术。它是在胚胎干细胞技术和同源重组技术基础上发展起来的基因工程新技术,该技术具有位点专一性强、打靶后目的片段可以与染色体 DNA 共同稳定遗传的特点,目前已成为一种较理想的改造生物遗传物质的实验方法。2007 年,诺贝尔生理学或医学奖授予给美国学者 Mario Capecchi、Oliver Smithies 和英国学者 Martin Evans,以表彰他们在分离小鼠胚胎干细胞及"基因打靶"技术等方面做出的突出贡献。

二、动物转基因研究的生物学意义

1. 基因功能基础研究手段

动物转基因技术的研究需要应用分子生物学、分子遗传学、生物化学、动物生理学、组织胚胎学和细胞生物学等基础理论知识,动物转基因技术的研究成果反过来又帮助和促进这些学科的发展。不仅如此,动物转基因技术已经日渐成为一种强有力的研究手段并应用于这些学科的研究当中。动物转基因技术是研究基因表达和功能的有力工具。通过随机整合和定点敲入,将我们要研究的特定基因整合在动物的基因组中,并使该特定基因能在最恰当的组织细胞内适时表达,从而研究外源基因在活体动物中的表达及其功能。通过基因敲除和 RNAi 技术,可以研究由某种基因的缺失或功能失活导致的动物生理上和表型上的变化,从而揭示基因的功能。因此,动物转基因技术已经成为功能基因筛选的重要研究手段。同时,动物转基因技术还在胚胎发育调控、肿瘤发生和神经发育等基础理论研究方面得到广泛应用。

2. 生物医学领域研究

动物转基因技术在生物医学领域中也得到了广泛应用。利用动物转基因技术,可以生产各种人类疾病的动物模型,用于研究疾病的发病机制,同时探索最佳的治疗方法。现已建立起来的人类疾病动物模型主要是用于遗传病的研究,如镰状细胞贫血、地中海贫血症、红细胞增多症、动脉硬化、肝炎、原发性高血压和阿尔茨海默病等遗传病转基因动物模型。2004 年,美国科学家培育出世界首例转基因猴,这是世界上首次培育成功的转基因灵长类动物,此项研究成果给人类最终战胜糖尿病、乳腺癌、帕金森病和艾滋病等各种免疫系统疾病带来了曙光。发展较早、应用较广的疾病动物模型最初都是以小鼠、大鼠或兔子等啮齿类动物为模型的。这些啮齿类动物模型在人类疾病诊断及治疗方面的研究和应用中发挥了重要作用。但有些疾病像肺部囊性纤维化(cystic fibrosis,CF)无法利用小鼠建立疾病模型,这种疾病是一种隐性遗传病,是由常染色体上囊性纤维化穿膜调节蛋白(CF transmembrane conductance regulator,CFTR)的编码基因突变导致的。通过基因打靶敲除 *CFTR* 基因的 11 个转基因,小鼠均未表现出肺部囊性纤维化和胰腺疾病,说明动物个体大小、生理解剖及生理生化的不同,尤其是基因组的不同,可能是 *CFTR* 基因敲除小鼠不能表现出像人类一样的肺部或胰腺疾病的原因。鉴于这些原因,人们一直在考虑用一种大动物来代替小鼠研制人类疾病动物模型。大家知道,无论从基因组的同源性还是从动物生理生化及个体大小，猪都比其他动物更接近于人类。2008年 4 月，美国密苏里大学 Prather 领导的研究组通过基因打靶技术将 *CFTR* 基因用一段没有功能的 DNA 序列或已知的突变 DNA 片段替代，成功培育出 *CFTR* 单等位基因失活的转基因克隆猪。这是世界第一例非小鼠的通过基因打靶获得的人类疾病动物模型，标志着疾病动物模型的研究前进了一大步（Zhao et al.，2010）。

转基因动物体系能够打破自然繁殖中的种间隔离，使基因能够在不同动物品种间流动。在 1991 年第一次国际基因定位会议上，动物转基因技术被认为是继经典的连锁分析、近代的体细胞遗传及基因克隆之后的第四代生物技术，成为生物发展史上的里程碑，转基因技术将对整个生命科学的研究产生越来越深远的影响。

三、动物转基因技术的应用前景及存在的问题

1. 动物转基因技术的应用前景

1）新品种培育。动物育种的目标是提高动物的遗传品质，如提高繁殖率、生长率，提高动物产品的营养价值、饲料转化率、利用率及增加皮毛的质量，以及培育抵抗力强的抗病新品种等。要达到上述目标，通过传统的杂交育种方法需要漫长的岁月，甚至有的目标无法通过常规育种实现。通过随机整合、基因敲入和基因敲除等转基因技术手段，使短时间内培育通过常规手段无法获得的动物新品种成为可能。1991 年 Garber 等将小白鼠抗禽流感病毒基因转入鸡胚胎中，使鸡获得对禽流感的抗性，2004 年 Kuroiwa 等将牛编码朊蛋白的基因 *Prnp* 删除后，获得了不会发生疯牛病的转基因牛。还有一些目前仍然流行猖獗、严重制约畜牧业发展的畜禽疾病，如猪的蓝耳病和牛羊的口蹄疫等，都有希望通过转基因手段来解决。除抗病性新品种培育外，通过转基因手段还可以培育出新型的奶和肉产品。2004 年中国农业大学李宁教授领导的研究组成功培育出有人乳清蛋白、人乳铁蛋白、岩藻糖转移酶基因的转基因奶牛，这种转基因牛产的奶由于富含人奶中的成分被称为"人源化牛奶"。我国在"人源化牛奶"的研究和产业化方面已经走在世界前列。

众所周知，不饱和脂肪酸对人体尤其是心脑血管健康有利，其中的主要成分 ω-3 一直是欧美乃至全世界风靡一时的保健品。这种不饱和脂肪酸主要来源于深海鱼类，而在哺乳动物中含有大量的饱和脂肪酸，仅含有较低比率的不饱和脂肪酸。这是由于哺乳动物中缺少将相应的饱和脂肪酸转化成不饱和脂肪酸的去饱和酶基因。2003 年，美籍华人 Kang 等将线虫的脂肪酸去饱和酶基因 *fat-1* 转入小鼠中，成功地将小鼠体内的 ω-6 转化成 ω-3。2006 年，中国学者赖良学博士和李荣凤博士等通过体细胞克隆技术，成功培育出 fat-1 转基因克隆猪（图 7-15）。在 8 只转基因猪的骨骼肌中，ω-3 平均含量达到野生型猪骨骼肌不饱和脂肪酸含量（8% vs 1%～2%）的 4～8 倍。这种转基因猪本身的健康状况和抗病能力因高含量的 ω-3 得以提高，更主要的是其提供的肉等食品在满足人们的膳食需求的同时，还可以预防和治疗人类心脑血管疾病、提高免疫力。2009 年，国内学者李光鹏、赖良学、戴一凡、欧阳红生、孙青原等多个团队联合攻关，世界首例能产生 ω-3 多不饱和脂肪酸的转基因克隆牛诞生（图 7-16），经检测，克隆牛 ω-3 脂肪酸含量

较普通牛有大幅度的提升。2010年，内蒙古农业大学周欢敏的研究团队又获得一批ω-3多不饱和脂肪酸的转基因克隆绵羊（图7-17）。

图 7-15　fat-1 转基因克隆猪（Li et al.，2006）

图 7-16　fat-1 转基因克隆牛（2009 年李光鹏等收集整理）

图 7-17　fat-1 转基因克隆绵羊（2011 年周欢敏收集整理）

2）动物生物反应器。通过设计不同组织的特异性表达载体，再连接上外源目的基因来生产转基因动物，那么所产生的转基因动物中外源基因将在动物特定组织中表达。如果特异表达载体为乳腺特异表达，目的基因为药用蛋白或其他有价值的蛋白质等，从转基因动物的乳汁中就可以获得由目的基因编码的药用蛋白。在转基因动物出现之前，人们首先想到利用细菌来生产基因工程药物，即把目的基因通过适当改造后转入大肠杆菌等工程菌中，让目的基因在细菌中得以表达，与细菌基因工程和细胞基因工程相比，通过动物转基因技术生产药用蛋白不但产量高、易提纯，而且表达的蛋白质经过充分的修饰加工，具有稳定的生物活性。同时，由于乳腺是一个外分泌器官，乳汁不进入体内循环，不会影响转基因动物的生理代谢。因此，人们称这种转基因动物为"乳腺生物反应器"。我国 863 计划在"九五"期间和"十五"期间均将转基因动物研究列为重大项目并予以资助，先后培育出能在乳腺中特异表达多种药用蛋白的转基因牛、绵羊和山羊，总体技术能力基本达到发达国家水平。2008 年，我国又启动了国家中长期科技项目"转基因生物新品种培育重大专项"研究计划，该计划面向 4 种农作物（水稻、玉米、棉花、小麦）、3 种家畜（牛、羊、猪）的新品种培育，集中了全国相关领域的专家、科研院所、企业等，组成产、学、研的攻关结构，一定将继续推动我国的转基因动物研究尽快走向产业化应用阶段。

3）异种器官移植供体。器官移植是治疗许多终末期人类疾病首选的有效方法，但是供者器官来源不足严重制约着器官移植技术的推广和应用，所以跨物种的异种器官移植研究成为我们期待的、能够解决这一困境的可能途径之一。研究者认为，使用动物组织或器官来代替人类的器官具有一定的优越性：如动物器官比人造器官更具有自然和生物性；使用动物器官可以避免使用人体器官带来的各种伦理与法律问题等。但是与此同时，由于被移植的供体器官与宿主容易产生强烈的排异反应，异种器官移植手术失败的风险要远远大于同种移植。而转基因动物通过对供体动物进行遗传学与免疫学等方面的预处理，可以从改良后的实验动物上获得具有理想效果的移植器官。其主要原理是：通过基因工程等各种手段，在综合考虑导致异种排斥反应的多种有关因素的基础上，对供体动物的关键目的基因进行修饰或改造，随后以获得的转基因动物作为器官移植的供体，为患者提供器官移植。近几年来，转基因猪逐渐成为相关研究领域的热点，相关内容已经在本章第一节"动物克隆技术"中进行描述。

4）治疗性克隆。取患者体细胞，通过体细胞克隆技术生产胚胎，从而获取源自患者自身的胚胎干细胞，并将其培育成移植用的细胞、组织或器官，即治疗性克隆。利用治疗性克隆，由于移植的供体与患者的基因近乎完全一致，因此可以避免异体或异种移植中存在的免疫排斥问题。通过治疗性克隆得到的胚胎干细胞经遗传修饰后可以用来治疗多种 DNA 病变导致的疾病，这些遗传修饰后的干细胞在体外经诱导分化可得到肌肉、神经等不同类型的细胞，供临床使用。治疗性克隆面临的主要问题是人卵母细胞来源不足，目前，人们正在尝试用动物的卵母细胞代替人卵母细胞进行治疗性克隆。

2. 动物转基因技术存在的问题

1）动物转基因技术问题。体细胞转染结合体细胞核移植技术是目前生产转基因动物的主流技术。众所周知，体细胞克隆技术的成功率迄今为止仍然很低，80%以上的克隆胎儿要面临流产，只有 1%～5% 的克隆胚胎可以发育至妊娠末期，而出生的克隆动物中 50% 以上会因为器官发育不全出现早期夭折，即使是存活下来的克隆动物也有一部分伴有异常表型。在细胞转染过程中，尤其是同源重组，外源基因的整合率非常低，阳性细胞的筛选非常困难。上述存在问题导致转基因动物生产一直是周期长、高投入、低产出的高风险产业。目前，除小鼠外的大多数转基因动物中外源基因在宿主基因组中的插入和整合具有很大的随机性，即使已整合的外源基因也很容易从宿主基因组中丢失，遗传给后代的概率很低。而基因打靶、定点整合目前还只局限在少数动物，只有一些研究比较清楚、片段较短的基因可以制作打靶载体。

2）转基因效果不稳定、转基因在宿主基因组中的行为难以控制。为了提高转基因的整合率与表达率，全世界的科学家共同努力，在改良动物转基因技术方面已经取得一定成绩。但随之而来的问题是，即便有人取得了较高的转基因效率，阳性结果重复性也比较差，甚至无法重复，而且外源基因在宿主基因组中的行为也难以控制。究其原因，人们对于基因的功能与外源基因在宿主染色体上的整合机制等转基因技术中涉及的基本理论点仍缺乏深入了解，所以难以构建可控高效表达的转导基因，而外源基因随机整合容易造成宿主细胞基因突变，进而造成表达遗传的不稳定。同时，由病毒载体携带的目的基因，在成功转入宿主染色体后还可能再次脱离，成为存在于染色体之外的独立复制成分，从而造成细胞功能紊乱或死亡。

3. 转基因动物的安全性问题

除上述转基因技术问题外，转基因动物的安全性问题也成为受世人普遍关注并引发争论的焦点。例如，社会对转基因动物的接受能力，具有某些优良性状的转基因动物可能会对生物多样性与生态平衡产生不良影响，转基因动物产品是否会威胁人类健康及由之引发的一系列社会伦理问题等。这些问题都是从事转基因相关研究的科学家必须面对并加以审慎考虑与深入研究的重大课题。我们应该看到，转基因技术目前尚处于初步探索阶段，而在转基因动物研究领域所取得的成果也只是刚刚起步。尽管现在还有一些关键技术问题与理论问题需要阐明，但是随着转基因研究的继续深入和相关生物工程技术的不断进步，动物转基因技术会不断完善，进一步推动农牧业和生物医学等多种产业的发展。

参 考 文 献

寇贺红, 欧阳五庆, 张文娟, 等. 2004. 利用动物乳腺生物反应器生产人凝血因子IX. 动物科学与动物医学, 21(10): 7-9.

李涛, 卢晟盛. 2001. 诱导性基因打靶的原理及有关应用. 国外医学分子生物学分册, 23(4): 223-227.

李湘萍, 徐慰倬, 李宁. 2003. 动物基因敲除研究的现状与展望. 遗传, 25(1): 81-88.

田锦, 王淑彩, 李志敏, 等. 2002. 乳蛋白基因在转基因动物乳腺细胞中特异性表达的研究进展. 黄牛杂志, 28(1): 31-34.

王瑞恒, 刘庚常. 2007. 理性面对克隆人. 西北人口, 28(1): 84-87.

张金吨, 赵丽霞, 吴宝江, 等. 2011. 利用piggyBac载体建立小鼠诱导性多能干细胞. 北京: 第六次全国动物生物技术学会研讨会: 143.

朱武洋, 贾青. 2002. 基因打靶用于哺乳动物体细胞核移植技术研究进展. 畜牧兽医杂志, 21(5): 10-15.

Bao S Q, Tang F C, Xihe Li X H, et al. 2009. Epigenetic reversion of post-implantation epiblast to pluripotent embryonic stem cells. Nature, 461: 1292-1295.

Bao S Q, Tang W W C, Wu B J, et al. 2018. Derivation of hypermethylated pluripotent embryonic stem cells with high potency. Cell Research, 28: 22-34.

Campbell K H, Alberio R, Choi I, et al. 2002. Cloning: eight years after Dolly. Animal Cloning, 40: 256-258.

Campbell K H, McWhir J, Ritchie W A, et al. 1996. Sheep cloned by nuclear transfer from a cultured cell line. Nature, 308: 64-66.

Capecchi M R. 1989. Altering the genome by homologous recombination. Science, 244: 1288-1292.

Chan A W, Dominko T, Luetjens C M, et al. 2000. Clonal propagation of primate offspring by embryo splitting. Science, 14(287): 317-319.

Condic M L, Rao M. 2008. Regulatory issues for personalized pluripotent cells. Stem Cells, 26(11): 2753-2758.

Galli C, Lagutina I, Crotti G, et al. 2003. A cloned horse born to its dam twin. Nature, 424: 635.

Garber E A, Chute H T, Condra J H, et al. 1991. Avian cells expressing the murine Mx1 protein are resistant to influenza virus infection. Virology, 180(2): 754.

Hammer R E, Pursel V G, Rexroad C E Jr, et al. 1985. Production of transgenic rabbits, sheep and pigs by microinjection. Nature, 315: 680-683.

Hayashi K, Ogushi S, Kurimoto K, et al. 2012. Offspring from oocytes derived from in vitro primordial germ cell-like cells in mice. Science, 338(6109): 971-975.

Kang J X, Wang J, Wu L, et al. 2004. Transgenic mice: fat-1 mice convert n-6 to n-3 fatty acids. Nature, 427(6974): 504.

Kato Y, Tani T, Sotomaru Y, et al. 2008. Eight calves cloned from somatic cells of a single adult. Science, 282: 2095-2098.

Kolber-Simonds D, Lai L, Watt S R, et al. 2004. Production of alpha-1, 3-galactosyltransferase null pigs by means of nuclear transfer with fibroblasts bearing loss of heterozygosity mutations. Proc Natl Acad Sci U S A, 101(19): 7335-7340.

Kuroiwa Y, Kasinathan P, Matsushita H, et al. 2004. Sequential targeting of the genes encoding immunoglobulin-mu and prion protein in cattle. Nat Genet, 36: 775-780.

Lai L, Kolber-Simonds D, Park K W, et al. 2002. Production of alpha-1, 3-galactosyltransferase knock out pigs by nuclear transfer cloning. Science, 295: 1089-1092.

Lai X L, Kang J X, Li R F, et al. 2006. Generation of cloned transgenic pigs rich in omega-3 fatty acids. Nature Biotechnology, 24(4): 435-436.

Lee B C, Kim M K, Jang G, et al. 2005. Dogs cloned from adult somatic cells. Nature, 436: 641-642.

Li R, Lai L, Wax D, et al. 2006. Cloned transgenic swine via in vitro production and cryopreservation. Biol Reprod, 75: 226-230.

Li X H, Allen W R. 2002. Influences of donor cell age on nuclear reprogramming and first embryonic division of the reconstructed horse oocytes with the nuclei of fetal and adult cells. Theriogenology, Equine Reproduction VIII: 767-770.

Li X H, Morris L H A, Allen W R. 2002. In vitro development of reconstructed horse oocytes following by nuclear transfer using fetal and adult cells. Biology of Reproduction, 66: 1288-1292.

Li X H, Tremoleda J, Allen W R. 2003. Effect of the number of passages of fetal and adult fibroblasts on nuclear reprogramming and first embryonic division in reconstructed horse oocytes following nuclear transfer. Reproduction, 125: 535-542.

Li X H, Zhou S G, Imreh M P, et al. 2006. ES cell lines obtained from proliferation of inner cell mass (ICM) cells of the horse blastocysts. Stem Cell and Development, 15: 523-531.

Mali P, Ye Z, Hommond H H, et al. 2008. Improved efficiency and pace of generating induced pluripotent stem cells from human adult and fetal fibroblasts. Stem Cells, 26: 1998-2005.

Palmiter R D, Brinster R L, Hammer R E, et al. 1982. Dramatic growth of mice that develop from eggs microinjected with metallothioncin-growth hormone fusion genes. Nature, 300(5893): 611-615.

Polejaeva I A, Chen S H, Vaught T D, et al. 2000. Cloned pigs produced by nuclear transfer from adult somatic cells. Nature, 407: 86-90.

Shi Y, Do J T, Desponts C, et al. 2008. A combined chemical and genetic approach for the generation of induced pluripotent stem cells. Cell, 2: 525-528.

Sun W, Wang J, Zhou W, et al. 2010. Generation of cloned deer by somatic nuclear transfer from ear fibroblast cells. Biology of Reproduction. Summer Meeting, 159(Abstract).

Takahashi K, Tanabe K, Ohnuki M, et al. 2007. Induced of pluripotent stem cells from adult human fibroblasts by defined factors. Cell, 131: 1-12.

Woods G L, White K L, Vanderwall D K, et al. 2003. A mule cloned from fetal cells by nuclear transfer. Science, 301: 1063.

Yang P, Wang J, Gong G, et al. 2008. Cattle mammary bioreactor generated by a novel procedure of transgenic cloning for large-scale production of functional human lactoferrin. PLoS One, 3(10): e3453.

Yu J, Vodyanik M A, Smuga-Otto K, et al. 2007. Induced pluripotent stem cell lines derived from human somatic cells. Science, 318(5858): 1917-1920.

Zhao J, Whyte J, Prather R S. 2010. Effect of epigenetic regulation during swine embryogenesis and on cloning by nuclear transfer. Cell Tissue Res, 341: 13-21.

Zhao L X, Li Y X, Su J, et al. 2011. Establish bovine induced pluripotent stem cell lines from fibroblasts. Beijing: The 6# National Annual Conference for Animal Biotechnology: 164.

Zhou Q, Renard J P, Le Friec G, et al. 2003. Generation of fertile cloned rats by regulating oocyte activation. Science, 302: 1179.

Zhou Q, Wang M, Yuan Y, et al. 2016. Complete meiosis from embryonic stem cell-derived germ cells *in vitro*. Cell Stem Cell, 18(3): 330-340.

ICS 65.020.30
B 43

中华人民共和国国家标准

GB/T 31581—2015

牛性控冷冻精液生产技术规程

Code of pratice on production of bovine frozen sexed-semen

2015-05-15 发布

2015-10-01 实施

中华人民共和国国家质量监督检验检疫总局
中国国家标准化管理委员会 发布

前　言

本标准按照 GB/T 1.1—2009 给出的规则起草。

请注意本文件的某些内容可能涉及专利。本文件的发布机构不承担识别这些专利的责任。

本标准由中华人民共和国农业部提出。

本标准由全国畜牧业标准化技术委员会(SAC/TC 274)归口。

本标准起草单位：农业部牛冷冻精液质量监督检验测试中心(北京)、内蒙古赛科星繁育生物技术股份有限公司、北京奶牛中心、中国农业大学、全国畜牧总站、农业部牛冷冻精液质量监督检验测试中心(南京)。

本标准主要起草人：张晓霞、李喜和、周文忠、刘海良、孙飞舟、张胜利、陆汉希、杨清峰、武玉波、钱松晋、张海涛、刘玉、赵鹏、王建国、胡树香、张勇、胡志刚。

牛性控冷冻精液生产技术规程

1　范围

本标准规定了牛性控冷冻精液生产的器械清洗和消毒、稀释液配制、采精、精液处理、精子分离、冷冻、解冻、检验、包装、贮存及运输。

本标准适用于采用流式细胞分离技术生产牛性控冷冻精液。

2　规范性引用文件

下列文件对于本文件的应用是必不可少的。凡是注日期的引用文件,仅注日期的版本适用于本文件。凡是不注日期的引用文件,其最新版本(包括所有的修改单)适用于本文件。

GB 4143　牛冷冻精液

GB/T 5458　液氮生物容器

GB/T 31582　牛性控冷冻精液

NY/T 1234　牛冷冻精液生产技术规程

3　术语和定义

下列术语和定义适用于本文件。

3.1

精子分离　sperm sorting

根据 X 精子和 Y 精子 DNA 含量的差异,利用流式细胞分离方法将 X 精子和 Y 精子分离开。

3.2

性控冷冻精液　frozen sexed-semen

分离后富含 X 精子或 Y 精子、经超低温冷冻后在液氮中长期保存的精液。

4　采精用品清洗和消毒

按照 NY/T 1234 的规定执行。

5　溶液配制与灭菌

5.1　溶液配制

5.1.1　稀释液

稀释液配制见附录 A 中 A.1。

5.1.2　分离机缓冲液 Tris-sheath

分离机缓冲液 Tris-sheath 的配制见 A.2。

5.1.3 荧光染色液和食品红染色液

荧光染色液和食品红染色液配制见 A.3。

5.1.4 精子染色液

精子染色液的配制见 A.4。

5.1.5 精子收集液

精子收集液配制见 A.5。

5.2 溶液灭菌

溶液在使用前进行高压蒸汽灭菌(120 kPa,15 min),对于不能高压灭菌的溶液使用 0.22 μm 过滤器进行过滤除菌。

6 主要仪器设备

流式细胞仪、精液分装机、细管印字机、程序冷冻仪、荧光显微镜、离心机、精子密度仪。

7 采精

按照 NY/T 1234 的规定执行。

8 精液处理

精液处理方法按照 NY/T 1234 的规定执行,精液分离前应添加抗生素并在 18 ℃~20 ℃的环境下保存,储存时间不超过 16 h。

9 精子分离

9.1 分离环境

精子分离实验室应保持洁净,室温控制在 18 ℃~25 ℃,无振动源。

9.2 分离前处理

根据所采原精密度,按比例进行染色。

示例:对 4 亿个精子进行染色,用染色原液稀释到 2 亿个/mL,加入 15μL~30 μL Hochest 33342 荧光染色液放入 5 mL分离专用试管,混匀后放入 34 ℃水浴,加盖避光温育 45 min。再加入 2 mL 含 4%卵黄的食品红染色液,最后制成精子分离样品。

9.3 分离

按照分离机操作规程分离。

10　分离精液冷冻

10.1　稀释平衡

分离后的精液在 4 ℃±1 ℃条件下平衡 90 min 后同温 750g 离心 5 min，去除上清液。然后用 20％卵黄 Tris-A 液稀释收集后的分离精液，使精子密度≥2 000 万个/mL。之后添加等量的含 12％甘油的 Tris-B 液，平衡 20 min。用 1∶1 的 Tris-A 液、Tris-B 液将最终精子密度调整为≥1 000 万个/mL。

10.2　分装

平衡后的精液在 4 ℃±1 ℃条件下灌装、封口、印字，在细管上打印生产单位代号、品种、牛号、生产日期或批号（见附录 B）、性控标记等信息。

10.3　冷冻、包装

在 4 ℃±1 ℃条件下将分装后的细管按照棉塞同一方向码放在冷冻架上，然后移入冷冻仪中，冷冻的初冻温度调节至−90 ℃，控制降温过程，在 20 min 到达−120 ℃后投入液氮中。冷冻结束后进行包装，包装应在−140 ℃以下进行。保存性控冷冻精液的液氮生物容器应符合 GB/T 5458 的规定。

11　入库前检查

性控冷冻精液产品的质量应由专职的质量检验员负责检测，每批性控冷冻精液入库前应进行常规检验，方法见 GB/T 31582。检验合格后方可入库。

12　贮存、运输

按照 NY/T 1234 的规定执行。

附　录　A
（规范性附录）
牛性控冷冻精液生产相关溶液配制

A.1　溶液配制

试剂纯度应达到分析纯。

A.1.1　Tris-A 工作液

取 Trizma Base 35.32 g、柠檬酸 17.21 g、D-果糖 12.65 g 溶于 750 mL 双蒸水,搅拌 30 min,再加入双蒸水至 1 000 mL。溶液 pH 调到 6.8,然后用 0.22 μm 的过滤器过滤除菌,5 ℃±1 ℃保存,有效期 14 d。

A.1.2　20％卵黄 Tris-A 液

取 Tris-A 工作液 199 mL,添加 51 mL 卵黄液,搅拌 15 min,5 ℃±1 ℃静置 12 h,去除沉淀,吸出表层卵脂后,在 18 500g 的条件下离心。然后用 0.22 μm 的过滤器过滤除菌,加入抗生素,5 ℃±1 ℃保存,有效期 7 d。

A.1.3　Tris-B 工作液

取 Trizma Base 35.746 g、柠檬酸 19.980 g、D-果糖 14.712 g 溶于 750 mL 双蒸水,搅拌 30 min,再加入双蒸水至 1 000 mL。溶液 pH 调到 6.8,然后用 0.22 μm 的过滤器过滤除菌,5 ℃±1 ℃保存,有效期 14 d。

A.1.4　12％甘油 Tris-B 液

先用 Tris-B 工作液配制 23％(体积分数)卵黄液,搅拌 15 min 后置 5 ℃±1 ℃条件下 12 h 析出沉淀。静置后吸出表层卵脂,并在 18 500g 的条件下进一步离心沉淀。然后用 0.22 μm 的过滤器过滤除菌。再加入甘油使甘油终浓度达到 12％(体积分数)。溶液 pH 调到 6.8,加入抗生素,在 5 ℃±1 ℃保存,有效期 7 d。

A.2　分离机缓冲液 Tris-sheath 配制

配制 20 L Tris-sheath 工作液:取 Trizma Base 477.6 g、柠檬酸 232.6 g、D-果糖 171.0 g 溶于 3.0 L 双蒸水中搅拌 30 min,并加盐酸把 pH 调到 6.8,然后添加抗生素用 0.22 μm 的过滤器过滤灭菌,再加双蒸水至 20.0 L 容量,调节 pH 至 6.8,渗透压 290 mOsm± 10 mOsm。在 5 ℃±1 ℃保存,有效期 14 d。

A.3　荧光染色液和食品红染色液配制

A.3.1　0.5％荧光染色液

将 10 mg 荧光染料 Hochest 33342 定容于 2 mL 双蒸水中,在 5 ℃±1 ℃条件下避光保存,有效期 90 d。

A.3.2　5%食品红染色液

将 0.5 g 食品红染料定溶于 10 mL 双蒸水中,0.22 μm 过滤除菌,在 5 ℃±1 ℃条件下避光保存。有效期为 90 d。

A.4　精子染色液配制

A.4.1　精子染色原液

100 mL 精子染色原液:依次称取 HEPES 0.925 g、氯化镁(MgCl$_2$·6H$_2$O)0.008 g、氯化钠(NaCl)0.551 8 g、氯化钾(KCl)0.022 4 g、磷酸氢二钠(Na$_2$HPO$_4$)0.004 g、碳酸氢钠(NaHCO$_3$)0.084 g、丙酮酸钠 0.022 g、葡萄糖 0.09 g、乳酸钠 0.361 mL、BSA 0.3 g,溶于 100 mL 双蒸水中,调整 pH 至 7.4,加入 0.25 mL庆大霉素(10 mg/ mL),0.22 μm 过滤灭菌后,在 5 ℃±1 ℃保存,有效期为7 d～10 d。

A.4.2　含 4%卵黄的食品红染色液

A.4.1 中 100 mL 精子染色原液,加入 0.261 mL 食品红染色液,形成食品红染色液。取 96 mL 食品红染色液添加 4 mL 卵黄,搅拌后在 5 ℃条件下静置 12 h。去除卵黄颗粒沉淀,18 500g 离心30 min,调整 pH 至 5.5,然后加入 0.25 mL 庆大霉素(10 mg/mL),经过 0.22 μm 过滤灭菌,在 5 ℃±1 ℃保存,使用期限为 14 d。

A.5　精子收集液配制

取 20%卵黄 Tris-A 液 100 mL,加入 16 mL 双蒸水,充分摇匀。5 ℃±1 ℃保存,有效期 7 d。

附　录　B

（规范性附录）

细管性控冷冻精液标记方法

细管性控冷冻精液标记由 20 个字符、5 个部分组成，每部分之间空开 2 个字符位置，排列顺序如下：

第一部分	第二部分	第三部分	第四部分	第五部分
生产单位代号	品种代号	公牛注册号	生产日期	性控标记
三个字符	二个字符	五个字符	六个字符	四个字符

第一部分公牛站代号以农业部公布的公牛站代号为准（参照 NY/T 1234 标准执行）；第二部分品种代号以 GB 4143 为依据；第三部分公牛号取该牛身份证号码的后五位数；第四部分冻精生产日期六位数按年、月、日次序排列，年、月、日各占二位数；第五部分性控标记：性控或 XK，X 为雌性，Y 为雄性。每部分之间间隔 2 个字符位置。标记的字迹应清晰易认。

示例：

```
┌──┬────┬────────────────────────────────────────┬────┐
│  │████│     ×××  HS  ×××××   ××××××  XK-X      │████│
└──┴────┴────────────────────────────────────────┴────┘
```
棉塞封口端　　　　　　　　　　　　　　　　　　　　　　　　超声波封口端

×××为生产单位代号，HS 为荷斯坦公牛的品种代号，×××××为该公牛身份证号码的后五位数，××××××为 20××年××月××日的生产日期，XK-X 代表性控 X 精子。

ICS 65.020.30
B 43

中华人民共和国国家标准

GB/T 31582—2015

牛性控冷冻精液

Bovine frozen sexed-semen

2015-05-15 发布   2015-10-01 实施

中华人民共和国国家质量监督检验检疫总局
中国国家标准化管理委员会   发 布

前　言

本标准按照 GB/T 1.1—2009 给出的规则起草。

本标准由中华人民共和国农业部提出。

本标准由全国畜牧业标准化技术委员会(SAC/TC 274)归口。

本标准起草单位:农业部牛冷冻精液质量监督检验测试中心(北京)、内蒙古赛科星繁育生物技术股份有限公司、北京奶牛中心、中国农业大学、全国畜牧总站、农业部牛冷冻精液质量监督检验测试中心(南京)。

本标准主要起草人:张晓霞、李喜和、周文忠、刘海良、孙飞舟、张胜利、张海涛、刘玉、赵小丽、赵鹏、陆汉希、王建国、胡树香、施亮、张勇、钱松晋。

牛性控冷冻精液

1　范围

本标准规定了牛性控冷冻精液技术要求、抽样、试验方法、判定规则和标识、包装。

本标准适用于采用流式细胞分离技术生产牛性控冷冻精液。

2　规范性引用文件

下列文件对于本文件的应用是必不可少的。凡是注日期的引用文件,仅注日期的版本适用于本文件。凡是不注日期的引用文件,其最新版本(包括所有的修改单)适用于本文件。

GB/T 2828.2—2008　计数抽样检验程序　第 2 部分:按极限质量(LQ)检索的孤立批检验抽样方案

GB/T 2828.11—2008　计数抽样检验程序　第 11 部分:小总体声称质量水平的评定程序

GB 4143　牛冷冻精液

GB/T 5458　液氮生物容器

3　术语和定义

下列术语和定义适用于本文件。

3.1

性控冷冻精液　frozen sexed-semen

分离后富含 X 精子或 Y 精子、经超低温冷冻后在液氮中长期保存的精液。

3.2

精子分离准确率　X or Y ratio of sexed-semen

X 精子或 Y 精子占分离后精子总数的百分率。

4　要求

4.1　种公牛

经审定或鉴定的公牛,体质健康,无遗传病,不允许有《中华人民共和国动物防疫法》中所明确的二类疫病中的任何一种。

4.2　新鲜精液

色泽乳白色或淡黄色,精子活力≥65%,精子密度≥4×10^8 个/mL,精子畸形率≤15%。

4.3　每剂量解冻后精液

4.3.1　外观

细管无裂痕,两端封口严密。

4.3.2 剂型、剂量

细管冷冻精液:微型,剂量≥0.18 mL。

4.3.3 精子活力

≥35%(即≥0.35)。

4.3.4 前进运动精子数

≥80 万个。

4.3.5 分离准确率

≥85%。

4.3.6 精子畸形率

≤15%。

4.3.7 细菌菌落数

≤800 个。

5 抽样

5.1 抽样检验方案

5.1.1 生产方抽样检验

按照 GB/T 2828.2—2008 中第 4 章,采用极限质量 LQ=20,模式 A 一次抽样方案,确定抽样公牛样本量。

5.1.2 质量监督抽样检验

按照 GB/T 2828.11—2008 中第 6 章,该群体公牛为一核查总体,采用 DQL=10,选用第 I 检验水平的抽样方案;查 GB/T 2828.11—2008 中表 B.2,确定抽样公牛的样本量。

5.1.3 复检和仲裁抽样检验

复检可根据原抽样方案确定,仲裁应按照 5.1.2 规定的方案进行抽样检验,按照 7.4.2 规定的方案进行评定。

5.2 抽样方法

随机抽样。

6 试验方法

6.1 外观

用目测法,其结果应符合 4.3.1 的规定。

6.2 剂量

检验按附录 A 中 A.2 规定的方法，其结果应符合 4.3.2 的规定。

6.3 精子分离准确率

检验按 A.3 规定的方法，其结果应符合 4.3.5 的规定。

6.4 解冻后精液质量

精子活力、前进运动精子数、精子畸形率及细菌菌落数的检验按照 A.4～A.8 规定的方法，其结果应分别符合 4.3.3、4.3.4、4.3.6、4.3.7 的规定。

7 检验

7.1 检验分类

7.1.1 常规检验

对冷冻精液的单项目检验是型式检验的一部分，主要是在生产批入库前和销出库时的检验。

7.1.2 型式检验

对冷冻精液全部项目检验，评定产品质量是否全面符合标准也是在生产方抽样检验、仲裁和质量监督抽样检验时选定项的检验。

7.2 检验项目

7.2.1 常规检验

按照 4.3.1 和 4.3.3 的规定。

7.2.2 型式检验

按照 4.3.1～4.3.7 的规定。

7.3 结果判定

7.3.1 常规检验

样品中任何一项目检验未达到 4.3.1 和 4.3.3 的规定要求，则判为不合格。

7.3.2 型式检验

样品中任何一项目检验未达到 4.3.1～4.3.7 的规定要求，则判为不合格。

7.4 抽样检验对群体质量水平的评定

7.4.1 生产方抽样检验

生产方抽样检验按照 GB/T 2828.2—2008 中第 4 章的规定，通过对样本检验，若样本中不合格品数等于或小于接收数 Ac，则接收该批（合格），否则不接收该批（不合格）。

7.4.2 质量监督抽样检验

按照 GB/T 2828.11—2008 中规定,在样本中 d(不合格品数)≤L(不合格品限定数),即抽检样本符合要求,核查通过;当 d>L,即抽检样本不符合要求,核查总体不合格。

8 标识、包装

8.1 标识

8.1.1 品种

种公牛的品种以代号表示,具体遵照 GB 4143 的规定。

8.1.2 内容

应在细管壁和包装袋上印制以下内容,印制标识要清楚,并按以下顺序排列:
a) 生产单位代号;
b) 公牛品种;
c) 公牛注册号;
d) 生产日期或批次;
e) 分离精子标记:X 或 Y。

8.2 包装

牛性控冷冻精液细管用塑料管包装,每个包装不得超过 25 剂。

附　录　A

（规范性附录）

牛性控冷冻精液质量检验方法

A.1　抽样

A.1.1　样品的收集

抽样：从贮存冷冻精液的液氮容器中按规定随机抽取样品。

送样：将抽取的样品送至质量检测机构。

A.1.2　抽样方案

A.1.2.1　生产方抽样检验

按 5.1.1 确定样本数。

A.1.2.2　质量监督抽样检验

按 5.1.2 确定样本数。

A.1.2.3　抽样方法

按牛号顺序排列，由抽样人员现场按样本头数随机确定各样品公牛。

A.1.2.4　全部取样

对已投产的每头公牛取样。

A.1.3　取样方法

确定取样公牛，从贮存冷冻精液的液氮容器中随机抽取大于 15 剂的性控冷冻精液。

A.1.4　样品的保存

存放性控冷冻精液的液氮容器质量应符合 GB/T 5458 的规定，使用前经过清洗后加入液氮，样品浸在液氮中。取放样品时在空气中暴露时间不得超过 10 s。由专人保管样品，样品不允许脱离液氮，抽样登记单与样品随行。样品包装、标记应保持原样。

A.2　剂量检测

A.2.1　主要器材

小试管、剪刀、刻度吸管。

A.2.2　检测方法

取 2 剂细管性控冷冻精液自然解冻后剪去超声波封口端，把精液推入一小试管内，用 1.0 mL 刻度吸管准确吸取精液，并读取总精液量。

A.2.3 计算

样品的剂量值为 2 剂性控冷冻精液总剂量的平均值,按式(A.1)计算:

$$V = \frac{n}{2} \qquad\qquad \cdots\cdots\cdots\cdots\cdots\cdots\cdots (\ A.1\ )$$

式中:
V ——剂量值,单位为毫升(mL);
n ——样品总剂量值,单位为毫升(mL)。

A.3 X 精子或 Y 精子分离准确率的检测

A.3.1 机器检测方法

A.3.1.1 主要器材

流式细胞仪或精子纯度检测仪、循环恒温水浴锅、超声波发生器、5 mL 试管、移液器、0.22 μm 过滤器、50 μm 过滤器。

A.3.1.2 主要试剂及配制方法

主要试剂及配制方法如下:
a) 荧光染料 Hochest 33342(0.05%):将 10 mg 荧光染料 Hochest 33342 定容于 20 mL 双蒸水中,在 5 ℃条件下避光保存,有效期 90 d;
b) Tris-sheath 工作液(pH 8.0):取 Tris 4.776 g,柠檬酸 2.326 g、D-果糖 1.710 g 溶于 120 mL 双蒸水中搅拌至完全溶解,用 4 mol/L 的 NaOH 将 pH 值调到 8.0,用双蒸水定容至 200 mL。该液用 0.22 μm 的过滤器过滤灭菌后添加国产青霉素 2 万单位、国产链霉素 1 万单位,置 5 ℃冰箱保存,有效期 14 d。该液渗透压 290 mOsm±10 mOsm。

注:以上化学试剂纯度均为分析纯。

A.3.1.3 检测方法

在 5 mL 试管里,先加 20 μL 荧光染料 Hochest 33342(0.05%),再加 1 mL Tris-sheath 工作液(pH 8.0)充分混匀,最后将解冻后精液加入管内,精液体积范围 30 μL~100 μL。混匀后放入 34 ℃水浴锅水浴 20 min。取出染好的精液,用超声波发生器断去精子尾部后,用 50 μm 过滤器过滤到 5 mL 试管中。处理好的精液放置避光处。

开启流式细胞仪,作好仪器图像定位。将处理好的精液放入加样器,按照流式细胞仪精子纯度检测操作流程,检测上述染色样品。重复以上操作 3 次,取其平均值。

染色后样品应在 4 h 内检测完毕。

3 次检测数据误差值大于 5%时,应重新操作。

A.3.1.4 计算

X 精子的分离准确率按式(A.2)计算:

$$A = \frac{A_1 + A_2 + A_3}{3} \qquad\qquad \cdots\cdots\cdots\cdots\cdots\cdots\cdots (\ A.2\ )$$

式中：

A　——X 精子性控平均分离准确率，%；

A_1　——X 精子性控第 1 次检测分离准确率，%；

A_2　——X 精子性控第 2 次检测分离准确率，%；

A_3　——X 精子性控第 3 次检测分离准确率，%。

A.3.2　精子特异性 DNA 探针检测方法

A.3.2.1　主要器材

荧光显微镜、培养箱、干燥箱、干浴器、移液器。

A.3.2.2　主要试剂及配制方法

主要试剂及配制方法如下：

a)　PBS：取袋装 PBS 干粉用 1 000 mL 双蒸水稀释，室温保存；

b)　Y 精子特异性 DNA 探针，—20 ℃保存；

c)　10%胃蛋白酶：称 0.1 g 胃蛋白酶加 1mL 双蒸水（提前预热到 37 ℃），25 μL 分装，—20 ℃保存；

d)　0.005%胃蛋白酶：25 μL 的 10%胃蛋白酶加入 49.5 mL 双蒸水以及 0.5 mL 1.0 mol/L 的盐酸，37 ℃水浴；

e)　Solution A：称取 0.121 g Tris 碱和 0.9 g NaCl 溶于 100 mL 双蒸水，充分混匀，4 ℃保存备用；

f)　Solution B：称取 0.385 6 g DTT 溶于 1 mL 精子洗涤液，充分吸打混匀，—20 ℃保存备用；

g)　Solution C：称取 1 g SDS 和 1.9 g 四硼酸钠溶于 100 mL 双蒸水中，反复颠倒混匀，室温保存备用；

h)　20×SSC：称取 87.6 g NaCl，44.1 g 柠檬酸钠，溶于 500 mL 双蒸水中（用盐酸将 pH 调到 7.0），高压灭菌，4 ℃保存备用；

i)　2×SSC 溶液（pH 7.0）：在一个量筒里量出 100 mL 的 20×SSC 溶液，与约 880 mL 的双蒸水混合，用 1 mol/L 的 HCl 溶液将 pH 调到 7.0，用双蒸水将溶液定容到 1 L，高压灭菌，室温下存储。如果有任何可见的沉淀，就要丢弃溶液；

j)　0.4×SSC 溶液（pH 7.0）：20 mL 的 20×SSC 溶液与约 970 mL 双蒸水混合，用 1 mol/L 的 HCl 溶液使 pH 下降到 7.0，用双蒸水使液体量达到 1 L，用 1 mol/L 的 HCl 将 pH 调到 7.0，用双蒸水将溶液定容到 1 L，高压灭菌，室温下存储，如果有任何可见的沉淀，就要丢弃溶液；

k)　0.4×SSC 溶液，pH 7.0/0.3% NP-40：50 mL 的 0.4×SSC（pH 7.0）加上 150 μL 的 NP-40，均匀混合；

l)　2×SSC 溶液，pH 7.0/0.1% NP-40：50 mL 的 2×SSC（pH 7.0）加上 50 μL 的 NP-40，均匀混合；

m)　1 mol/L 甘氨酸（pH 8.5）：7.05 g 甘氨酸加入 100 mL 双蒸水，室温保存；

n)　甲醛固定液：依次取 12.5 mL 10%中性甲醛，37 mL PBS，2.5 mL 1 mol/L MgCl₂，混合均匀。室温保存；

o)　DAPI。

注：以上化学试剂纯度均为分析纯。

A.3.2.3　检测方法

取一剂细管牛性控冷冻精液置 37 ℃水浴解冻，推入 1.5 mL 试管中，精子用溶液 A 离心洗涤后将

其浓度调至 2.5×10^8/mL，依次使用 溶液 B、溶液 C、无水乙醇处理精子使其解凝聚，然后滴片、烘干。烘干后的片子在冰箱中放置过夜，隔天取出片子晾干后，首先在 $2\times$SSC(pH 7.0)孵育，然后用胃蛋白酶溶液消化，消化后的片子用 $1\times$PBS 冲洗，甲醛固定，最后用 70%、85%、100%乙醇处理。将处理好的精子玻片上滴上精子特异性 DNA 探针封片，杂交过夜。隔天在 $0.4\times$SSC 溶液(0.3‰ NP-40)溶液中除去封片胶，在 $2\times$SSC(0.1‰ NP-40)溶液中除去盖玻片，最后依次使用 $0.4\times$SSC 溶液(pH 7.0)、$2\times$SSC 溶液(pH 7.0)溶液洗片，片子风干后滴上 DAPI 在显微镜下计数。统计具有蓝色荧光的总精子数和绿色杂交点的 Y 精子数。每次检测 2 张带有精子样品的载玻片，每张载玻片计数 200 个左右的精子，最后计算出总数。

A.3.2.4　计算

X 精子的分离准确率按式(A.3)计算：

$$A=\left(1-\frac{Y}{T}\right)\times100 \quad\quad\quad\quad\quad\quad (A.3)$$

式中：
A ——X 精子性控分离准确率，%；
Y ——Y 精子数，单位为个；
T ——总精子数，单位为个。

A.4　精子活力的检测

A.4.1　主要仪器和器材

相差显微镜、电视显微系统、计算机、恒温水浴箱、5.0 mL 试管、载玻片或精液性状板、盖玻片、显微镜恒温装置、移液器。

A.4.2　检测方法

2 剂细管性控冷冻精液分别直接置于 37 ℃水浴中解冻，取解冻后混合精液约 20 μL 置于载玻片上，加盖玻片后立即在 200 倍~400 倍相差显微镜或电视显微系统上观察活力，载物台温度保持 38 ℃，每个样品观察 3 个视野。

A.4.3　计算

精子活力是 3 个视野精子活力评价值的平均数，按式(A.4)计算：

$$M=\frac{n_1+n_2+n_3}{3} \quad\quad\quad\quad\quad\quad (A.4)$$

式中：
M ——精子活力，%；
n_1 ——第一视野活力评价值，%；
n_2 ——第二视野活力评价值，%；
n_3 ——第三视野活力评价值，%。

A.5　每剂量中精子总数检测

A.5.1　主要器材

血球计数板、血色素管、1 mL 刻度吸管、小试管、计数器、移液器、显微镜或电视显微系统。

A.5.2 检测方法

准确吸取 20 μL 解冻后精液，注入盛有 0.98 mL 的 3.0% 氯化钠溶液的试管内，混匀，使之成为 50 倍稀释的稀释精液。将备好的血球计数板用血盖片将计数室盖好，用移液器吸取稀释精液于血盖片边缘，使精液自行流入计数室，均匀充满，在显微镜下或电视显微系统上观察计数。

A.5.3 计算

每剂量中精子总数按式（A.5）计算：

$$S = Q \times 104 \times 50 \times V \qquad\qquad\qquad (\text{A.5})$$

式中：

S——每剂量中精子总数，单位为个；

Q——计数室 25 个中方格的总精子数，单位为个；

V——剂量值，单位为毫升（mL）。

每样品观察上下两个计数室，取平均值，如两个计数室计数结果误差超过 5%，则应重检。

A.6 每剂量中呈前进运动精子数

每剂量中呈前进运动精子数按式（A.6）计算：

$$C = S \times M \qquad\qquad\qquad (\text{A.6})$$

式中：

C——每剂量中前进运动精子数，单位为个；

S——每剂量中精子总数，单位为个；

M——精子活力，%。

A.7 精子畸形率的检测

A.7.1 主要器材

显微镜、载玻片、血球分类计数器、染色板、吸管。

A.7.2 主要试剂及配制

A.7.2.1 磷酸盐缓冲液

取磷酸二氢钠（$NaH_2PO_4 \cdot 2H_2O$）0.55 g、磷酸氢二钠（$Na_2HPO_4 \cdot 12H_2O$）2.25 g，双蒸馏水定容至 100 mL。

A.7.2.2 中性福尔马林固定液

取磷酸二氢钠（$NaH_2PO_4 \cdot 2H_2O$）0.55 g、磷酸氢二钠（$Na_2HPO_4 \cdot 12H_2O$）2.25 g，用 0.89% 氯化钠约 50.0 mL 溶解后加入 8.0 mL 40% 甲醛 HCHO（使用前经碳酸镁中和过滤），再加 0.89% 氯化钠溶液定容至 100.0 mL。

A.7.2.3 姬姆萨原液

分别用量筒量取甘油[$C_3H_5(OH)_3$] 66.0 mL、甲醇（CH_3OH）66.0 mL。将姬姆萨染料 1.0 g 放入研钵中加少量甘油充分研磨至无颗粒为止，然后将甘油全部加入并置 60 ℃ 恒温箱中，溶解 4 h 后，再加入甲醇充分溶解,过滤后贮于棕色瓶中待用,贮存时间越久染色效果越好。

A.7.2.4 姬姆萨染液

取姬姆萨原液(A.7.2.3)2.0 mL,加磷酸盐缓冲液 3.0 mL 及蒸馏水 5.0 mL。现配现用。

以上所用化学试剂纯度应达到分析纯。

A.7.3 制片染色、镜检、计算

A.7.3.1 抹片

取解冻后精液 1 滴,滴于载玻片一端,用另一边缘光滑的载玻片与有样品的载玻片成 35°夹角,将样品均匀地拖布于载玻片上,自然风干(约 5 min),每样品制作 2 个抹片。

A.7.3.2 固定

在已风干的抹片上滴 1.0 mL~2.0 mL 中性福尔马林,固定 15 min 后用清水缓缓冲去固定液,吹干或自然风干。

A.7.3.3 染色

将固定好后的抹片反扣在带有平槽的有机玻璃面上,把姬姆萨染液滴于槽和抹片之间。让其充满平槽并使抹片接触染液,染色 1.5 h 后用清水缓缓冲去染液,晾干待检。

A.7.3.4 镜检

将制备好的抹片在显微镜(400 倍~600 倍)下观察,每个抹片观察 200 个以上的精子(分左、右 2 个区),取 2 片的平均值,2 片的变异系数不得大于 20%,若超过应重新制片。

A.7.3.5 计算

精子畸形率按式(A.7)计算:

$$A = \frac{A_1}{S} \times 100 \qquad\cdots\cdots\cdots\cdots\cdots\cdots\cdots\cdots\cdots(A.7)$$

式中:

A ——精子畸形率,%;

A_1 ——畸形精子数,单位为个;

S ——精子总数,单位为个。

A.8 细菌菌落数的检测

A.8.1 主要器材

培养箱、超净化工作台、天平、高压蒸汽灭菌锅、恒温水浴锅、培养皿。

A.8.2 培养基的配制

普通琼脂的制作:取牛肉浸膏 5.0 g、蛋白胨 10.0 g、磷酸氢二钾($K_2HPO_4 \cdot 3H_2O$)1.0 g、氯化钠(NaCl)5.0 g,用蒸馏水 1 000 mL 溶解后加琼脂粉 20 g 加温融解。调整 pH 至 7.4~7.6,并用脱脂棉过滤,分装于三角烧瓶中经高压灭菌(0.1 MPa,20 min)。

也可使用营养琼脂培养基。

A.8.3 检测方法

将每份样品制作灭菌平皿 2 个并标注样品号。取 2 剂细管性控冷冻精液在 37 ℃水浴中解冻,细管用酒精棉球消毒后分别注于 2 个灭菌平皿内;在无菌条件下,把 50 ℃～52 ℃的培养基倒入平皿内,每平皿 15 mL,并水平晃动平皿使精液混合均匀,待琼脂凝固后倒置平皿,同时作空白对照平皿,置 37 ℃恒温箱内培养 48 h 取出,统计出每个平皿内细菌菌落数。

A.8.4 计算

样品的细菌菌落数为 2 个平皿中统计菌落数的平均值,按式(A.8)计算:

$$B = \frac{n_1 + n_2}{2} \qquad\cdots\cdots\cdots\cdots\cdots\cdots (A.8)$$

式中:

B ——细菌菌落数,单位为个;

n_1 ——第 1 个平皿菌落数,单位为个;

n_2 ——第 2 个平皿菌落数,单位为个。